华 章 图 书

一本打开的书，一扇开启的门，
通向科学殿堂的阶梯，托起一流人才的基石。

www.hzbook.com

华为 HMS 生态与应用开发实战

HMS Ecosystem and
App Development Guide

王希海　望 岳　吴海亮　等著

机械工业出版社
China Machine Press

图书在版编目（CIP）数据

华为HMS生态与应用开发实战 / 王希海等著 . —北京：机械工业出版社，2020.12（2021.8
重印）
（移动开发）

ISBN 978-7-111-66956-2

I. 华… II. 王… III. 移动终端 – 应用程序 – 程序设计 IV. TN929.53

中国版本图书馆CIP数据核字（2020）第229203号

华为 HMS 生态与应用开发实战

出版发行：机械工业出版社（北京市西城区百万庄大街22号 邮政编码：100037）

责任编辑：高婧雅 责任校对：李秋荣

印　　刷：北京文昌阁彩色印刷有限责任公司 版　　次：2021年8月第1版第2次印刷

开　　本：186mm×240mm 1/16 印　　张：21.5

书　　号：ISBN 978-7-111-66956-2 定　　价：89.00元

客服电话：（010）88361066 88379833 68326294 投稿热线：（010）88379604

华章网站：www.hzbook.com 读者信箱：hzit@hzbook.com

本书法律顾问：北京大成律师事务所 韩光 / 邹晓东

利益相关者是谁？创新发生在哪里？新的商业趋势是什么？华为 HMS 是如何做到的？我相信每一个读者通过这本书会了解到华为 HMS 生态的价值，也会有更好的视角去审视这些问题。

华为通过 HMS Core 全面开放"芯－端－云"的能力，帮助开发者实现开发、成长、变现；每一位程序员，都可以通过本书了解华为 HMS 生态的历程，以及 HMS Core 详细的开放接口和能力，从而高效地构建应用程序。我相信每一位阅读者都会非常兴奋地看到，一个真正独立自主的生态远景图被渐渐地描绘出来并实现。

——陈湘宇，深圳创梦天地科技有限公司联合创始人兼 CEO

华为作为终端和 5G 技术的领导者，在手机硬件领域获得了全球用户的肯定。在 5G 崛起的当下，华为开发者联盟和 HMS Core 专家团队秉承一贯的数字化创新精神，将多年积累的终端与云服务方面的技术实战经验集结成书。

本书旨在帮助全球的开发者快速完成移动应用开发，并期待广大开发者持续与 HMS 生态共同为全球用户创造更大的社会价值，共建生态，共享繁荣。因此，把本书推荐给广大开发者朋友，相信本书能帮助大家与用户建立更高效、细致的交互。

——王洪浩，58 集团 CMO

作为华为的紧密合作伙伴，去哪儿网是最早一批集成华为 HMS Core 的使用者之一。旅游是一个履约链条较长的行业，涉及较多的服务环节，覆盖行前攻略搜索、产品预订、行中交通履约、酒店住宿、景点玩乐、行后游记分享等环节，整个过程中与华为 HMS 系统能力有非常多的结合点。通过情景智能套件的接入，用户在去哪儿网不只可以预订到性价比相对较高的旅行产品，还能让用户在整个旅行过程中获得智能和周到的服务。通过账户套件和消息推送套件的接入，有效地提升了用户的终端使用体验，降低了公司运营成本。相信随着HMS 生态的不断发展，每一个创新都将更易于落地实现，越来越多的开发者会加入到这个队伍中，给用户提供更高效、更智能的产品和服务。

——黄小杰，去哪儿旅行 CMO

在全球化的今天，让每一个创新都能获得激励支持成为可能，因为开发者不再是一个单一的个体，而是与彼此、与平台紧密地联系在一起。华为 HMS 的推出，更是将几十年的技术积累开放给广大的开发者，实现了技术赋能，科技普及天下的宏伟理想。本书从生态发展、技术架构、支持体系等多个维度立体化地介绍了 HMS 的生态和技术，可极大地帮助开发者了解并加入华为 HMS 生态建设这一历史进程中。

——占雪亮，小红书增长技术负责人

自 2019 年 5 月 16 日以来，在大量产业技术不可获得的情况下，华为处境艰难，但仍努力向前发展。美国对华为的打压，影响的不仅仅是华为，还有华为的客户和消费者。我们在尽最大努力消除不利影响。华为像一架千疮百孔的飞机，过去一年，"补洞"是我们的主旋律，其中也包括补生态的洞，这也让我们变得"皮糙肉厚"了。

我们深知，生态构建是一件极其艰难的事情，非一朝一夕之功。我们做好了"长征"的准备，坚定不移地打造全球化 HMS（Huawei Mobile Services）生态，重建赛道，重启长征。过去的一年里，面对前所未有的大变局，我们无所畏惧，迎难而上，夙夜奋斗，HMS Core[⊖]在短短 10 个月时间里实现了从能力补齐到创新领先、全面开放的跨越。截至 2020 年 6 月，华为 HMS 生态服务了全球超过 7 亿华为终端用户，华为全球注册开发者已达 160 万，全球集成 HMS Core 的应用数量超过 8.1 万。我们努力将各个本地化服务接入 HMS 生态中，为全球不同区域的消费者提供更好的服务。HMS 生态逐渐繁荣，并将更加繁荣！

今天，随着万物互联的数字化智能时代扑面而来，互联网产业正在诞生新的万亿级市场，也将催生层出不穷的新业务、新应用。生态需要多样性，世界上不应该只有一种、两种生态，不应该只由一个国家来主导。我们将更加坚定地打造全球第三个智能终端生态，打造全新的、源自中国的、面向全球的 HMS 生态，把不可能变成可能。

我们相信未来 30 年人类社会必将进入万物感知、万物互联、万物智能的新世界。面向未来，华为消费者业务以全场景智慧生活战略作为长期战略，携手全球开发者和合作伙伴持续构筑开放共赢的 HMS 生态，让数字创新在 HMS 生态的黑土地上生根发芽、枝繁叶茂，共建、共筑、共享生态，共赢未来。我们将致力于实现以下几个方面。

让每一个创新都更易于落地实现。万物互联时代需要更多的创新，尤其需要大量中小企业创新来加速物理世界的数字化。我们深知，创新者比任何时候都更加迫切地呼唤全面能力

　　⊖　HMS Core 是 HMS 的开放能力合集。

开放的生态平台支撑，通过平台能力的开放，让创新者可以专注于创新本身，专注于核心能力的构建。华为是全世界唯一一家把"云－管－端－芯"全面打通的公司，同时拥有网络、终端、应用和生态能力，通过 HMS Core 全面、持续地开放华为的能力，让每一个创新的星光闪耀，共筑万物互联未来。

让每一个创新都能快速触达用户。面向未来的创新，最终都是为了实现数字服务智慧地服务于人，而生态平台的价值之一将体现为持续缩短数字创新与全球用户之间的链路。华为终端在全球拥有数亿用户，也在服务全球运营商渠道的数亿终端用户，以手机为中心的全场景终端覆盖了用户的衣食住行等方方面面，全球化 HMS 生态的各个连接平台让任何伙伴、开发者的创新数字服务，都可以在很短的时间里快速触达全球范围内的数亿乃至十几亿用户。

让每一个创新都能获得激励支持。全球范围内移动互联网的发展非常不均衡，面向未来，华为提出了 TECH4ALL 数字包容计划，让科技普济天下，不让任何一个人在数字世界中掉队，激励支持全世界每个角落的数字创新。通过 HMS 生态的共建，以及 10 亿美元耀星计划、大量本地化的开发者活动，我们希望促进不同区域的产业发展和促进中小企业创新，支持当地经济发展，支持当地数字主权构建，持续为全球消费者带来创新数字服务，创造更大的社会价值。

为了让更多开发者和用户认识、了解华为 HMS 生态并加入其建设进程，华为策划了"HMS 生态系列"系列图书，旨在分享华为 HMS 的技术积累、知识、经验、实践以及对未来的思考，并衷心希望对开发者、技术爱好者和生态建设参与者有所帮助。欢迎大家提出宝贵的改进建议，让我们不断完善这套书。

华为消费者云服务总裁

2020 年 8 月

Foreword 序 二

　　作为一名曾经的开发从业者，看到这本书的出版很开心。正因为自己做过开发者，深知一款产品的产出过程中需要历经的"艰难时刻"。除去开发环节，产品上线后的获客和变现更是开发者需要探索的未知领域。本书为开发者提供了教科书式的参考，适合作为一本案头书。

　　华为 HMS 5.0 已经正式面向全球发布，为提升开发者使用体验做了很多优化，相信会有越来越多的开发者加入到华为开发者联盟中。通过本书，开发者不仅可以了解华为生态全貌，也可以通过书中翔实的代码示例，系统了解如何快速集成华为提供的各种 Kit 能力。本书基于作者对华为终端云服务的多年技术积累，以实战方式向开发者详细介绍如何使用 HMS 的开放能力。

　　华为终端在全球拥有数亿用户，以手机为中心的全场景终端覆盖了用户衣食住行等生活的各个方面。华为 HMS 让每一个创新都能快速触达用户，开发者在这本书的帮助下，能够利用好 HMS 的开放能力和工具，提高开发效率，更有效地获客和变现。

　　移动互联网发展 20 年以来，吸引了无数的移动应用开发者加入。到 2020 年上半年，华为全球注册开发者已达 160 万，全球集成 HMS 的应用数量已超过 8.1 万。华为 HMS 向全球开发者展现出蓬勃的生机和活力。

　　让每一个创新都能快速触达用户是华为 HMS 的目标。本书是华为 HMS 赋能开发者的教材，希望开发者能够从中受益，在未来的移动世界中构建出更多的创新应用，向用户提供高品质、全场景的智能服务与体验。

　　快手也是华为生态中众多移动应用中的一个。最初的设想是把快手做成一个连接器，连接的不是名人，也不是明星，而是普通人，是容易被忽略的大多数。今天的快手已经连接了数亿用户，通过有温度的科技提升着每个用户独特的幸福感。

　　期待更多开发者加入华为 HMS 生态中，期待华为移动生态中出现更多的创新应用。

程一笑

快手创始人

序 三 *Foreword*

在线化和智能化是时代的大趋势，我们正处在通往在线化的中间节点。在移动互联时代，我们已经看到无数的服务在线化，无数的人和网络相连，人们的生活获得了极大的便利。移动互联时代，每一个充满生命力的个体都离不开平台的赋能，而成就平台生态的核心在于提供好的土壤和养分，本书的出版意味着华为已经为开发者们准备了充足的土壤和养分，为数字服务的百花齐放做好了准备。

喜马拉雅有幸作为 HMS 生态的受益者之一，通过华为累计服务了 3500 多万用户。从人们生活的多个场景切入，从手机预装到智能终端，甚至从国内到国外，华为从各个角度为喜马拉雅在全世界的普及提供了加速器。

国际局势瞬息万变，但全球化的大势不会变，我们相信在华为 HMS 的赋能下，中国的开发者在出海时能够少走很多弯路，对不同国家和地区的人群实现更有效的触达，更快实现用户发展闭环和商业闭环。相信在 HMS 生态的赋能下，会有一个又一个改变世界的灵感从想象变成现实，让越来越多的人享受数字时代的服务。

余建军

喜马拉雅 CEO

为什么要写这本书

2020 年 6 月，时值移动互联网诞生 20 周年，华为 HMS 5.0 正式面向全球发布，距 4.0 版本发布仅 5 个月时间。伴随着移动网络从 2G 发展到 4G，20 年间移动互联网发生了翻天覆地的变化，吸引了无数移动应用开发从业人员，造就了今天移动应用的"浩瀚星海"，带动移动互联网整体产业和生态圈的飞速发展。5G 时代即将全面到来，未来的移动世界是什么样的，如何连接海量的终端设备，如何快速向用户提供高品质、全场景的智慧服务与体验，是每个生态建设参与者关心的问题。

华为开发者联盟 2020 年 6 月运营报表显示：华为全球注册开发者已达 160 万，全球集成 HMS 的应用数量超过 8.1 万。快速增长的数据背后，是华为自建 HMS 生态，为开发者应用成功提供完整商业模式的信心和决心。最初的 HMS 只具备几项基础服务能力，而今天的 HMS 5.0 版本已拥有 50 多项开放能力；为了提升开发者使用体验，HMS 的架构也几经优化。越来越多的开发者已经不满足于从技术文档中学习 HMS 知识，迫切希望有相关书籍能够系统、深入地介绍华为生态理念，以了解 HMS 相关知识。因此，华为开发者联盟联合 HMS 研发团队及消费者云服务部分专家，倾力打造了 HMS 生态系列图书，《华为 HMS 生态与应用开发实战》是该系列图书中的一本。

本书基于作者多年在华为终端云服务方面的技术积累和对生态发展的理解，以开发者应用的"D（开发）/G（成长）/E（变现）模型"为切入点，通过实战方式向读者详细介绍如何使用 HMS 开放能力快速打造一款优质 App，同时有效获客和快速变现。对于广大开发者关心的华为 HMS 发展历程、移动应用生态商业逻辑与价值分配，以及隐私合规框架等问题，书中也做了阐述。今天，华为 HMS 生态犹如一轮初升的红日，向全球终端用户和开发者展现出蓬勃生机与活力。我们期待更多的读者了解、熟悉并加入 HMS 生态，与

HMS 一起不断前进和成长，与我们一起共建开放、安全、共赢的生态大厦。

本书特色

本书是第一本系统介绍华为 HMS 生态的书籍，可以让开发者了解华为生态全貌，了解 Kit 能力及关键工具的使用，为打造优质应用奠定基础。

本书作者为华为 HMS 生态研发人员，内容深入浅出、系统全面，代码示例翔实。

读者对象

❑ 移动应用设计、开发、测试工程师；

❑ 移动应用生态产品、运营、营销等环节的从业者；

❑ 移动应用生态理念传播的布道师；

❑ 对移动应用生态未来发展趋势感兴趣的推动者、从业者和潜在的生态建设参与者；

❑ 开设相关课程的院校师生。

如何阅读本书

本书内容共分 12 章。

第 1 ~ 2 章，介绍 HMS 生态发展历程与 HMS Core 生态整体架构及接入机制，帮助开发者了解移动应用生态、HMS 蓝图与架构，适合所有人员阅读。

第 3 ~ 11 章，介绍 Kit 快速集成，搭建实战环境，深入讲解每个 Kit 的功能原理，并通过一个支撑所有 Kit 集成业务的场景，详解每个 Kit 的实战环节，包括 Account Kit、IAP Kit、Push Kit、Location Kit、Map Kit、Site Kit、Safety Detect、FIDO Kit 等，以帮助开发者了解如何快速接入 HMS 开放的各项能力。

第 12 章，介绍华为提供的 App 测试服务及华为应用市场上架过程，协助开发者快速进行应用多机型测试和上架到华为应用市场。

附录部分主要介绍客服支持、论坛、代码实验室、开发者学院以及开发者扶持计划等常见开发者服务。

如果你是一位有着一定经验的资深移动开发人员，可把本书当作案头参考书。然而，如果你是一名初学者，请在开始本书阅读之前，先学习一些 Android 基础开发知识。

华为地图、位置服务仅面向海外应用的开发者开放，因此本书中涉及的地图、位置功能讲解均以海外的数据进行展示。

华为 HMS 为移动应用的开发提供了 HUAWEI DevEco Studio，但是考虑到广大开发者的使用习惯，本书以 Android Studio 为例进行实战讲解。读者也可以通过 HUAWEI DevEco Studio 来完成本书的实战演练。

需要说明的是，因为 HMS 软件版本的不断更新，本书中的部分配图可能与最新的软件界面有不一致的情况，敬请读者谅解。

勘误和支持

由于作者的水平有限，编写时间仓促，书中难免会出现一些错误或者不准确的地方，恳请读者批评指正。如果你有更多的宝贵意见，欢迎发邮件至 devConnect@huawei.com。同时，你也可以通过微博 @ 华为开发者联盟，或者微信 @ 华为开发者联盟联系到我们。期待能够得到你们的真挚反馈，在开发者生态建设之路上互勉共进。

致谢

本书由华为开发者联盟与 HMS 产品部联合编写。在此期间，华为消费者云服务部的领导和专家给予了很多的指导、支持与鼓励，机械工业出版社的编辑给予了严格、细致的审校。在此，诚挚感谢大家对于本书的厚爱和为之进行的辛勤工作！

以下是参与本书编写和技术审校的人员名单。

主编：王希海、望岳、吴海亮。

参编人员：吕军涛、翁新瑜、侯伟龙、宗悦、崔春、童得力、韩翔、陈斌、张莹莹、严结苟、朱祎、翟子良、钟玉生、潘高、石芳静、杨云帆、蒋潇。

技术审校：廖晓佳、曹大房、刘远洋、王智红、刘德钱、张晓梅、张馨月。

特别致谢

特别感谢华为消费者业务专家臧亚伟、邓兴昌、李高峰、高吟佳、郭爱琴、彭兰、刘然等对本书内容提出的宝贵意见，感谢云服务各位领导和同事对本书编写给予的大力支持！

王希海

2020 年 8 月

目 录 *Contents*

第 1 章 *Chapter 1*

HMS 生态概述

作为本书的开篇章节，我们将从移动互联网的兴起开始，探讨移动应用生态发展历程和生态体系中的价值分配模式，然后带领大家了解华为终端和 HMS（Huawei Mobile Services）生态的发展简史与现状。今天，华为 HMS 生态正在向世界展示出其蓬勃的生机与巨大影响力。请跟随我们一起走进 HMS 生态。

1.1 移动应用生态分析

本节我们将回顾移动互联网近 20 年的飞速发展历程，以及它如何带动了今天移动应用市场的空前繁荣。

1.1.1 移动互联网发展简介

移动互联网伴随着移动网络通信基础设施的更新换代而快速发展。2000 年左右，受限于 2G 网速和非智能手机，移动互联网萌芽于简单的 WAP（Wireless Application Protocol）应用。WAP 将网页的 HTML 信息转换成 WML（Wireless Markup Language），在移动终端上进行显示。用户使用支持 WAP 协议的浏览器，访问企业的 WAP 门户网站。当时中国最大的运营商中国移动在 2000 年底推出了"移动梦网"业务，包括彩信、游戏等一系列信息服务。这时开始出现了"空中网"等一批依托于梦网平台的服务提供商，用户通过彩信、手机上网等模式开始享受移动互联网服务。

2007 年开始，3G 移动网络开始快速部署，手机上网体验得到了提升。这时，各大互联网公司开始思考如何抢占移动互联网的入口。具有触摸屏功能的智能手机在 2012 年后大规模普及，使得移动上网的需求大幅增加，激发了手机应用的爆发式增长。在抢占了移动互联网入口的同时，各互联网公司都开始推进自身业务转型，转变商业模式，积极在移动端布局。

智能手机的出现，开始让 App 的发展驶入快车道。全世界的开发者怀着极大的热情投身到智能手机 App 的开发中，并不断寻求创新。2020 年，全球各应用商店的 App 数量已超过 500 万。今天，App 已快速渗透到人类生活的每个行业、每个场景和每个角落，只需携带一部手机，就能满足人们一天饮食起居、出行、社交和娱乐等各场景的生活需要。App 正在重塑现代社会的生活、生产方式，变得不可或缺。图 1-1 是 2015 ～ 2018 年全球移动应用的实际下载次数，以及对未来 2022 年的下载量预测，从数据可以看到全球移动应用市场的规模之巨。

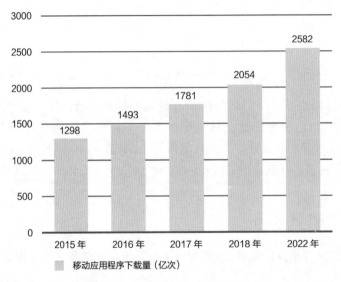

图 1-1　2015 ～ 2018 年实际及 2022 年预测全球移动应用下载量

1.1.2　移动应用生态发展历程

在今天的移动应用商业领域，我们常常谈及"生态"这个词语。"商业生态"（Business Ecosystem）的概念最早出现在 1993 年 5 月《哈佛商业评论》发表的一篇文章中，指由相互作用的组织和个人形成的经济共同体。生态成员组织包括供应商、用户和其他利益相关者。生态系统领导者带领成员调整投资方向、找到相互支持的角色，朝着共同的愿景迈进。移动应用生态体系，主要是由开发者、用户和生态平台三者共同组成。开发者希望快速、低成本地将其开发的产品变现获益，用户希望获得良好的使用体验，生态平台则一端为开发者提供全方位支持，另一端为用户带来丰富的应用体验，从而形成整体。我们将从 3 个阶段介绍移动应用生态的发展形态和主要特征。

1. 构建分发平台，形成生态模式

在移动应用发展的初期，用户使用应用经常面临如下问题：一是应用查找不方便，用户经常找不到合适的下载网站，或者在网站上找不到所需的应用；二是下载的应用容易存在安全隐患，安装使用后可能会给用户造成损失；三是通过网站下载安装应用过程复杂，需要一定的技能要求，对新手不友好、用户体验差。因此，用户希望有一个便捷、安全的渠道来获取应用。

对于开发者来说，也面临一些问题：一是需要自行将应用发布到多个网站，发布效率低、后续维护工作量大；二是第三方网站众多，用户入口分散，不利于应用推广和快速获取用户。因此，开发者希望有一个高效便捷的应用分发渠道，来帮助自己在降低应用分发投入的同时，还能够获取更多的用户。

这个阶段，无论是开发者还是用户，都期望有一个统一、便捷的应用分发平台，来帮助他们解决遇到的问题。在此背景下，各智能终端厂商纷纷建立了应用分发平台，如苹果公司带来了 App Store，谷歌公司发布了 Google Play，华为公司推出了华为应用市场等。应用分发平台的推出，有效解决了上述问题：开发者的应用可以直接通过统一的应用分发平台高效分发；而用户可以通过应用分发平台一站式完成应用的查找、安装和升级。

应用分发平台的建立，使得开发者的应用可以快速直达用户，开发者只要能开发出优质的应用，就能通过应用分发平台获取很多的用户，得到更多的收入。同时，用户通过值得信赖的应用分发平台查找、安装以及升级应用，综合体验得到了极大提升。应用分发平台成为早期生态平台的雏形，以应用分发平台为中心的生态体系就此形成，如图 1-2 所示。

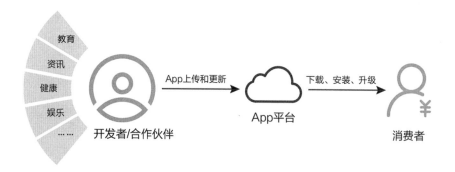

图 1-2　移动应用生态发展初期

2. 提供全面支持，扩充生态阵营

随着移动生态的快速发展，各大应用分发平台的应用数量与种类也开始逐渐增加，同类或者相似的应用也越来越多。如何在同质化竞争中脱颖而出，并用尽可能短的时间来开发出一款优质的应用来抢占市场，成为开发者不容忽视的问题。但是，从零构建一款优质的 App 是一项非常复杂的工程。开发者需要考虑一系列的问题。比如，服务器资源、关键

技术问题的突破、研发人力成本、业务模式创新和安全隐私保护等。这意味着开发者需要投入巨大的成本，并耗费相当长的研发周期才有可能达成目标。而在瞬息万变的移动互联网市场下，研发周期的长短足以决定一款产品的成败。因此，开发者希望能够由生态平台为其提供相应的解决方案，包括提供移动应用开发中常用的基础能力或服务、提升交付效率的工具以及有创新性的技术平台，以便降低其投入成本，缩短应用开发周期，聚焦业务创新。

这一时期生态平台也面临着一些主要问题。生态平台希望吸引更多的开发者，让尽可能多的应用加入其生态圈，以便快速扩大应用的体量，进而为终端用户提供丰富的应用选择。而要达成这一目标，生态平台需要解决如下两个问题：问题一，如何提供有竞争力的能力或者服务来吸引更多的开发者加入其生态圈？问题二，如何让开发者的应用在其终端设备上有更好的应用体验，从而帮助开发者更好地获客，建立一个与开发者相互依存的良性共生关系？

要解决这两个问题就需要生态平台依托自身终端设备或者平台优势，来为开发者提供全方位的支持与服务。这包括提供移动应用领域的基础能力或服务，丰富的推广与激励资源以及关键领域的技术支持，以帮助开发者进行业务创新。这些支持既是开发者所急切需要的，也是生态平台实现自身良性发展的关键要素。因此，在这一时期各大生态平台纷纷提供了大量的开放能力及服务，来帮助开发者缩短应用开发周期、提升应用开发效率、支撑应用快速上架，从而确立自身在生态圈中的竞争力。

我们来看下各大生态平台是如何积极进行能力开放的。在开发领域，各大生态平台开放了各种 SDK，将各自软硬件的能力开放给开发者。例如，为开发者提供定位、地图、云空间、数字版权保护、游戏等基础能力。在效率提升方面，各大平台纷纷推出新的工具与语言，例如 Apple 的 XCode 工具集、Swift 语言，Google 的 Android Studio 以及华为的 DevEco Studio 等。这些工具与语言极大地解放了开发者的生产力，提升了应用开发效率与构建质量。此外，生态平台也推出了 AR、VR、AI 等前沿技术来帮助开发者在各自的业务领域高效地进行业务创新。得益于这些丰富的开放能力以及生态平台提供的全方位支持，各主流生态平台的移动应用也得到了极大丰富，很好地提升了应用的业务体验，增强了开发者与生态平台之间的依存关系。

3. 促进深度融合，共建命运共同体

截至 2020 年 5 月，全球移动应用数量已达 500 万款，与移动互联网诞生初期仅有数百款相比已是天壤之别。如何增加 App 数量已不再是整个移动生态面临的首要问题，甚至一些体验差的应用已逐步在各大应用平台下架。今天，生态平台更加关注的是如何帮助更多的优质应用成长、获利并最终获得商业成功，同时，生态平台也开始出现一些新的变化。

首先，生态平台提供更多精细化运营的能力，帮助开发者更好地运营其 App。如 Google Firebase 和华为 HMS Core 提供的 Analytics 能力，都可以帮助开发者进行用户行为

分析、用户洞察及精细化运营，以便开发者及时做出产品策略的调整。

其次，生态平台不断增加新的生态入口，通过多样化的交互方式，让 App 变得更容易触达用户，增加了流量和变现机会。如 Apple 公司的 Siri 助手，让用户通过语音与手机交互快速找到想要的应用；华为公司的"智慧助手"，可以帮助用户一键直达常见应用，享受情景智能服务，快速接收各类资讯。

同时，生态平台的应用类型也在发生变化，如华为公司提供的"快应用"，是一种新型免安装应用。开发者不需要花费高昂的成本去拉动客户下载 App，也无须频繁推送原生应用的升级，这样大大缩短了开发者和用户加入生态体系的时间周期，更易于推广传播。

在经历了"构建分发平台，形成生态模式""提供全面支持，扩充生态阵营"和"促进深度融合，共建命运共同体"三个发展阶段之后，今天的生态平台更加关注如何帮助开发者更快、更好地获取利益。开发者为了打造更好的"爆款"应用，也更加深度地参与到生态平台的使用中来。开发者与生态平台开始成为结合紧密的命运共同体。可以预见，未来的移动应用生态，将迈向更加智慧化的时代，聚合终端、内容，不断创造多样化、多入口的全场景的应用体验。

1.1.3　移动应用生态的价值分配

任何商业生态体系都包括两个最核心的群体，即供应方和需求方。在移动应用生态体系中，需求方是智能终端的消费者，我们称之为用户。用户在使用智能终端设备的各类应用服务时，获得便捷丰富的使用体验并愿意为此买单。供应方则是各种各样应用的开发者，他们负责开发和运营这些应用服务，并希望快速、低成本地从应用服务获得收益。

而开发者和用户是依靠智能终端连接起来的，因此智能终端厂商担负着连接开发者与用户的重要职责，是生态里极为重要的一环。以 Apple 生态为例，Apple 公司自身就扮演了智能终端厂商的角色；而在 Google 生态中，Google 凭借其对 Android 系统强大的管控能力，实际上也具备与智能手机硬件厂商同等的地位。如图 1-3 所示，不难看出，整个移动生态的价值链大体可分为 3 个环节。

开发者　　　　智能终端　　　消费者

图 1-3　移动应用生态链

那么在移动应用生态里，开发者及智能终端厂家是如何实现商业变现的呢？

1. 开发者盈利模式

对于开发者，主要有两种获利模式。

1）广告模式：通过向消费者提供免费服务，做大用户流量，通过向用户展现广告来获利。

2）付费模式：通过向消费者提供收费服务来获利，比如通过用户在应用内支付购买服务而获利。

开发者的获利方式一般是两种模式之一或两种模式混合使用。

广告模式的商业逻辑（见图 1-4）在于，开发者给其用户提供服务的同时，推送广告展现，赚取广告收入。以 Google 为例，开发者通过集成 Google 的广告 SDK，来展示 Google 广告平台推送的广告，获取收益。随着移动应用生态的不断发展，广告模式下的角色和分工也越来越细致，催生了诸多第三方广告平台和监测平台。开发者只需要聚焦如何做大用户量即可，广告平台会端到端承接广告变现工作，帮助开发者进行流量变现，并与开发者分享赚取的广告收入。

图 1-4　广告模式商业逻辑

下面通过一个具体的例子，来看下广告模式的获利方式。以天气预报类 App 为例，用户依赖此类 App 随时查看天气信息，便于做好出行准备。开发和维护一个天气 App 需要花费不菲的成本，支出包括服务器费用和日常运营等，但用户无须在查看天气信息时付费。这时开发者就可以通过广告模式获利，如向用户展示开屏广告、Banner 广告等。当活跃用户量达到一定级别时，赚取的广告费就可以实现商业盈利。据统计，通过广告盈利的 App 占比达到了半数以上，因此广告模式是一种非常重要的盈利模式。

付费模式的商业逻辑（见图 1-5）在于，开发者提供给用户的是有价值的、不易免费获得的优质服务。用户为了获得优质服务，愿意为之付费。在线支付是付费模式的基础设施，随着国内外各种在线支付平台的崛起，支付平台承接了支付通道的工作。开发者只需要聚焦提供优质服务即可，支付平台会帮助开发者便捷地进行收费，与开发者分享赚取的用户付费收入。Apple 和 Google 均推出了自己的支付 SDK，方便开发者快速变现。

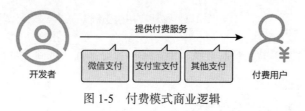

图 1-5　付费模式商业逻辑

　　下面通过一个具体的例子，来看下付费模式的获利方式。以幼儿教学类 App 为例，开发者通过 App 为幼儿提供图文、语音相结合的学习方式，使幼儿可以轻松愉悦地学习文字，学习兴趣和效率大大提升。很多家长愿意为此付费，以帮助孩子成长。只要使用付费学习的家长和孩子达到一定数量，开发者就可以实现商业盈利。

　　随着开发者经营的多元化，商业模式更加丰富，广告模式和付费模式已不再单独使用，更多的开发者会混合使用这两种商业模式。例如，以广告模式为主的开发者，可能会推出付费会员免广告的策略；以付费模式为主的开发者，可能会将部分服务免费开放，增大用户量，获得广告收入。例如视频类应用开发者，就是同时采用了这两种模式。一部分用户愿意付费购买会员，可以享受无广告的观影体验，并拥有观看付费电影的特权。而非会员的用户，则通过在观影前增加广告的方法获得收入。这样开发者既有广告收入又有付费收入，经营模式更加多样化。

2. 智能终端厂商获利模式

　　作为生态平台角色的扮演者，智能终端厂商除了硬件产品的销售收入外，还有一部分收入来自其移动应用生态收入。其商业模式主要分为有两种。一种商业模式是凭借其预装在终端上的系统应用给用户提供服务，获取广告收入或付费收入，其获利模式如图 1-6 所示。例如，Google GMS 套件里的 Chrome 浏览器、YouTube 视频和 Gmail 邮箱等应用，通过合作的终端厂商预装在手机系统里，通过硬件海量销售带来海量用户，与互联网公司同类产品一样，通过运营这些系统应用获得收入。

图 1-6　智能终端厂商获利模式 1

　　以智能手机厂商自带的视频应用为例，它预装在手机操作系统中，且放在了桌面较为显眼的位置，用户使用手机时很容易就能看到。厂家视频应用也聚合了很多电影、电视剧作品，用户免费观看时，它可以赚取广告费；用户购买会员观看时，它可以赚取付费会员的收入。厂家视频 App 与其他互联网公司视频 App 一样，都是通过运营视频内容来获取收入，只是厂家视频应用是随硬件销售而获得用户的，省下了 App 推广费。例如，Google 的视频应用 YouTube，通过 GMS 预装在了所有海外 Android 手机上，YouTube 的主要盈利来自广告收入。

　　智能终端厂商的另一种商业模式是凭借其对操作系统的控制权，建立应用分发平台，在系统中预置应用市场，帮助开发者分发应用，赚取应用推广的广告收入或应用付费的联运分成收入。例如 Apple 的 App Store，是 Apple 设备中唯一可用的应用市场，开发者想要在 Apple 设备中获得更多的用户，就需要在 Apple 应用商店进行广告推广。如果开发者的应用涉及用户付费，就需要与 Apple 进行联运分成。同样，在 Android 阵营，开发者需要在

Google 应用商店或智能终端厂商自己的应用商店里，进行广告推广和联运分成。图 1-7 所示为第二种智能终端厂商获利模式示意图。

图 1-7　智能终端厂商获利模式 2

以国内 Android 手机厂商系统自带的应用商店为例，所有上架的应用都已经过厂家的主流机型适配测试和严格的安全测试。用户在系统应用商店里下载 App 步骤简单，安装便捷，兼容性问题少，安全可靠，因此成为用户首选使用的应用商店。App 开发者可以在终端厂商系统应用商店里进行运营和推广以提升 App 下载量，终端厂家通过经营应用商店获取商业收入。而游戏类应用及其他付费模式类应用的开发者们，可以与终端厂家进行联合运营，即把应用内获得的用户付费收入与终端厂家进行分成，终端厂家可以给受欢迎的优质 App 更好的曝光展示位置，让更多用户下载使用。

今天，移动生态平台的发展更加多样化，由过去的单一应用分发平台，转变为开发者全生命周期的支撑平台，从开发者的应用开发、运营推广，到商业变现提供全流程支撑服务，整个平台商业体系如图 1-8 所示。

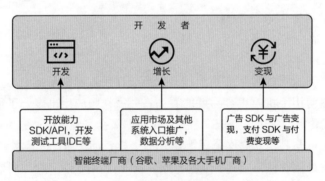

图 1-8　商业共同体

在应用开发方面，厂商不再局限于作为应用分发平台，而是积极开放各种 API、SDK 及开发工具，提高开发者的开发效率，并深度将系统软硬件差异化能力开放给开发者。既给开发者提供了产品创新的土壤，又将开发者更为紧密地凝聚在厂商的技术生态圈内。

在应用增长方面，厂商在其应用市场及其他系统入口开放了众多可用于推广开发者应用的资源位。智能终端变成了一个离用户距离最近的流量触点，厂商在不影响用户体验的情况下将这些触点转化为推广资源位，成为互联网广告分发领域不可或缺的重要渠道。同时厂商基于系统能力，提供一整套数据分析系统，提供更为丰富的多维度数据，帮助开发者更好地进行运营分析，以便赢得更多的用户。

在应用变现方面，厂商提供自有支付体系供开发者进行付费变现，为开展联运打下了基础，通过收入分成来给开发者配给推广资源位，使得开发者节约了广告推广费用，从而与厂商实现流量和收入的双赢。厂商同时推出了广告 SDK，让开发者可以接入厂商广告系统，在开发者的应用里去展示厂商推送过来的广告，从厂商这里获得广告收入分成。由于厂商的品牌影响力大，能吸引众多高端广告主。同时管控流程严格，广告素材质量高。因此开发者集成厂商广告 SDK 后，能获得更高的展示单价，以及更有保障的用户体验。

这样，智能终端厂商与开发者之间的生态共生关系变得更为紧密，成为密不可分的商业共同体。

1.2　华为 HMS 生态发展历程

本节向读者介绍华为终端和云服务的发展过程，以及 HMS 生态的产生和发展现状。

1.2.1　华为终端与云服务

在了解华为 HMS（Huawei Mobile Services）生态之前，我们先回顾一下华为终端及云服务的发展历程。华为公司于 2003 年成立手机业务部，开启终端业务。2003 至 2010 年业务初创期，华为终端主要开展电话固定台和数据卡业务。同时，通过 ODM（Original Design Manufacture，原始设计制造商）白牌模式，逐渐在手机领域形成积累。2004 年发布中国第一款 WCDMA 手机参加法国戛纳 3GSM 大会并现场演示。2009 年在西班牙移动世界大会（MWC）展示首款 Android 智能手机。

2012 年，华为终端业务正式开启从 ODM 白牌到华为自有品牌、从低端向中高端智能手机、从运营商转售市场向公开市场的三大战略转变。基于华为在通信领域多年积累的工业化体系能力，华为消费者业务⊖在手机电池续航、通信性能、拍照效果、Android 操作系统软件优化方面，逐渐得到消费者的青睐和认可。凭借这些优势，从 2015 年开始，华为智能手机份额就稳居全球前三，并在 2018 年达到全球智能手机份额第二。对于拥有海量终端用户的华为而言，除了销售终端以外，向消费者提供安全、便捷、丰富的云服务，正成为华为在手机消费的生命周期内，持续服务消费者，不断提升用户体验，并且与开发者合作共赢的新方向。2020 年 6 月，华为智能终端在全球月活跃用户数超过 7 亿，这一庞大的用户群体，为华为 HMS 生态发展提供了坚实的基础。

云服务伴随着移动互联网浪潮应运而生，2015 年华为消费者云服务为广大用户和开发者提供了 4 大模块的业务：基础云服务类、用户服务产品类、内容经营类和开放平台业务。其中，基础云服务类业务主要包括华为账号、ROM 升级等服务；用户服务产品类业务主要

⊖　2014 年华为终端公司对外传播名称变更为"华为消费者业务"。

包括应用市场、游戏中心、生活服务、会员服务、钱包支付等服务；内容经营类业务主要包括音乐、视频、阅读等服务；开放平台业务主要为开发者提供全流程服务，助力构建华为移动应用生态体系。

随着移动互联时代的高速发展，越来越多的用户开始"漫步云端"，感受云服务带来的丰富便捷的使用体验。如今，伴随着 AI、5G 等技术的加入，以手机为中心的全场景智慧化服务体验已经成为越来越多用户的需求。与此同时，在华为看来，与开发者建立紧密、共赢的生态关系，也是华为消费者业务想要快速增长的重要支撑。"体验"和"创新"已成为华为云服务高速发展的双引擎。用户规模的大幅提升、用户活跃度上升以及高 ARPU（Average Revenue Per User，每用户平均收入）值，增强了华为智能手机在产业链的整体吸引力。越来越多的开发者正在积极使用华为开放的 HMS 能力构建移动应用，成为 HMS 生态建设的中坚力量。

1.2.2 HMS 生态发展历程

自华为进入智能手机领域后，华为应用市场和华为账号服务就一直伴随着华为智能手机持续地为消费者提供服务，其中华为账号服务是华为 HMS 生态首个面向开发者开放的服务。下面让我们先从华为账号服务的诞生开始，了解 HMS 生态的发展历程。

2011 年年初，用户希望华为 EMUI⊖提供一种"手机找回"功能。该功能的设想是：消费者在手机上打开"查找我的手机"开关，在联网状态下手机会把当前的位置等信息上报到华为云服务平台。后续如果手机丢失，消费者可以登录"查找手机"App 或者登录"云空间"的网站进行手机的快速定位、响铃、锁定和擦除数据等操作，帮助消费者快速找回手机并进行隐私数据保护。

尽管"手机找回"功能的需求迫切，但开发团队却在研发过程中碰到了难题：用户手机的定位信息上报、丢失后查找与锁定都需要先获得用户授权许可。如果没有一套账号系统供消费者使用作为前提，则无法实现"手机找回"功能。因此，构建华为账号服务能力成了研发团队需要一并解决的问题。之后在 2011 年年中，华为账号能力构建完毕，并很快在"手机找回""云空间"等手机服务上得以应用。2013 年，华为账号的活跃用户数已经突破了 2000 万。初期的华为账号服务，主要是面向华为自有应用及消费者提供服务的，并未将账号的接入能力开放给广大的开发者。

2012 年，华为终端在智能手机领域开始发力，加大高端智能手机的创新投入。同年末，华为成为全球第三大智能手机制造商，生态合作伙伴群体也初具规模。此时，一些游戏类开发者希望华为能够开放账号服务，以便借助华为账号的用户群体进一步扩大其游戏用户数。为了响应这一诉求，华为在 2013 年年底推出了华为账号面向开发者的首个 OpenSDK 版本，开发者的应用只需集成该 SDK，即可快速拥有华为账号服务提供的登录授权功能。开发者无须构建自己的账号系统，也不必关注账号、密码的管理及烦琐的各类验证等实现细节，这

⊖ EMUI（Emotion User Interface）是华为基于 Android 进行开发的情感化用户界面。

样极大地降低了在华为手机上接入开发者应用的门槛。随着越来越多的开发者应用接入华为账号，华为又进一步把华为视频、华为音乐、华为阅读、华为主题等一系列的华为自有 App 统一到华为账号体系下，使得华为账号成为整个 HMS 生态的基础能力。

应用内支付服务也是最早开放给开发者的服务之一，它的构建灵感同样来自应用开发者。2011 年，中国移动互联网业务蓬勃发展，其中尤以移动支付领域的发展最为迅速，包括支付宝、微信、银联等各类互联网支付渠道纷纷涌现，游戏开发者经常抱怨在开发支付能力的时候，需要集成多个支付 SDK，导致集成的工作量激增。同时，各支付 SDK 的用户交互体验差异很大，令开发者头疼。

开发者们希望华为能够提供统一的应用内支付的能力，将各类互联网主流的支付渠道聚合起来，减轻其接入支付能力的工作量。作为回应，华为很快在 2012 年推出了应用内支付的首个 SDK 版本，HMS 生态的开发者只需要接入华为应用内支付 SDK，就可以具备多个渠道的支付能力，从而保障了消费者支付时的体验一致性。SDK 版本推出后的第一周，单周接入开发者就超过了 20 家，深受开发者青睐。

随着接入华为应用内支付的开发者越来越多，新的支付方式不断加入，包括华为自有的 Huawei Pay 渠道、虚拟花币、运营商话费支付等方式，同时华为应用内支付还支持开发者对虚拟商品的定价管理。截至 2019 年华为应用内支付已覆盖了全球 177 个国家或地区，服务全球数以万计的 HMS 生态的开发者，成为开发者商业变现的关键服务之一。

另一个早期十分重要的 Push 服务，也是伴随着移动应用的产业发展应运而生的。众所周知，作为移动应用运营推广的关键能力，Apple 公司从一开始就为 iOS 平台的应用开发者提供了完善的消息推送解决方案。实际上 Google 也在 Android 2.2 版本之后提供了基于 C2DM（Android Cloud to Device Messaging）的推送能力。但是 C2DM 本身并不属于 Android 开源的一部分。同时由于一些其他的原因，Android 开发者在国内使用 C2DM 有着众多的困难，国内 Android 的开发者一直到 2012 年尚没有完全免费、开放的 Push 服务可用。

回顾中国移动互联网的发展历程，2011 ～ 2012 年恰好是移动互联网迅速发展的阶段，智能手机销量激增，移动应用层出不穷。Android 应用市场的应用总数在此期间突破 40 万款，且每周都以 2 万～ 3 万款的速度快速递增。移动开发者对应用推广、促活诉求与国内消息推送能力现状形成了巨大的反差。一些大的应用开发者通过自行搭建消息推送服务器来解决自身应用的推广与促活问题，而广大的中小型开发者则只能选择一些第三方的收费渠道。当时第三方 Push 平台的痛点是消息时延大、到达率比较低。各个厂商为了确保手机的功耗与安全，往往会对第三方的 Push 推送能力进行限制，这也使得利用第三方 Push 能力的应用推广与运营效果大打折扣。

随着 2011 年华为终端进入智能手机市场，为开发者解决在华为终端上的实时消息推送的问题就已提上日程。构建目标就是依托华为终端的厂商优势为开发者提供一条稳定、可靠、低时延的消息通道。2011 年年底，消息推送的首个内测 SDK 版本推出后，华为邀请了多个开发者来进行试用。结果数据表明，华为 Push 服务的到达率与时延均明显优于市面上的第三方 Push 能力。到 2012 年初，华为 Push 服务的首个正式版本推出后，仅 3 个月的时间华为消息推送的活跃用户数就突破了 100 万，并在 2012 年年底总活跃用户数突破了 1000 万。

目前华为 Push 服务已经广泛服务于全球的开发者，并支持了对网页应用、iOS 应用的消息推送能力，推送速度每秒最高可达百万级，消息量每日百亿级，月活跃用户数达到了 5 亿级别，成为开发者使用最广泛的 HMS 服务之一。

华为账号、华为 Push 和华为应用内支付形成了华为 HMS 生态早期能力开放的"三驾马车"。不过在能力构建初期，这三个服务都是烟囱式发展，能力之间没有太多的复用。随着 HMS 生态的持续开放，华为在 2013 年之后陆续开放了华为游戏服务、华为分析服务等多个能力，这种早期烟囱式的发展方式逐渐暴露出其弊端。因此在 2015 年 HMS 团队对这些开放能力进行了一次系统性重构，将各个能力公共的部分做了统一的封装，并抽取为公共的 HMS Core，其他的每个能力基于 HMS Core 提供各自轻量级的 SDK。

得益于这次重构，开发者需要集成的 SDK 体积变小，集成过程变得更加快捷，HMS Core 的版本更新也更加独立。基于新的架构，HMS 生态不断开放出新的能力，截至 2019 年 8 月，HMS 生态中包含的开放能力及服务已经达到 51 个，服务全球 170 多个国家和地区数以百万计的开发者。HMS 架构重构示意图如图 1-9 所示。

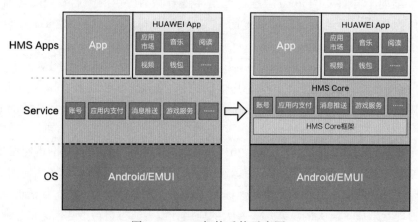

图 1-9　HMS 架构重构示意图

2020 年 1 月 15 日对于华为 HMS 生态而言是一个重要里程碑，华为在消费者产品与战略发布会上正式向全球发布了 HMS 生态开放能力合集 HMS Core 4.0。这其中除了运营已久的华为账号、应用内支付、消息推送等能力之外，还新增了开发者迫切需要的一些新能力，包括机器学习、统一扫码、近距离通信、安全检测、定位、数字版权、华为地图等多个服务。除此之外，华为 HMS 生态还提供了相机、AR、VR、HiAI 等一系列系统与芯片级的能力。截至 2020 年 4 月，华为 HMS 生态已经累计开放了 90 项能力及服务，其中 53

项已面向海外开发者发布，HMS 生态已经具备了"芯 – 端 – 云"全面助力开发者数字创新的能力。

1.2.3　HMS 生态发展现状

HMS 生态正在全球快速发展，如何让更多的开发者了解并加入 HMS 生态是华为最重要的工作之一。分析开发者与 HMS 生态的发展阶段，大致可分为 4 个阶段：认知阶段、学习阶段、参与阶段以及从 HMS 生态中获得商业成功。华为为处于每个发展阶段的开发者提供了相应的支持，帮助开发者以最快速度获得商业成功。

2018 年华为开发者联盟[⊖]（https://developer.huawei.com/consumer）正式发布了 HDD[⊖]（HUAWEI Developer Day）品牌。这是一个与广大开发者深度交流的平台，通过它，华为把移动终端的最新技术、产品特性、华为 HMS 最新开放能力等知识推送给开发者，并获得开发者对华为 HMS 生态的反馈。在中国，截至 2020 年，HDD 已经走过了北京、上海、广州、成都、大连等 10 多个城市，通过线下的城市沙龙、技术交流会、公开课、现场 Codelabs 等形式赋能了近万名开发者，线上直播观看人次累积超过了 500 万。图 1-10 为中国 HDD 活动现场。

北京 HDD 现场

南京 HDD 现场

图 1-10　中国 HDD 活动现场

在国内火热开展的同时，HDD 同步走向全球。在欧洲，HDD 覆盖了法国、西班牙、波兰、俄罗斯和葡萄牙；在亚太，HDD 走过了印度、马来西亚、泰国、菲律宾；在中东与非洲，HDD 在阿联酋、埃及、沙特、南非 4 站开展了活动；在拉美，HDD 又在墨西哥、哥

⊖　华为开发者联盟（https://developer.huawei.com/consumer），旨在整合及协调产业链资源，为华为移动终端开发者提供全球化的平台服务，从开发、测试、推广、变现等环节全方位助力开发者，鼓励创新，提供平台资源扶持，携手开发者共同打造华为终端消费者的卓越用户体验。

⊖　HUAWEI Developer Day（简称 HDD），是华为开发者联盟构建的一个与广大开发者深度交流的平台，围绕移动终端的最新技术和产品形态，将华为终端的最新开放能力及服务赋能给互联网开发者，同时将最新行业动向及趋势带给开发者，持续打造华为与广大互联网开发者交流的平台，携手开发者，共同为华为亿级终端用户打造极致的智慧体验。

伦比亚、秘鲁、巴西、哥斯达黎加等地举办。每经一站，当地的开发者都给予了 HMS 生态巨大的支持，并对华为 HMS 生态展示出了极大的兴趣与热情。图 1-11 为海外 HDD 活动现场。

葡萄牙 HDD 现场　　　　　　　　　　　马来西亚 HDD 现场

图 1-11　海外 HDD 活动现场

为了激励更多开发者加入 HMS 生态，并基于 HMS 生态进行创新，华为在 2017 年正式发布了"耀星计划"，并在 2019 年面向全球开发者将"耀星计划"的激励资源从 10 亿元人民币增加到 10 亿美元。这一举措迅速得到了众多开发者的积极响应，截至 2020 年 5 月，"耀星计划"已评选 21 期，向 300 余家优秀的合作伙伴及开发者发放了激励资源，参与耀星计划的应用已经覆盖了 HMS 生态下的诸多领域。图 1-12 为耀星计划活动现场。

耀星计划现场图片 1　　　　　　　　　　耀星计划现场图片 2

图 1-12　耀星计划活动现场

面向校园开发者，华为提供了"耀星·校园开发者计划"；面向集成 HMS Core 的优质出海开发者，提供增补激励计划。截至目前，耀星计划的激励已经累计覆盖超过 10 000 个创新应用，这些基于 HMS 生态创新的开发者和优秀的应用，不断吸引和汇聚更多开发者加入，大大加速了 HMS 生态全球化进程。

　　除了为开发者提供赋能与激励以外，华为 HMS 生态还凭借着华为终端的优势，以庞大的用户群体为开发者引流，2019 年华为终端在全球发货量突破 2.4 亿，华为终端的月活跃用户数突破了 6 亿，终端云服务月活跃用户数同比增长了 52.7%。其中，华为应用市场服务覆盖 170 多个国家和地区，2019 年累计下载应用超过 2100 亿次，华为智能助手用户超过 3.4 亿，月活超过 1.5 亿。华为视频用户数超过 1.9 亿，华为音乐的月播放次数超过了 42 亿次。通过这一系列的 HMS 应用的快速发展，华为 HMS 生态已经覆盖了各种场景的海量入口，为开发者的商业成功创新提供了丰富的流量资源支持。

　　随着对开发者赋能、激励与流量扶持的不断深入，HMS 生态的开发者与应用规模不断扩大，2019 年 HMS 生态注册开发者数量达到 130 万，增幅 132%。其中海外开发者增长显著，同比增长 163%；集成 HMS 开放能力的应用超过 5.5 万，年度增长 67%，其中海外应用集成数增长高达 367%。HMS 生态已经成长为除 Google 与 Apple 之外的第三大生态，焕发出勃勃生机。

1.3　HMS 生态架构

　　本节向读者介绍 HMS 生态的能力开放架构，以及在日益重视用户隐私安全保护的今天，HMS 隐私合规架构的作用和特点。

1.3.1　HMS 能力开放架构

　　HMS 生态是一个开放的生态，华为通过 HMS Core 全面开放"芯－端－云"能力，使能开发者应用创新，共同加速万物感知、万物互联、万物智能，打造全场景智慧体验。

　　HMS 开放框架由两部分组成，包括：HMS APPs 层和 HMS Core&Connect，其中后者又可以划分为 HMS Connect 层和 HMS Core 层，以及相应开发、测试的 IDE 工具，如图 1-13 所示。

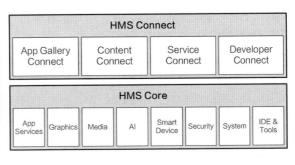

图 1-13　HMS 生态架构

1. HMS Apps 层

本层是 HMS 生态应用，包括华为自有应用（HMS Apps）和开发者应用（App），这些应用依托华为终端为用户提供数字化服务。

1）华为应用（Huawei Apps）是华为推出的自有应用，一般随 EMUI 提供给用户，包括应用市场、浏览器、云空间、智慧助手、华为视频和华为阅读等，通过这些自有应用为用户打造独特的华为数字生活方式。

2）开发者应用是开发者在华为应用市场上架的应用，覆盖消费者生活的方方面面，包括游戏、影音娱乐、社交通信、摄影摄像、商务办公、新闻阅读、购物、金融理财、教育、运动健康和智能家居等，这些应用极大地丰富了 HMS 生态。

2. HMS Connect 层

本层包括开发者管理、应用管理和内容及服务的管理，为 App 运营人员提供从加入 HMS 到商业变现的全程端到端管理能力。

1）应用市场（App Gallery Connect）致力于为应用的创意、开发、分发、运营和经营各环节提供一站式服务，将华为在全球化、质量、安全、工程管理等领域长期积累的能力开放给开发者，大幅降低应用开发与运维难度，提高版本质量，开放分发和运营服务，帮助开发者获得用户并实现收入的规模增长。

2）华为内容中心（Content Connect）是华为的内容接入平台，包括主题、音乐和视频等内容，帮助开发者将其主题、音乐和视频内容分发到华为自有应用上，助力开发者全流程高效运营，让内容更快捷、更准确地到达用户。

3）华为智慧平台（Service Connect）是华为统一的原子化服务接入和分发平台，聚合泛终端全场景的流量入口，为开发者提供一次接入、基于 AI 全场景分发的服务。

4）华为开发者联盟（Developer Connect）是华为终端合作伙伴开放平台，致力于服务广大开发者，在开发、测试、推广和变现等环节，全方位助力开发者打造全场景创新体验，通过智能终端触达广大用户。

3. HMS Core 层

本层包括 HMS 各开放能力和工具，为开发者提供应用领域、系统领域、媒体领域、安全领域等多个领域的开放能力和工具支撑。

1）App Services 是应用领域能力开放的集合，如 Huawei Account Kit（华为账号服务）为开发者提供了简单、安全的登录授权功能，方便用户快捷登录。

2）Media 是媒体领域能力开放的集合，如 Camera Kit（相机服务）为开发者提供高效使用相机系统的能力，通过提供一套全新的高级编程 API，支持第三方应用实现大光圈、人像、HDR、视频 HDR（High Density Recording）、视频人物虚化和超级夜景等特性，实现与华为相机同样的拍照效果。

3）Graphics 是图像领域开放能力的集合，如 AR Engine 通过整合 AR 核心算法，提供了运动跟踪、环境跟踪、人体和人脸跟踪等 AR 基础能力，通过这些能力可让第三方的应用实现虚拟世界与现实世界的融合，提供全新的视觉体验和交互方式。

4）System 是系统领域开放能力的集合，如近距离通信服务，使用蓝牙、Wi-Fi 等技术，发现附近的设备并与它们通信，包括近距离设备间数据传输和近距离设备间消息订阅。

5）AI 是人工智能领域开放能力的集合，如 ML Kit（机器学习服务）提供机器学习套件，为开发者提供简单易用、服务多样和技术领先的机器学习能力，助力开发者更快更好地开发各类 AI 应用。

6）Security 是安全领域开放能力的集合，如 FIDO（线上快速身份验证服务），为应用提供安全可信的本地生物特征认证和安全便捷的线上快速身份验证能力，为开发者提供安全易用的免密认证服务，并保障认证结果安全可信。

7）Smart Device 是智能终端领域开放能力的集合，如 HiCar，将移动设备和汽车连接起来，利用汽车和移动设备的强属性以及多设备互联能力，在手机和汽车之间建立管道，把手机的应用和服务延展到汽车。

8）IDE&Tools 是工具的集合，帮助开发者快捷方便地使用开放能力。

① HMS Core Toolkit 是一个 IDE 工具插件，包含应用创建、编码和转换、调测、测试和发布的开发工具，集成 HMS Core，打造出色的应用。

② DevEco Studio 是华为消费者业务为开发者提供的集成开发环境，旨在帮助开发者快捷、方便、高效地使用华为 HMS 生态开放能力。DevEco Studio 具备工程管理、代码编辑、编译构建、调试仿真等基础功能。

从上面框架各层的定义描述可以看到，HMS Core 从快速开发、持续增长、灵活变现三个方面，全方位帮助开发者低成本构建精品应用，实现商业盈利。

1.3.2　HMS 隐私合规架构

1995 年，欧盟制定了《数据保护指令》（*Directive 95/46/EC*）来保护欧盟公民的个人数据。2012 年，欧盟宣布"数据保护规则改革"计划，并提出《统一数据保护法》（*General Data Protection Regulation*，GDPR）草案，并于 2016 年 4 月正式通过，2018 年 5 月正式生效。GDPR 个人信息保护的法律概念和基本原则被全球普遍认同，阿根廷、新西兰、加拿大、日本、巴西、土耳其、中国在制定和修改本国个人信息保护立法时，均参考了 GDPR 法案。今天，各国政府越来越重视隐私保护，相关法律也更趋完善，对违反隐私行为的处罚也日趋严厉。

华为在全球范围建立了独立的隐私安全团队，持续研究隐私保护和安全技术，并确保在产品生命周期中得到严格遵从。从业界主流的隐私保护框架 GAPP（Generally Accepted

---

⊖　GDRP：即《通用数据保护条例》，是欧洲联盟的条例，前身是欧盟在 1995 年制定的《计算机数据保护法》。

Privacy Principles），到全球最严格的隐私保护法律 GDPR，隐私保护原则都融入了产品的整个生命周期。GAPP、GDPR 与各国本地法律共同构成了华为隐私合规框架的基础。图 1-14 所示为华为全球隐私合规框架。

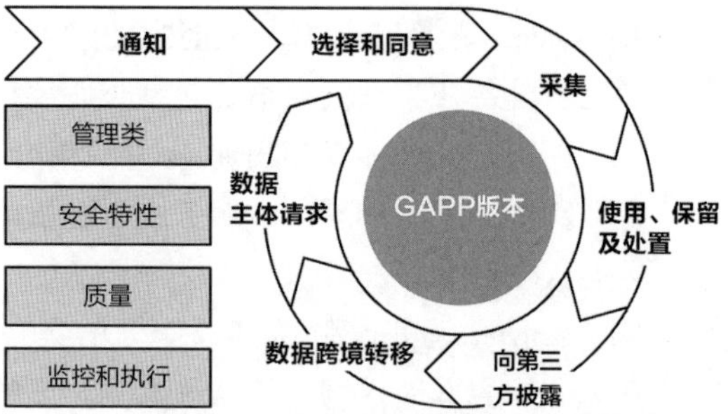

图 1-14　华为全球隐私合规框架

（1）通知

在采集个人数据前，华为会告知用户：① 采集的个人数据类型；② 个人数据处理的目的、方式；③ 数据主体的权利；④ 华为保护个人数据的安全措施。

（2）选择和同意

个人数据采集应基于用户同意、书面授权或其他法定事由，保存同意或授权记录，给予用户选择权并确保用户的"同意"可撤销。

（3）采集

基于目的相关性、必要性、最小限度采集个人数据。

（4）使用、留存和处置

个人数据的使用目的、方式和留存期限与向用户的通知保持一致。基于个人数据处理目的保持个人数据的准确性、完整性和相关性。要为个人数据提供安全保护机制，防止个人数据被盗用、误用或滥用，防止个人数据被泄露。

（5）向第三方披露

当华为授权供应商、商业合作伙伴代表华为处理个人数据时，应基于风险对其进行适当认证，以确保能够为个人数据的处理提供安全措施，并通过合同要求其提供与华为同样水平的数据保护。供应商、商业合作伙伴只能基于与华为的合同、华为指令处理个人数据，不能为任何其他目的处理个人数据。

（6）数据跨境

华为持续关注各国对个人数据跨境转移的管制要求。将个人数据转移出 EEA（欧洲经济区）时，需要签订欧盟要求的数据转移协议或获得用户的明确同意，并对个人数据提供充分的隐私保护。

（7）数据主体请求

当华为作为数据控制者时，为数据主体（用户）提供合理的访问机制，供其查看自己的个人数据，必要时允许对其个人数据进行更新、销毁或转移。

网络安全与隐私保护是华为公司的最高纲领，用户的数据安全和隐私保护是 HMS 生态建设的工作重心。在提升业务的用户体验同时，HMS 始终致力于构建用户信任的隐私保护和网络安全品牌。

至此，我们了解了移动应用生态的诞生，对主流玩家的生态业务模式和发展历程做了简单回顾。作为移动应用生态圈的重要力量，HMS 正在快速成长和壮大。对于有意愿加入并和 HMS 共同成长的 IT 从业者，我们将在后续章节给出 HMS 集成实战指导，详细向读者介绍如何快速、高效地融入 HMS 生态，实现商业成功。

1.4　小结

通过本章，我们了解了移动应用生态今天在全世界范围的繁荣态势，以及华为 HMS 的诞生和发展历程。在后续章节，我们会逐一带领读者了解 HMS 生态的技术框架，并通过举例实战深入了解如何完成 HMS 集成。

Chapter 2 第 2 章

HMS Core 整体介绍

HMS Core 是华为面向开发者提供的开放能力合集，包括账号、支付、Push、地图等核心能力。华为通过 HMS Core 全面开放"芯 – 端 – 云"的能力，帮助开发者实现高效开发、快速增长、商业变现，使能开发者创新，助力开发者高效构建精品的应用。

2.1 HMS Core 能力开放视图

HMS Core 从开发、增长和盈利三个环节为开发者提供支持。开发环节，提供账号、定位、机器学习等基础能力，帮助开发者快速构建高质量的移动应用；增长环节，提供 Push、分析等能力，协助开发者精细化运营；盈利环节，提供应用内支付、广告等能力，助力开发者实现商业变现。图 2-1 展示了 HMS Core 开放能力框架。

图 2-1 HMS Core 视图

HMS Core 不断开放出新的能力，建议读者从开发者联盟官网选择需要的各类开放能力。下面通过实例来了解框架中的一些常用开放能力。

2.1.1　开发：低成本快速构建优质应用

本节介绍在 App 开发阶段常用的一些 HMS 开放能力，帮助开发者了解如何快速低成本地构建 App，打造一款高质量的产品。

1. Account Kit

当用户开始体验一个移动 App 时，往往会因为烦琐的注册流程而中途退出，但通过了解用户的身份进而为其提供个性化体验，对于 App 而言又是十分必要的。如何平衡用户体验与获取用户之间的这种矛盾？ Account Kit（华为账号服务）能帮你解决这个问题，其应用场景如图 2-2 所示。

Account Kit 在遵循 OAuth 2.0（Open Authorization，开放式授权）和 OpenID Connect（OIDC）等国际标准协议的基础上，为用户提供了简单、安全的登录授权功能，用户只需一键点击授权，就能通过华为账号快速登录应用，避免了烦琐的注册登录操作。

1）当用户重启应用时，华为账号默认是自动登录的状态，无须再次授权，这能帮开发者大大降低应用注册和登录环节的用户流失率。

2）在账号安全方面，Account Kit 采用双因素身份验证的方式，对数据进行全流程加密，保障了全球范围内账号登录安全和隐私合规。

3）Account Kit 拥有覆盖全球的海量活跃用户，帮助开发者充分利用华为全场景生态平台的优势，在手机、平板、大屏、车机等各种华为终端设备上进行应用登录。

图 2-2　Account Kit 应用场景

2. FIDO

有了账号后，很多 App 在登录或者遇到支付场景时，往往需要进行身份验证，以确保账户或资金的安全。传统方式是通过输入密码来进行身份验证，但是使用密码存在一定的安全风险，并且对于不少用户来说，要牢牢记住密码也是一件困难的事情。那么，有没有一种既安全又便捷的身份验证方式呢？华为 FIDO 服务可以解决这个问题。

FIDO 为开发者提供了两个主要特性：线上快速身份验证（FIDO2）和本地生物特征认证（BioAuthn），可以支撑"在线用户身份验证"和"本地身份验证"两类场景（见图 2-3）。

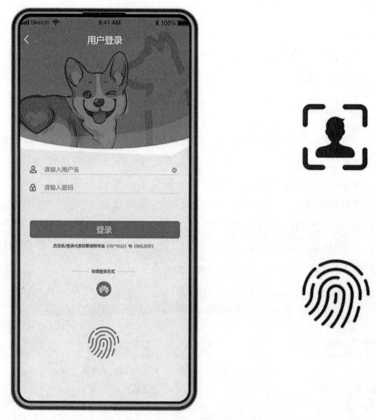

图 2-3　FIDO 应用场景

3. Map、Site 和 Location

在电商、快递物流、旅游和社交等场景中，地图服务、位置服务和定位服务是 App 不可缺少的功能。如电商 App，通过定位和地图，用户可快速定位位置、添加地址信息。对于旅游类 App，搜索地点，了解详情，寻找周边的酒店、美食等是用户常用的功能。

华为 Map Kit（地图服务）、Site Kit（位置服务）和 Location Kit（定位服务）为这些 App 提供了基础软件能力。Map Kit 和 Site Kit 都是基于地图的数据为开发者提供服务。Map Kit 提供地图呈现、地图绘制、地图交互、自定义地图样式和路径规划。Site Kit 提供丰富的地点数据，通过周边搜索、关键字搜索、地点详情查询和地理编码等查询能力帮助用户探索世界。Location Kit 采用 GPS、Wi-Fi、基站等多途径的混合定位模式进行定位，精准地获取用户位置信息，提供融合定位、活动识别和地理围栏等功能。

以 3 个场景来举例说明上述 Kit 的组合使用（见图 2-4）。

场景 1：基于 Location 的定位数据，结合 Site Kit 能力可以进行附近地址的搜索。

场景 2：基于 Location 的定位数据，结合 Map Kit 能力可以进行路径规划。

场景 3：基于 Site Kit 的 PoI（Point of Information，关注点）数据，结合 Map Kit 能力进行地图的绘制。

除了这几个场景外，开发者可以基于实际的业务需要来对这些能力进行个性化的组合使用，全面提升应用的服务体验。

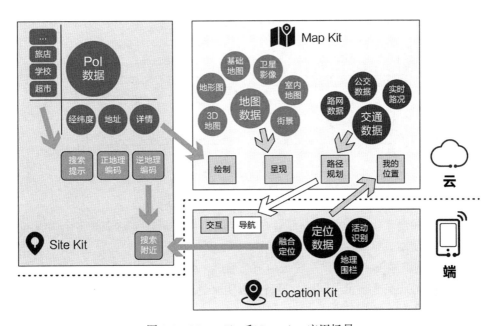

图 2-4　Map、Site 和 Location 应用场景

4. Safety Detect

今天，用户不仅关注 App 的功能体验，还关注 App 的使用安全。App 所运行的设备是否安全，App 是否会感染病毒，App 是否会被攻击而泄露隐私，这些关注点已变成开发者必须考虑的因素。

如何才能做好安全防护，保护用户的数据安全呢？

Safety Detect 覆盖多维度安全检测开放服务，包括系统完整性检测、应用安全检测、恶意 URL 检测和虚假用户检测，助力快速构建应用安全，保护用户数据安全。图 2-5 所示为 Safety Detect 应用场景。

2.1.2　增长：持续提升用户量和活跃度

通常开发者在运营一款 App 时，需要通过实时消息推送来保持与用户的黏性，进而提升用户的留存率和活跃度，持续做大用户流量。而实际情况下，针对海量用户群体的消息触达，往往面临两个比较突出的问题：一是如何在较短的时间内触达海量目标用户，实现"推得到""推得快"和"推得准"；二是如何根据用户的标签、分组等维度向特定的人群进行消息推送，并准确获得用户使用效果反馈。

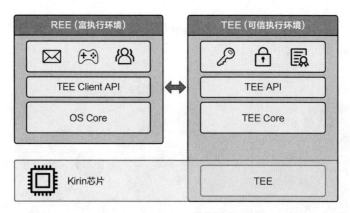

图 2-5　Safety Detect 应用场景

针对以上问题，让我们来看下华为 Push 服务是如何解决的。

1）依托华为全球化的数据中心部署，华为 Push 服务覆盖多达 200 多个国家和地区，推送容量单日百亿级，推送速度达千万级 / 秒。

2）基于华为终端 EMUI 提供系统级的消息通道，即使在应用未启动的情况下，消息也可以正常接收并在设备上显示。同时，设备会以实时消息回执的方式来反馈发送状态，实现了对消息发送状态的全掌握。

3）华为 Push 服务支持按标签、主题、情景智能、地理围栏等方式对特定的受众发送消息，并支持多维度的数据统计分析。图 2-6 所示为华为 Push 服务推送的文本消息和图文消息。

2.1.3　盈利：利用多渠道实现开发者变现

开发者开发一款 App 所追求的商业目标是盈利，通常需要通过广告或付费模式进行变现。在付费模式下，App 需要提供购买支付能力，对接支付系统。而实际情况下，开发者面临很多支付通道选择，包括支付宝、微信、银联和运营商支付等。与多个支付系统实现对接，存在开发成本高、对接联调的时间周期很长的问题。华为支付可以帮你简化这些工作。

1）华为 IAP（In App Purchase）覆盖全球主流支付方式，聚合多条支付通道，提供全球化的支付服务。主要支付方式包括银行卡支付、DCB（Direct Carrier Billing）、花币支付和第三方支付（见图 2-7）。其中，银行卡支付覆盖 170 多个国家，DCB 支付覆盖超过 47 家运营商，花币支付覆盖全球 70 多个国家，第三方支付支持微信、支付宝、Sofort 和 iDeal 等支付方式。

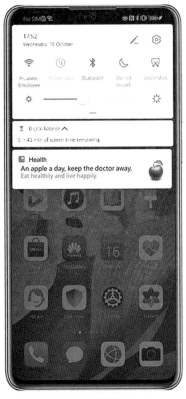

文本消息　　　　　　　　　图文消息

图 2-6　文本消息和图文消息

图 2-7　全球主流支付方式

　　2）IAP 提供多种支付配套能力（见图 2-8），包括商品管理、订单管理和订阅管理。商品管理支持超过 62 种语言、195 个商品价格档位，支持 170 多个国家的本地货币自动定价，可根据国家或区域来调整定价策略。订单管理提供了丰富的订单管理开放接口，能够记录完整的订单信息，主动查询异常订单并及时补发，实现"零掉单"。订阅服务提供多样化的订阅策略，包括促销折扣、免费试用和延迟结算，支持订阅周期可配置。

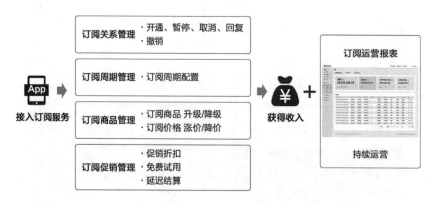

图 2-8　支付配套能力

2.2　能力开放机制

2.1 节介绍了 HMS Core 的能力开放框架和部分常见的开放能力，本节将介绍这些能力具体的开放方式和开放机制。当前 HMS Core 有两种能力开放模式：一种是基于端侧的 HMS Core SDK 开放，另一种是基于云侧的 RESTful 接口开放。

2.2.1　HMS Core SDK 开放模式

HMS Core SDK 能力开放涉及云侧和端侧两部分。云侧包括开发者联盟、华为 OAuth 服务器和开放能力所对应的业务服务器（如 Map Kit 支持的业务需要部署在 Map 服务器等）。端侧则主要包括 HMS Core APK 和 HMS Core SDK。其中，HMS Core SDK 负责与 HMS Core APK 进行交互，HMS Core APK 负责与终端的操作系统（如华为的 EMUI）、华为云侧服务器进行交互，交互过程如图 2-9 所示。对于开发者来说，只需要集成 HMS Core SDK 即可。

2.2.2　RESTful 接口开放模式

该模式由云侧直接提供 RESTful 接口，其中云侧包括开发者联盟、

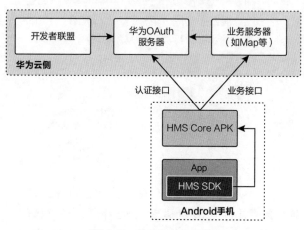

图 2-9　HMS SDK 开放

华为 OAuth 服务器和开放能力所对应的业务服务器（如 Map Kit 支持的业务需要部署在 Map 服务器等），交互过程如图 2-10 所示。

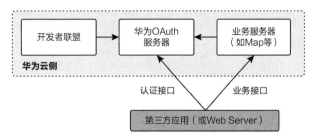

图 2-10　RESTful 开放模式

华为 HMS 当前主要以 HMS Core SDK 模式来进行能力开放，同时开放了 RESTful 接口来满足开发者不同场景的业务诉求。开发者可以基于自己的场景，根据需要选择不同的接入模式。

HMS Core 建立了统一的能力开放标准，设置了资源分配的规则。在能力调用层面，调用方需要获取相应的身份认证，并检查相关的范围权限，保证合法合理地使用开放的资源，保障用户数据和系统的安全。

2.3　能力接入授权机制

2.2 节介绍了 HMS Core 的能力开放机制，本节将介绍能力接入的授权机制，以及如何进行统一的授权。

开发者访问 HMS Core 的开放能力时，需要先在开发者联盟网站创建认证凭证，开发者 App 通过携带认证凭证访问 HMS 开放能力。当前支持的凭证有 API Key、OAuth Client 和 Service Account 这 3 种，其使用场景分别如下。

1）API Key：访问 HMS Core 开放能力公开数据的凭证。该凭证可在访问公开资源的时候使用，如使用 Map 服务的位置数据。

2）OAuth Client：需要用户授权才能使用的资源访问凭证。可以通过华为 OAuth 服务器获取用户的授权访问 Access Token，开发者 App 携带 Access Token 访问用户相关的资源。例如，开发者使用 OAuth Client 访问 Drive Kit（云空间服务）和 Health Kit（运动健康服务）。

3）Service Account：用于开发者服务器与 HMS Core 开放能力服务器间对接的凭证。开发者生成 JWT（JSON Web Token），华为 OAuth 服务器对 JWT 认证通过后返回 Access Token，开发者服务器携带 Access Token 访问 HMS Core 的开放能力。例如，开发者使用 Service Account 访问近距离通信服务（Nearby Service）。

2.3.1　API Key 使用

（1）API Key 获取

开发者可直接登录华为开发者联盟的 API Console 来创建 API Key，界面如图 2-11 所示。

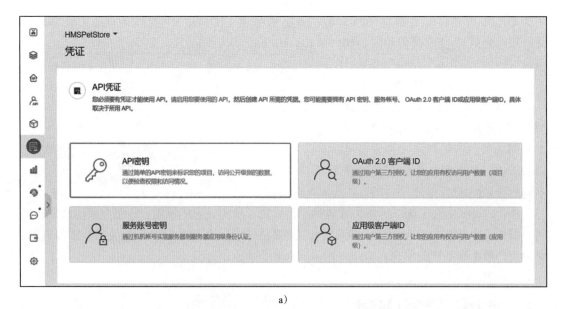

a)

API密钥				
名称	创建时间	限制	密钥	操作
apiKey1	2020-06-24 18:14:47	无	CgB6e3x9fClAXlOfOJEJQEur87p...	编辑 删除

b)

图 2-11   创建 API Key

（2）使用示例

API 密钥填写在如下 URL 的 key 参数的位置，开发者需要对其进行 URL 编码，调用的 URL 和接口参数需要参考对应 API 服务的接口文档。

调用格式如下：

```
URL? key={URL Encoded API Key}
```

接口调用示例如下：

```
https://oauth-api.cloud.huawei.com
    /v1/demo/indexes?key=CV3X1
    %2FJG7mdNZm0319puvwPAktmfw
    1aj8XvBb6sm696MqoW57ehnUC
```

（3）典型交互流程

开发者 App 通过 API Key 访问 RESTful 接口的交互流程如图 2-12 所示。

具体交互流程如下。

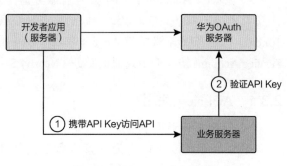

图 2-12   API Key 交互流程

① 开发者 App 或者服务器携带 API Key 访问华为的业务服务器；

② 华为的业务服务器向华为 OAuth 服务器发送请求，以验证 API Key 的有效性；

③ 华为业务服务器返回所需要的数据。

2.3.2　OAuth Client 使用

（1）Access Token 获取

OAuth 2.0 是对用户资源授权和开放的标准协议，它为桌面、手机或 Web 应用提供了一种简单、标准的方式去访问需要用户授权的 API 服务。在该协议下，Access Token（访问令牌）是应用得到用户授权后所获得的资源访问凭证。OAuth 2.0 有 4 种获取访问令牌的模式，包括授权码模式、隐藏式模式、密码式模式和客户端密码模式。HMS Core 主要使用了 OAuth 2.0 中的授权码模式和客户端密码模式。

在获取 Access Token 前，开发者需要登录华为开发者联盟的 API Console 来创建 OAuth Client，获取应用的 App ID 和 App SECRET。界面如图 2-13 所示。

a）

b）

图 2-13　创建 OAuth Client

在授权码模式下，根据申请到的 App ID 与 App SECRET 来获取 Access Token，最终访问用户相关的资源。在客户端密码模式下，获取 Access Token 不需要用户授权，但通过此方式获取的 Access Token 仅可以访问与用户无关的资源。

更多 OAuth 2.0 的相关知识请参考 https://oauth.net/2/。

（2）典型交互流程

开发者 App 通过 Access Token 访问开放的服务器 RESTful 接口。图 2-14 为 OAuth Client 交互流程示意图。

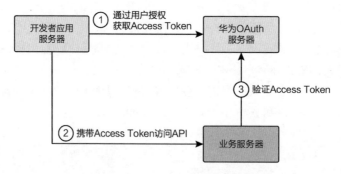

图 2-14　OAuth Client 交互流程

具体交互流程如下。

① 开发者 App 通过用户的授权获取 Access Token；

② 开发者 App 使用 Access Token 访问业务服务器的 API 接口；

③ 华为业务服务器向华为 OAuth 服务器验证 Access Token 的有效性；

④ 华为业务服务器的接口返回需要的数据。

2.3.3　Service Account 使用

（1）Service Account 获取

Service Account 是用于开发者服务器与 HMS Core 开放能力服务器间对接的凭证，开发者可直接在华为开发者联盟的 API Console 上创建生成 Service Account，并根据下载的 JSON 文件生成服务账号凭证。Service Account 获取界面如图 2-15 所示。

服务账号凭证是一个 JWT（JSON Web Token）格式字符串，JWT 数据格式包括 3 个部分：Header（头部）、Payload（负载）和 Signature（签名）。这 3 个部分通过 "." 进行连接，其中 Signature 为通过 SHA256withRSA 算法对 Header 与 Payload 拼接的字符串进行签名而生成的字符串。更多 JWT 的相关知识请参考 https://jwt.io/introduction/。

我们先介绍如何生成 JWT 头部数据，从表 2-1 可以了解头部数据的格式。

a)

b)

图 2-15　Service Account 获取

表 2-1　JWT 头部数据格式

字段名	描　　述
kid	使用 JSON 文件中的 key_id 字段填充
typ	固定为 JWT
alg	固定为 RS256

头部的 JSON 示例为：

```
{
"kid":"c60c27b8f2f34e9bac2b07c852f1800e",
"typ":"JWT",
"alg":"RS256"
}
```

进行 Base64 编码后的头部如下所示：

eyJraWQiOiJjNjBjMjdiOGYyZjM0ZTliYWMyYjA3Yzg1MmYxODAwZSIsInR5cCI6IkpXVCIsImFsZy
I6IlJTMjU2In0

再来看看如何生成 JWT 负载数据。负载组中的字段如表 2-2 所示。

表 2-2　JWT 负载组字段

字段名	描　　述
iss	使用 JSON 文件中的 sub_account 字段填充

（续）

字段名	描 述
aud	固定为 https://oauth-login.cloud.huawei.com/oauth2/v3/token
iat	JWT 签发时间戳，为自 UTC 时间 1970 年 1 月 1 日 00:00:00 起的秒数 说明：开发者的服务器时间需要校准为标准时间
exp	JWT 到期时间戳，为自 UTC 时间 1970 年 1 月 1 日 00:00:00 起的秒数，这个时间是 iat 签发时间后 1 小时

负载的 JSON 示例：

```
{
"aud": "https://oauth-login.cloud.huawei.com/oauth2/v3/token",
  "iss": "300125961",
"exp": 1581410664,
"iat": 1581407064
}
```

进行 Base64 编码后的负载如下所示：

eyJhdWQiOiJodHRwczovL29hdXRoLWxvZ2luLmNsb3VkLmh1YXdlaS5jb20vb2F1dGgyL3YzL3Rva2
    VuIiwiaXNzIjoiMzAwMTI1OTYxIiwiZXhwIjoxNTgxNDEwNjY0LCJpYXQiOjE1ODE0MDcwNjR9

最后了解如何生成 JWT 签名数据。将完成 Base64 编码后的 Header 字符串与 Payload 字符串通过 "." 进行连接。开发者可在业务应用中让 JSON 文件中的 private_key[⊖] 使用 SHA256withRSA 算法对拼接的字符串签名，具体如下所示。

```
JWT 签名数据 =SHA256withRSA (base64UrlEncode(header) + "." +base64UrlEncode(payload),
    private_key);
```

（2）使用示例

将生成的 JWT 放在 HTTP 请求头部的 Authorization 中，格式如下：

```
Authorization: Bearer JWT
```

注意，Bearer 与 JWT 之间需要有一个空格。

消息示例如下：

```
GET /v1/demo/indexes HTTP/1.1
Authorization:Bearer eyJraWQiOiIx---xxx.eyJhdWQiOiJodHR---xxx.QRodgXa2xeXSt4Gp
    ---xxx
Host: oauth-api.cloud.huawei.com
```

（3）典型交互流程

开发者 App 通过 Service Account 来访问应用的接口，如图 2-16 所示。

⊖ 华为不进行存储，请开发者妥善保管。

具体交互流程如下。

① 开发者构造 JWT；

② 开发者 App 携带 JWT 访问华为 OAuth 服务器；

③ 华为 OAuth 服务器验证 JWT 的有效性；

④ 华为 OAuth 服务器返回 Access Token；

⑤ 开发者 App 携带 Access Token 访问相关的资源。

⑥ 华为业务服务器的接口返回需要的数据。

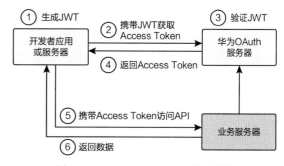

图 2-16　Service Account 交互流程

2.4　小结

学习完本章以后，你已经了解了 HMS Core 主要开放能力的使用场景、具体功能以及能力的开放与授权机制。这些背景知识的学习，将有助于读者后续更深入地理解各 Kit 的接入机制，更好地完成华为 HMS 开放能力集成。

Chapter 3 | 第 3 章

集成快速入手

在了解了 HMS 开放能力概况后，从本章开始我们将带领开发者进入实战部分。加入 HMS 生态之前，需要注册华为开发者账号，完成实名认证，成为一名华为开发者。本章将深入介绍如何加入 HMS 生态，为开始 HMS 实战项目开发做好准备。

3.1　注册与实名认证

下面介绍华为开发者账号注册和实名认证的具体操作。

3.1.1　注册账号

开发者需要先准备一个可以接收验证码的手机和电子邮箱，登录华为开发者联盟官网[⊖]，单击右上角的"注册"按钮，进入注册页面，如图 3-1 所示。

可以通过手机号或邮箱地址注册。这里选择邮箱地址注册，选择国家 / 地区、填写邮件地址等基本信息，如图 3-2 所示。

信息填写完以后，单击"注册"按钮，进入"华为账号与云空间通知"和"关于华为账号与云空间隐私的声明"页面，如图 3-3 所示。

---

https://developer.huawei.com/consumer/cn/

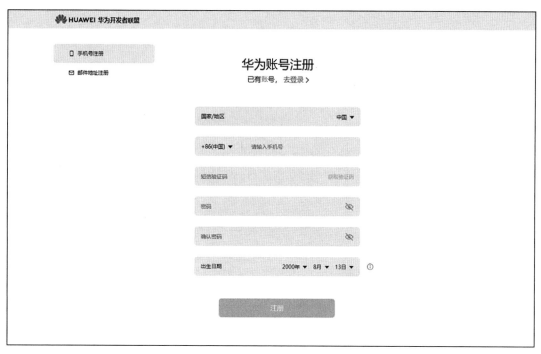

图 3-1　华为开发者账号注册页面

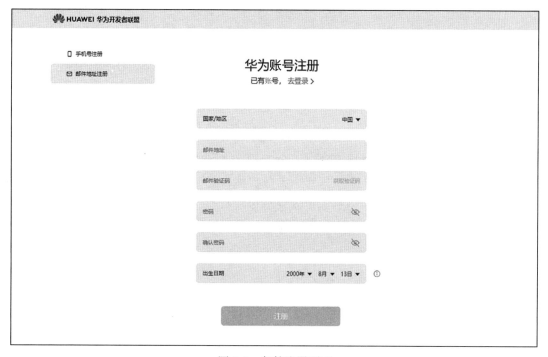

图 3-2　邮箱注册页面

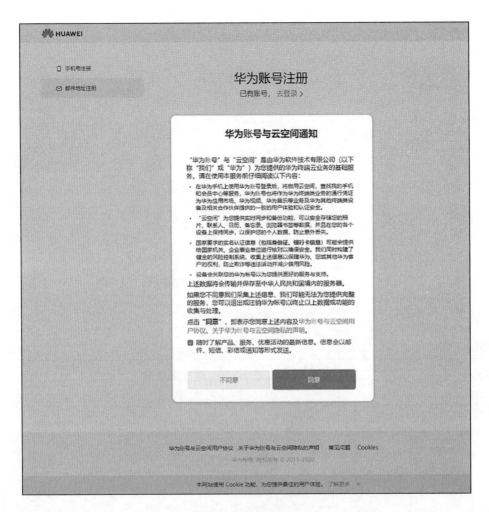

图 3-3　协议声明

　　HMS 生态向开发者提供服务的同时，会在遵从法律法规和安全隐私政策的前提下，采集开发者的部分个人数据，并为这些个人数据提供安全保护措施。阅读完协议和隐私声明后，单击"同意"按钮，将进入设置安全手机页面，如图 3-4 所示。输入手机号和验证码以后，单击"注册"按钮，即可完成账号注册。注册成功后，将自动跳转到登录界面。

3.1.2　实名认证

　　接下来，我们使用 3.1.1 节注册的账号登录华为开发者联盟。登录成功后，单击右上角的"管理中心"按钮，进入开发者实名认证页面，可以选择认证为"个人开发者"或"企业开发者"，如图 3-5 所示。

图 3-4　设置安全手机

　　以认证个人开发者为例，单击"个人开发者"图标或"下一步"按钮，进入个人认证方式选择页面，如图 3-6 所示。个人的实名认证包含两种方式："个人银行卡认证"和"身份证人工审核认证"。

　　以使用"个人银行卡认证"为例，单击个人银行卡认证的"前往认证"按钮，跳转到银行卡认证页面，如图 3-7 所示。这里需要填写真实姓名、身份证号码、银行卡号和银行预留的手机号码，以便接收短信验证码进行信息校验。

　　填写完以后，单击"下一步"按钮，进入补充资料信息页面，如图 3-8 所示。

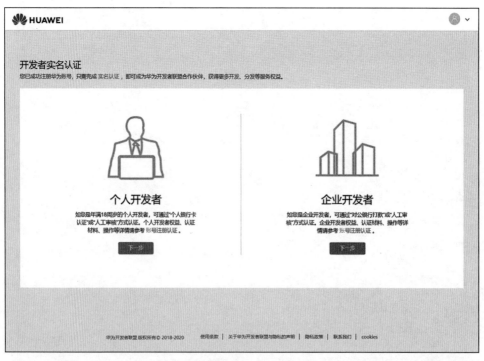

图 3-5　开发者实名认证页面

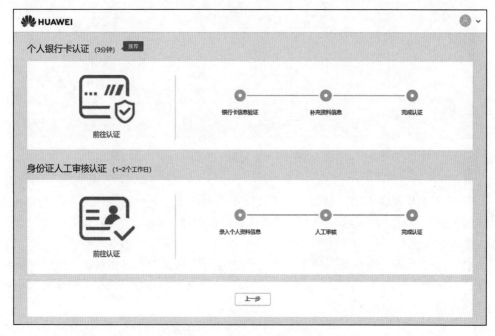

图 3-6　个人开发者实名认证方式

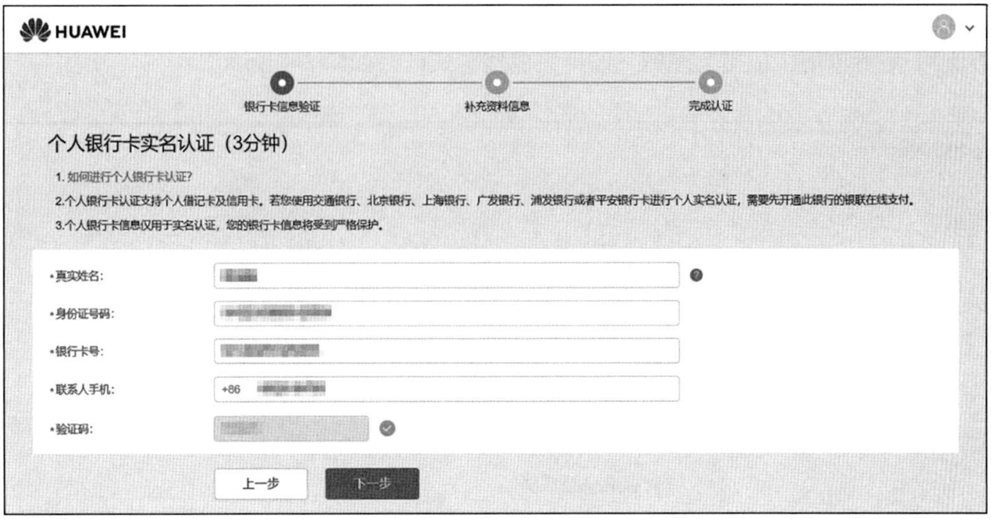

图 3-7　银行卡信息验证页面

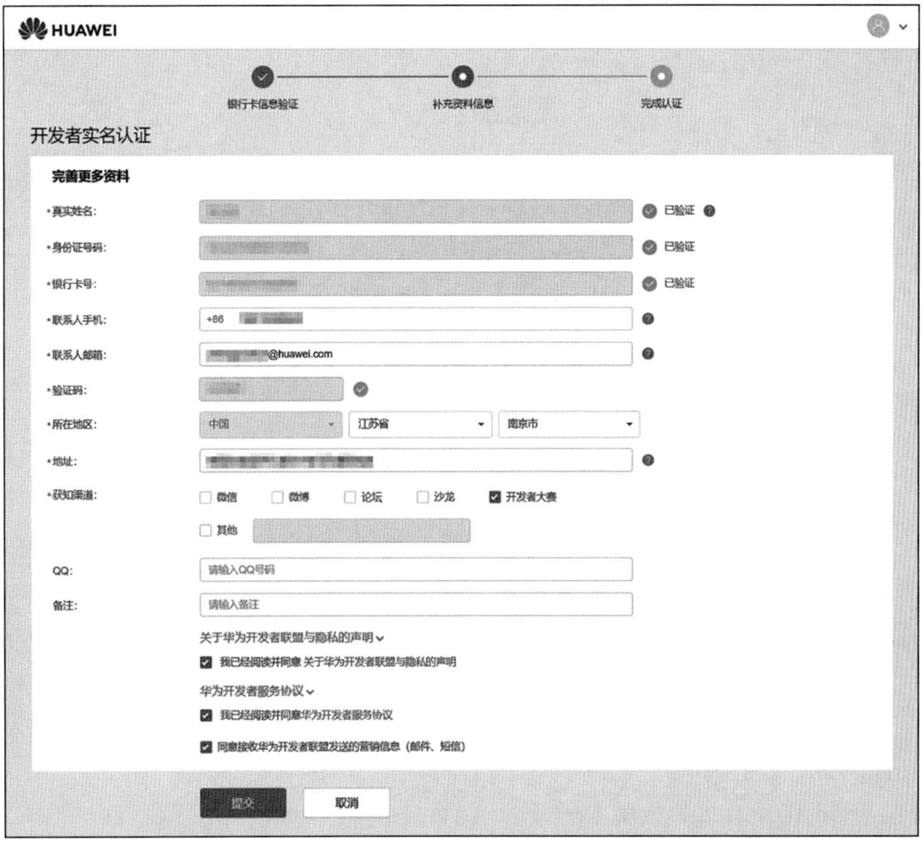

图 3-8　完善资料信息

个人信息补充完整后，签署《关于华为开发者联盟与隐私的声明》和《华为开发者服务协议》，然后单击"提交"按钮，即可完成实名认证，如图 3-9 所示。

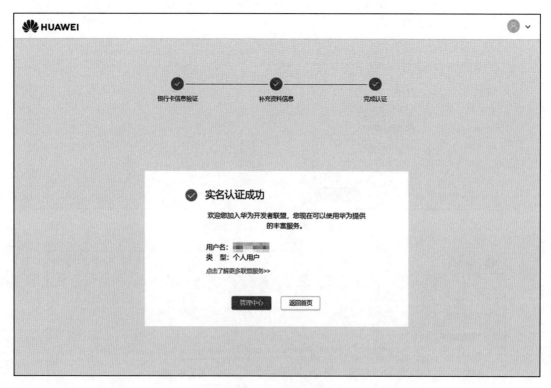

图 3-9　实名认证完成

至此，个人开发者账号的注册和实名认证已完成。企业开发者的认证方式可以参考开发者联盟官网的账号注册认证指导文档⊖。

3.2　开发环境搭建

成为开发者，我们已完成了 HMS 生态接入的第一步，接下来就可以着手对 HMS Core 的各项开放能力开始集成了。在集成前，提醒读者需要提前掌握 Android 开发的相关基础知识，并完成 Android 开发环境的搭建。完成本书的开发实战，需要准备如下工具和软件：

❑ JDK 1.8 及以上版本；

❑ Android SDK 21 及以上版本；

⊖　https://developer.huawei.com/consumer/cn/doc/20300

❑ Android Studio 3.5.3 及以上版本；

❑ 安装 HMS Core APK 4.0.0.300 及以上版本的华为手机。

　　JDK、Android SDK 和 Android Studio 的下载和安装，可以参考 Java 和 Android 官网的指导，本书中不再进行详细阐述。

　　HMS Core APK 版本查看方法：依次选择"设置"→"应用"→"应用管理"选项，打开"应用管理"页面搜索 HMS Core，如图 3-10 所示。

　　单击应用名称，进入 HMS Core 应用信息页面，如图 3-11 所示。如果 HMS Core 的版本低于 4.0.0.300，请先在华为应用市场升级到最新版本，再继续下面的学习。

图 3-10　"应用管理"页面　　　　　图 3-11　HMS Core 应用信息页面

3.3　创建宠物商城 App 项目

　　开发环境搭建完成后，就可以开始创建 Android 项目了。这里以创建一个宠物商城 App 为例进行讲解，在后续章节中逐步讲解如何集成华为账号、应用内支付和推送等关键服务，不断完善这款 App 的功能。

3.3.1 功能需求分析

为了便于读者全面了解如何集成 HMS Core 的各种能力，我们针对宠物商城 App 规划了以下几项功能。

❏ 账号注册：支持用户名和密码注册。

❏ 系统登录：支持用户名密码登录、指纹登录和第三方账号登录。

❏ 个人中心设置：用户登录进入个人中心后，可以设置收货地址，并设定指纹登录。

❏ 浏览附近宠物商店：支持宠物商店详细地址查看、周边搜索以及路线搜索等。

❏ 购买会员资格：支持会员商品查看、会员商品购买和购买订单查看。

❏ 观看宠物视频：支持浏览视频列表和视频播放。

❏ 消息推送：可以接收开发者向用户推送的宠物相关信息。

详细的用例视图如图 3-12 所示。

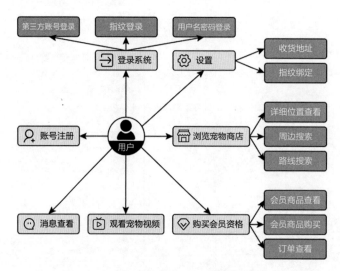

图 3-12　宠物商城 App 用例视图

通过上述功能点的实战演练，我们将介绍华为账号、消息推送、应用内支付、定位、地图和安全检测服务等多个能力的集成与使用。接下来，让我们开启宠物商城 App 的构建之旅。

3.3.2 创建 Android 项目

打开 Android Studio，新建 HMSPetStoreApp 项目，即宠物商城 App，包名为 com. huawei.hmspetstore，如图 3-13 所示。

单击 Next 按钮，下面步骤均选择默认配置，直至完成项目的创建。

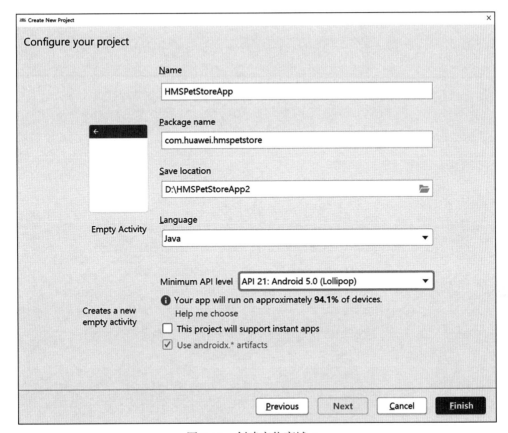

图 3-13　创建宠物商城 App

 注意　① 创建项目的时候，需要使用自己的包名；

② 这里 Minimun API Level 的选择可以参考 HMS SDK 对 Android 版本的依赖情况（https://developer.huawei.com/consumer/cn/doc/development/HMS-Guides/emui_version_dependent_features），根据集成的 SDK 和支持的设备情况决定。

3.3.3　创建签名文件

Android 系统要求所有 APK 必须先使用签名文件进行数字签名，才能安装到设备上或进行更新。签名文件可以使用 JDK 自带的 keytool 工具或由 Android Studio 生成，本书举例的项目使用 Android Studio 生成签名文件。依次单击 Android Studio 导航栏上的 Build → Generate Signed APK 选项，会弹出 Generate Signed Bundle or APK 对话框，如图 3-14 所示。

单击 Create new 按钮，在弹出的 New Key Store 对话框中填写签名文件的必要信息，根据实际情况填写即可，如图 3-15 所示。

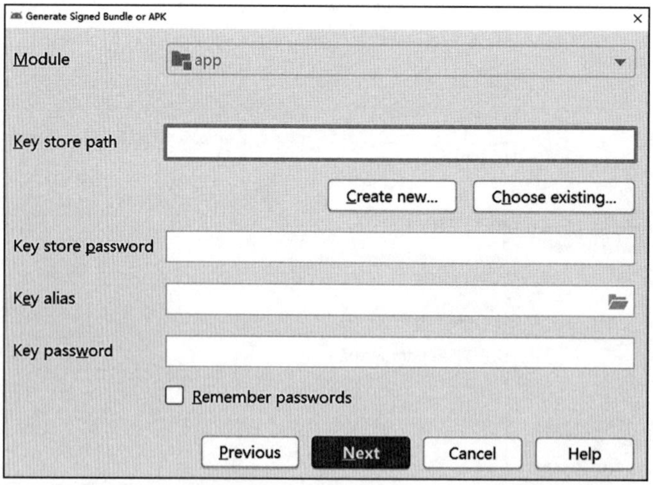

图 3-14　Generate Signed Bundle or APK 对话框

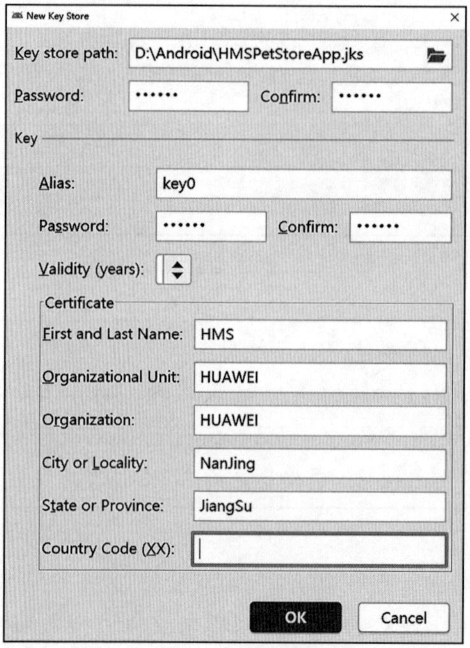

图 3-15　填写签名文件信息

　　填写完以后，单击 OK 按钮，刚才填写的信息会自动填充到 Generate Signed Bundle or APK 对话框中，如图 3-16 所示。

　　单击 Next 按钮，选择设置 Build Variants 和 Signature Versions，这里分别选择 release 选项和 V2（Full APK Signature）复选框，如图 3-17 所示。

图 3-16　信息自动填写完整

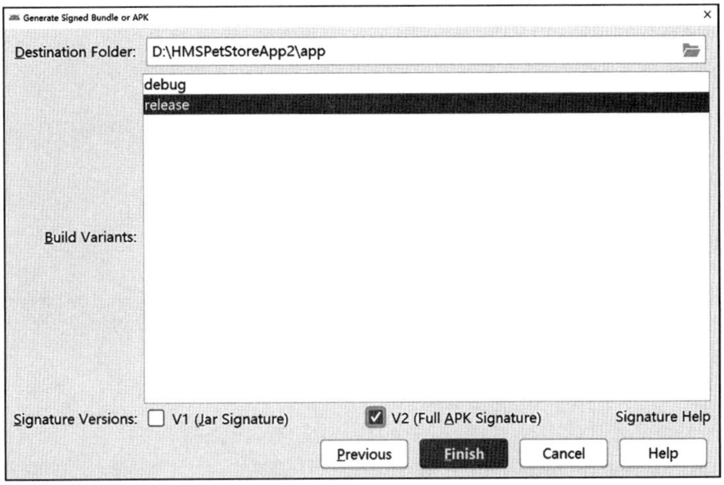

图 3-17　选择设置 Build Variants 和 Signature

　　然后单击 Finish 按钮，即可完成签名文件的创建。此时在 app 目录下可以看到生成的签名文件 HMSPetStoreApp.jks。需要提醒的是，请开发者妥善保存该签名文件，否则可能导致无法发布现有应用的更新。

3.3.4　配置签名

　　现在我们拥有了必需的签名文件，下面将在 app/build.gradle 文件中配置签名。编辑 app/build.gradle，在 android 闭包中添加如下内容。

```
signingConfigs {
    config {
        storeFile file("HMSPetStoreApp.jks")
```

```
        storePassword "hms_petstore"
        keyAlias "key0"
        keyPassword "hms_petstore"
        v2SigningEnabled true
    }
}
```

可以看到，这里在 android 闭包中添加了一个 signingConfigs 闭包[○]，然后在 signingConfigs
闭包中添加 config 闭包，接着在 config 闭包中配置 keystore 文件的如下信息：
- ❑ storeFile 用于指定 keystore 文件的位置；
- ❑ storePassword 用于指定密码；
- ❑ keyAlias 用于指定别名；
- ❑ keyPassword 用于指定别名密码。

签名信息配置好后，接下来只需要在生成正式版或者测试版 APK 的时候去使用这个配
置即可，继续编辑 app/build.gradle 文件，如下所示。

```
buildTypes {
    debug {
        minifyEnabled false
        proguardFiles getDefaultProguardFile('proguard-android-optimize.txt'),
            'proguard-rules.pro'
        signingConfig signingConfigs.config
    }
    release {
        minifyEnabled false
        proguardFiles getDefaultProguardFile('proguard-android-optimize.txt'),
            'proguard-rules.pro'
        signingConfig signingConfigs.config
    }
}
```

这里，在 buildTypes 下面的 debug 和 release 闭包中应用了刚才添加的签名配置，因此
当生成测试版和正式版 APK 时就会自动使用配置的签名信息进行签名。

配置完 app/build.gradle，单击 ▶ 图标，将 App 安装到手机或模拟器上。安装完以后
打开 App，运行的结果如图 3-18 所示。

至此，宠物商城 App 项目创建完毕。接下来，我们将为这款 App 添加首页和登录页面
等基本功能，并逐步"装饰"和完善。

3.4 宠物商城 App 开发

3.3 节创建了宠物商城 App 项目，本节将为其添加首页、宠物视频播放模块、登录模

○ Gradle 框架是使用 Groovy 语言实现的，在 Groovy 中的闭包是一个开放、匿名的代码块，可以接收参
数、返回值并分配给变量。

块、注册模块、个人中心模块和设置模块。

　　为了提高代码的可读性和可扩展性，我们重新设计一下宠物商城 App 项目结构，创建几个包（bean、common、constant、network、ui、util 和 view），如图 3-19 所示。

图 3-18　宠物商城 App 运行结果　　　　图 3-19　宠物商城 App 目录结构

bean、common、constant、network、ui、util 和 view 对应的功能如表 3-1 所示。

表 3-1　宠物商城 App 子包对应的功能列表

包　　名	功能描述
bean	数据结构类
common	公共类
constant	常量类
network	网络请求的类
ui	App 的页面，比如首页、登录页面
util	工具类
view	自定义 View

3.4.1　首页开发

　　首先为宠物商城 App 添加首页。在 ui 包下新建一个包，包名为 main，将 MainActivity 移动到该包下，并将其名字改为 MainAct，对应的布局文件的名字修改为 main_act.xml。

　　首页的布局主要由 3 大块组成。

　　1）首页布局的上方是一个 ImageView，用于展示宠物商城 App 的背景图。

　　2）ImageView 的下方是一个横向布局的 LinearLayout，LinearLayout 的里面是两个 TextView，分别作为宠物商店和宠物视频的入口。

3）LinearLayout 的左下方是一个 ImageView，作为个人中心的入口，展示一些用户信息。

详细的布局代码可以参考 main_act.xml。运行结果如图 3-20 所示。

3.4.2 宠物视频功能模块开发

单击首页的"宠物视频"按钮，会跳转到视频播放页面。在宠物视频页面，用户可以观看宠物相关的视频，了解宠物动态。我们在 ui 包下新建一个名为 petvideo 的软件包，宠物视频页面相关的代码全部放在这个软件包下。需要说明的是，宠物视频页面对应的 Activity 为 PetVideoAct.java，布局文件为 petvideo_act.xml。

宠物视频页面的布局主要由两大块组成。

1）页面的上方是一个 ImageView 和一个 TextView，分别用于显示返回按钮和宠物视频页面的标题。

2）下方是一个 RecyclerView，用于展示宠物视频。

详细的布局代码可以参考 petvideo_act.xml。宠物视频页面的运行结果如图 3-21 所示。

图 3-20　宠物商城 App 首页　　　　　图 3-21　宠物商城 App 视频播放页面

3.4.3　登录功能模块开发

首页和视频播放页面开发完成以后，我们还想为宠物商城 App 添加账号系统，保存视频的播放记录以及一些用户的个人信息，提高用户使用体验。

在 ui 包下新建一个名为 login 的软件包，接着新建一个名为 LoginAct 的 Activity，布局文件名为 login_act.xml。

登录页面的布局主要由 4 大块组成。

1）页面上方是两个 ImageView 和一个 TextView，分别用于显示返回按钮、宠物商城 logo 图和登录页面的标题。

2）logo 图的下方是两个 EditText，用于输入用户名和密码。

3）密码输入框的右下方是一个 TextView，作为注册功能的入口。

4）注册按钮的下面是一个 Button，作为登录按钮。

详细的布局代码可以参考 login_act.xml。登录页面的运行结果如图 3-22 所示。

3.4.4　账号注册功能模块开发

登录 App 之前，我们需要先完成账号注册功能模块的开发。在 login 包下新建一个名为 RegisterAct 的 Activity，对应的布局文件为 register_act.xml。注册页面和登录页面比较相似，主要也由 3 大块组成。

1）页面上方也是两个 ImageView 和一个 TextView，分别用于显示返回按钮、宠物商城 logo 图和注册页面的标题。

2）logo 图的下方是 3 个 EditText，分别用于输入用户名、密码和再次输入密码。

3）再次输入密码框的下方是一个 Button，作为注册按钮。

详细的布局代码可以参考 register_act.xml。注册页面的运行结果如图 3-23 所示。

宠物商城 App 是一个教学性质的 App，为了简单起见，将用户名和密码直接保存在 Shared Preferences 里面，代码如下所示。注册完成以后，会跳转到登录页面。

```
/**
 *  账号注册、用户名和密码保存在 Sharedpreferences
 */
private void onRegister() {
    String name = mEtUserName.getText().toString().trim();
    if (TextUtils.isEmpty(name)) {
        ToastUtil.getInstance().showShort(this, R.string.toast_input_username);
        return;
    }

    String password = mEtPassword.getText().toString().trim();
    if (TextUtils.isEmpty(password)) {
        ToastUtil.getInstance().showShort(this, R.string.toast_input_password);
        return;
    }
```

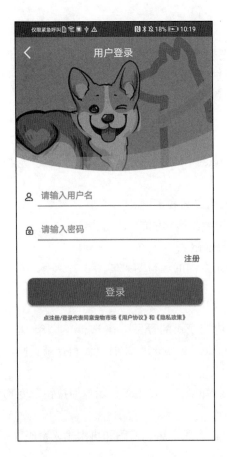

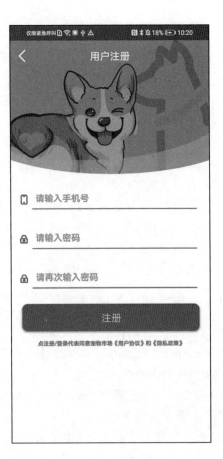

图 3-22　登录页面　　　　　　　　图 3-23　账号注册页面

```
String passwordDouble = mEtPasswordDouble.getText().toString().trim();
if (TextUtils.isEmpty(passwordDouble)) {
    ToastUtil.getInstance().showShort(this, R.string.toast_input_password_
        double);
    return;
}

if (!password.equals(passwordDouble)) {
    ToastUtil.getInstance().showShort(this, R.string.toast_passwords_
        different);
    return;
}

SPUtil.put(this, SPConstants.KEY_LOGIN, true);
SPUtil.put(this, SPConstants.KEY_USER_NAME, name);
SPUtil.put(this, SPConstants.KEY_PASSWORD, password);
finish();
}
```

这样，账号登录注册的功能就开发完成了，下面介绍如何从首页跳转到登录页面。我们先在 util 包下新建一个 LoginUtil 工具类，代码如下所示：

```java
/**
 * 功能描述：登录工具类
 */
public abstract class LoginUtil {
    private static final String TAG = "LoginUtil";

    /**
     * 登录检测，如果当前没有登录，就跳转到登录页面
     */
    public static boolean loginCheck(Context context) {
        boolean isLogin = isLogin(context);
        if (!isLogin) {
            context.startActivity(new Intent(context, LoginAct.class));
        }
        return isLogin;
    }

    /**
     * 判断是否登录，如果有用户登录，则返回 true，否则返回 false
     */
    public static boolean isLogin(Context context) {
        if (null == context) {
            return false;
        }
        return (boolean) SPUtil.get(context, SPConstants.KEY_LOGIN, Boolean.
            FALSE);
    }
}
```

下面将在进入"宠物商店""宠物视频"和"个人中心"的时候，增加用户登录的检测。在用户没有登录的情况下，自动跳转到登录页面，并在用户完成登录以后，再进入对应的页面。

```java
if (LoginUtil.loginCheck(MainAct.this)) {
}
```

3.4.5　个人中心功能模块开发

首页、登录页面和注册页面开发完成后，我们还需要开发一个页面来展示登录用户的信息。我们在 ui 包下新建一个 mine 包，并在 mine 包下面创建一个名为 MineCenterAct 的 Activity，布局文件名为 mine_act.xml，作为页面开发的准备工作。

个人中心页面比较简单，主要由两块组成。

1）页面上方是一个 RelativeLayout，其中包含了两个 ImageView 和一个 TextView，分别用于显示返回按钮、设置按钮和个人中心页面的标题。

2）RelativeLayout 的下面是一个横向布局的 LinearLayout，其中包含了一个 ImageView 和一个 TextView，分别用于显示用户的头像和登录状态。详细的布局代码可以参考 mine_act.xml 文件。

下面在首页  按钮的 onClick 方法中，添加如下代码，当用户未登录的时候，点击  按钮跳转到登录页面；当用户已登录的时候，跳转到个人中心页面。

```
findViewById(R.id.main_user).setOnClickListener(new View.OnClickListener() {
    @Override
    public void onClick(View v) {
        //跳转到个人中心页面
        if (LoginUtil.loginCheck(MainAct.this)) {
            startActivity(new Intent(MainAct.this, MineCenterAct.class));
        }
    }
});
```

3.4.6　设置功能模块开发

下面将为 App 添加设置页面，当单击"设置"按钮的时候，可以跳转到设置页面。设置页面主要用于展示详细的用户个人信息。在 ui 包下新建一个 setting 包，并在 setting 包下面新建一个名为 SettingAct 的 Activity，布局文件的名字为 setting_act.xml。

设置页面的布局主要由两块组成。

1）设置页面的上方是一个 RealtiveLayout，其中包含了一个 ImageView 和一个 TextView，分别用于展示返回按钮和设置页面的标题。

2）下方是一个 Scrollview，Scrollview 中是一个纵向布局的 LinearLayout，这个 LinearLayout 中又包含了 2 个横向的 LinearLayout 和一个 Button，分别用于展示头像、用户名和退出登录按钮。

详细的布局代码可以参考 setting_act.xml。设置页面的运行结果如图 3-24 所示。

用户名和头像的初始化方法 initData 会在 Activity 的 onCreate 方法中调用，initData 的代码如下所示。

```
/**
 * 初始化用户信息
```

图 3-24　宠物商城 App 个人中心设置页面

```
     */
    private void initData() {
        String userName = (String) SPUtil.get(this, SPConstants.KEY_USER_NAME, "");
        if (TextUtils.isEmpty(userName)) {
            return;
        }
        mTvUserName.setText(userName);
    }
```

当单击"退出登录"按钮时，用户会退出登录状态，回到 App 的首页。示例代码如下所示。

```
    /**
     * 退出
     */
    private void onExitLogin() {
        SPUtil.put(this, SPConstants.KEY_LOGIN, false);
        SPUtil.put(this, SPConstants.KEY_USER_NAME, "");
        SPUtil.put(this, SPConstants.KEY_PASSWORD, "");
        finish();
    }
```

接着在"个人中心"页面"设置"按钮的 onClick 方法中添加如下代码，当点击设置按钮的时候，跳转到设置页面。

```
    findViewById(R.id.title_right).setOnClickListener(new View.OnClickListener() {
        @Override
        public void onClick(View v) {
            // 跳转到设置页面
            startActivity(new Intent(MineCenterAct.this, SettingAct.class));
        }
    });
```

至此，宠物商城 App 的基础框架和基本功能就开发完成了，后面章节将介绍基于此基础框架进一步集成华为账号服务，为 App 新增一种快捷的登录方式。

3.5　小结

本章指导读者如何成为华为 HMS 开发者，举例创建了宠物商城 App 项目，并为这款 App 添加首页、宠物视频页面、登录页面、账号注册页面、个人中心页面和设置页面，将 App 的主体框架搭建完成。下一章将讲解 HMS SDK 的集成方法。

Account Kit 开发详解

从本章开始，我们将带大家进入 HMS Core 开发的实战环节。当前，绝大部分 App 会要求用户先完成注册、登录等环节，方可开始使用。而实际情况是用户经常忘记设定的登录密码，或者注册环节的操作步骤过于烦琐，这些都会降低用户对 App 的使用兴趣，甚至放弃使用。为了使宠物商城 App 拥有更好的注册与登录体验，本章将介绍如何通过 Account Kit（华为账号服务），使拥有华为账号的用户实现一键授权，快速登录应用。

4.1　原理和功能分析

华为账号遵循 OAuth 2.0[⊖]和 OpenID Connect[⊖]国际标准协议，具备高安全性的双因素认证能力，验证因子包括密码、手机验证码、邮箱验证码、图片验证码、身份信息等因素，具备极高的安全性，为用户提供数字资产和个人隐私的安全保护能力。在手机、平板、电视和车机等平台上，用户可以通过华为账号快速、便捷地登录 App。

Account Kit 主要包含 3 个部件。

1）HMS Core APK 中与 Account Kit 相关的部分：承载账号登录、授权等能力。

2）Account SDK：用于封装 Account Kit 提供的能力，提供接口给开发者 App 使用。

3）华为 OAuth Server：华为账号授权服务器，负责管理授权数据，为开发者提供授权和鉴权能力。

　　⊖　OAuth2.0 协议：https://oauth.net/2/。

　　⊖　OpenID Connect 协议：https://openid.net/connect/。

App 和 Account Kit 的交互原理如图 4-1 所示。

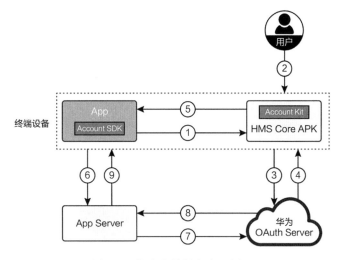

图 4-1　华为账号服务交互原理

具体交互原理分析如下。

① App 调用 Account SDK 接口向 HMS Core APK 请求 Authorization Code、ID Token、头像和昵称等信息。

② HMS Core APK 展示华为账号的授权页面，请求获取用户授权。

③～⑤ HMS Core APK 向华为 OAuth Server 请求 Authorization Code 和 ID Token，并返回给 App。

⑥ App 将 Authorization Code 和 ID Token 传给 App Server，App Server 对 ID Token 进行验证。

⑦～⑧ App Server 将 Authorization Code 和 client_secret 传给华为 OAuth Server，获取 AccessToken 和 RefreshToken。

⑨ Access Token 或 ID Token 验证通过后，App Server 生成自己的 Token，返回给 App，完成登录过程。

4.2　开发准备

成为一名 HMS 开发者，首先需要注册华为开发者账号，完成实名认证。接着完成创建应用、生成签名证书指纹、配置签名证书指纹、开通账号服务和集成账号 SDK 等操作，详细的开发流程如图 4-2 所示。

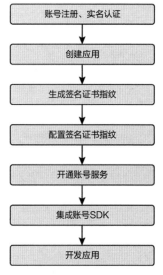

图 4-2　华为账号服务接入流程

4.2.1 账号注册、实名认证

请参考 3.1 节完成华为开发者账号的注册和实名认证，此处不再赘述。

4.2.2 创建应用

在开始集成 Account Kit 之前，需要先登录华为开发者联盟，创建应用。

1）登录华为开发者联盟，进入开发者联盟管理中心页面，如图 4-3 所示。

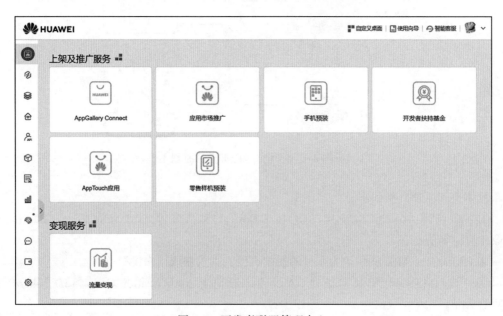

图 4-3 开发者联盟管理中心

2）单击 AppGallery Connect 选项进入 AppGallery Connect 页面，如图 4-4 所示。

图 4-4 AppGallery Connect 页面

⊖ 华为开发者联盟官网：https://developer.huawei.com/consumer/cn/。

3）单击"我的项目"选项，进入"我的项目"页面，如图 4-5 所示。项目是 AppGallery Connect 中资源的组织实体，开发者可以将一个应用的不同平台版本添加到同一个项目中。

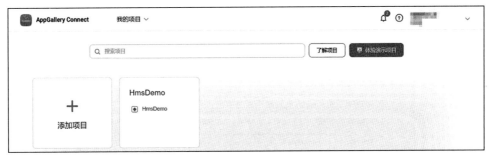

图 4-5　"我的项目"页面

4）单击"添加项目"按钮，打开"创建项目"对话框，填写项目名称，如图 4-6 所示。

图 4-6　"创建项目"对话框

5）项目名称填写完以后，单击"确定"按钮，会自动进入"项目设置"页面，如图 4-7 所示。

图 4-7　"项目设置"页面

6）单击"添加应用"按钮，打开添加应用界面，填写应用名称和应用包名，选择平台、支持设备、应用分类和默认语言，如图 4-8 所示。所有的选项都确认完成后单击"确定"按钮，完成应用的创建。

图 4-8   创建应用

4.2.3   生成签名证书指纹

通过 HMS Core SDK 调用 HMS Core APK 提供的能力时，HMS Core APK 会根据证书指纹校验应用的真实性，在集成 HMS Core SDK 前，开发者必须将证书指纹配置到华为开发者联盟，在配置前需要根据签名证书再生成证书指纹。下面使用在 3.3.3 节创建的签名证书生成证书指纹。

1）使用 CMD 命令打开命令行工具，进入 keytool.exe 安装目录，如图 4-9 所示。

```
C:\Users\▮▮▮▮▮▮▮▮▮.CHINA>cd C:\Program Files\Java\jdk-13.0.1\bin
```

图 4-9   进入 keytool 安装目录

2）执行命令 keytool -list -v -keystore <keystore-file>，根据命令行的提示进行操作，其中 <keystore-file> 为签名文件的完整路径，命令如下：

```
keytool -list -v -keystore D: \HMSPetStoreApp.jks
```

3）获取执行结果中的 SHA256 证书指纹，如图 4-10 所示。

4.2.4   配置签名证书指纹

接下来开始按步骤配置签名证书指纹。

```
C:\Program Files\Java\jdk-13.0.1\bin>keytool -list -v -keystore D:\HMSPetStoreApp.jks
输入密钥库口令:
密钥库类型: JKS
密钥库提供方: SUN

您的密钥库包含 1 个条目

别名: key0
创建日期: 2020年2月27日
条目类型: PrivateKeyEntry
证书链长度: 1
证书[1]:
所有者: CN=HMS, OU=HMS, O=HUAWEI, L=NanJing, ST=JiangSu
发布者: CN=HMS, OU=HMS, O=HUAWEI, L=NanJing, ST=JiangSu
序列号: 60293a2f
生效时间: Thu Feb 27 11:07:01 CST 2020, 失效时间: Mon Feb 20 11:07:01 CST 2045
证书指纹:
         SHA1: A3:C8:DE:23:A3:    :    :T2:    :    :    :02:F2:ED:EF:81:4D
         SHA256: 8A:26:D9:7E:04:CB:B2:    :    :FT:    :    :aT:F7:    :39:    :79:66:3D:AC:E0:7C:E4:79:50:5E
签名算法名称: SHA256withRSA
主体公共密钥算法: 2048 位 RSA 密钥
版本: 3
```

图 4-10　获取 SHA256 证书指纹

1）在 AppGallery Connect 中的"我的项目"页面，找到宠物商城 App 对应的项目，进行项目设置，如图 4-11 所示。

图 4-11　项目设置

2）在"项目设置"页面的"常规"标签页，找到"SHA256 证书指纹"配置栏，并输入之前生成的证书指纹，如图 4-12 所示。

图 4-12　SHA256 证书指纹配置

4.2.5 开通账号服务

每个应用在需要使用 HMS Core 各项服务之前，都必须先开通该服务。在"项目设置"页面中，打开 Account Kit 所在行的开关即可开通账号服务，如图 4-13 所示。

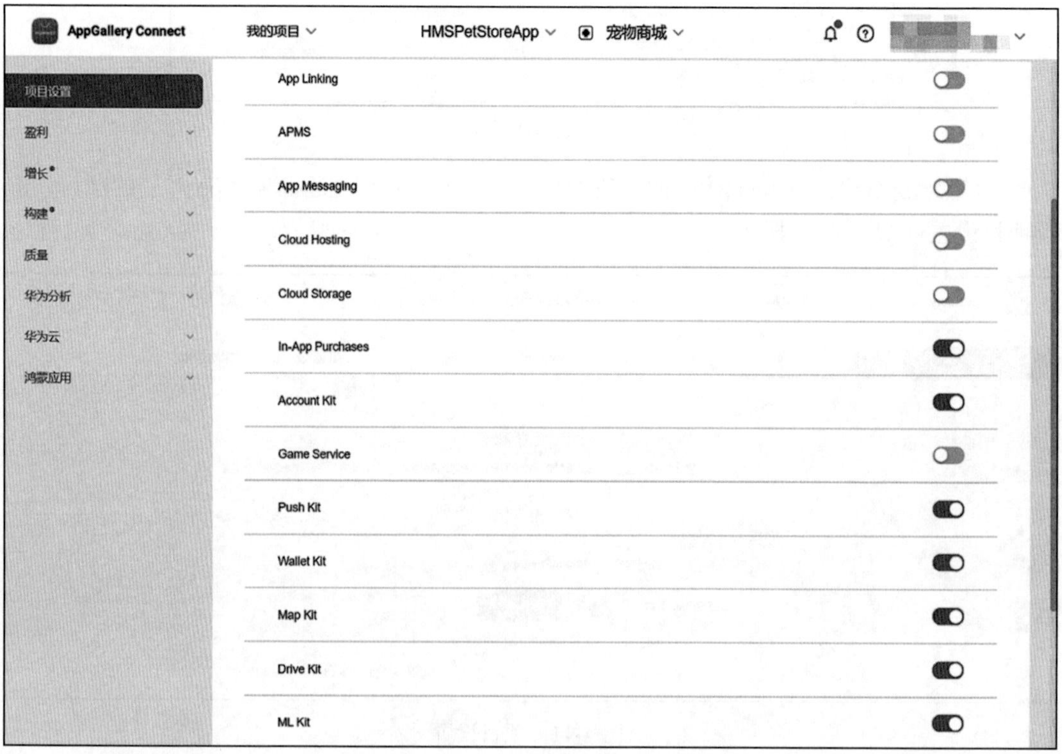

图 4-13　开通账号服务

4.2.6 集成 Account SDK

Account SDK 支持在 Android Studio 和 Eclipse 开发环境中集成。本节主要讲解如何在 Android Studio 中集成 Account SDK，Eclipse 的集成方法可以参考开发者联盟官网的开发指南⊖。

1）在"项目设置"页面，下载 agconnect-services.json（即 AGC）配置文件，如图 4-14 所示。

⊖　请参见 https://developer.huawei.com/consumer/cn/doc/development/。

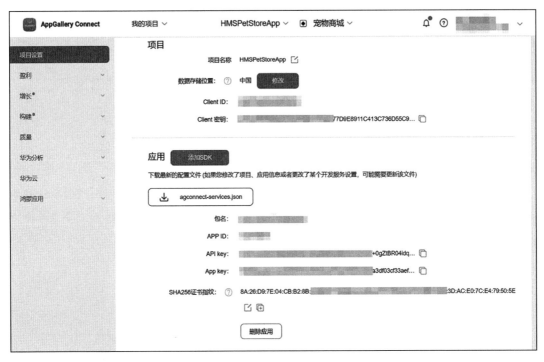

图 4-14　下载 AGC 配置文件

2）将 agconnect-services.json 文件复制到 HMSPet-StoreApp 项目的应用级的根目录下，如图 4-15 所示。

3）打开项目级 build.gradle 文件，在 allprojects 的 repositories 和 buildscript 的 repositories 中增加 HMS SDK 的 Maven 仓库配置，如下所示。

```
repositories {
    // 添加 HMS SDK Maven 仓库
    maven { url 'https://developer.huawei.
        com/repo/' }
}
```

在 buildscript 的 dependencies 闭包中增加 agcp 插件的配置，该插件的作用是在 App 运行时解析 agconnect-services.json 文件的内容，代码如下所示。

```
dependencies {
    // 添加 agcp 插件
    classpath 'com.huawei.agconnect:agcp:
        1.2.1.301'
}
```

图 4-15　AGC 配置文件位置

4）打开项目的应用级 build.gradle 文件，在 dependencies 闭包中增加 Account SDK 的依赖，代码如下所示。

```
dependencies {
    //Account SDK
    implementation 'com.huawei.hms:hwid:4.0.1.300'
}
```

在 build.gradle 文件的末尾增加引用 agcp 插件的配置，代码如下所示。

```
apply plugin: 'com.huawei.agconnect'
```

5）（可选）设置只支持某些特定的语言。打开应用级的 build.gradle 文件，在 android 的 defaultConfig 中新增 resConfigs 配置，代码如下所示，其中 en（英语）和 zh-rCN（简体中文）为必须要配置的语种。

```
android {
    defaultConfig {
        resConfigs "en","zh-rCN","需要支持的其他语言"
    }
}
```

6）配置混淆脚本。

① 打开项目中的配置文件 proguard-rules.pro，加入如下配置，避免 HMS Core SDK 被混淆，导致功能异常。最新的混淆脚本配置可参考华为开发者联盟官网中 Account Kit 的开发指南。

② 打开项目中的配置文件 proguard-rules.pro，加入如下配置，避免 HMS Core SDK 被混淆，如下所示。

```
-ignorewarnings
-keepattributes *Annotation*
-keepattributes Exceptions
-keepattributes InnerClasses
-keepattributes Signature
-keepattributes SourceFile,LineNumberTable
-keep class com.hianalytics.android.**{*;}
-keep class com.huawei.updatesdk.**{*;}
-keep class com.huawei.hms.**{*;}
```

如果 App 中用到了资源混淆工具，比如 AndResGuard，还需要在混淆配置文件中加入如下配置。

```
"R.string.hms*",
"R.string.connect_server_fail_prompt_toast",
"R.string.getting_message_fail_prompt_toast",
"R.string.no_available_network_prompt_toast",
"R.string.third_app_*",
"R.string.upsdk_*",
```

```
"R.layout.hms*",
"R.layout.upsdk_*",
"R.drawable.upsdk*",
"R.color.upsdk*",
"R.dimen.upsdk*",
"R.style.upsdk*",
"R.string.agc*"
```

7）配置完成以后，单击右上角的 Sync Now 按钮进行同步，如图 4-16 所示。

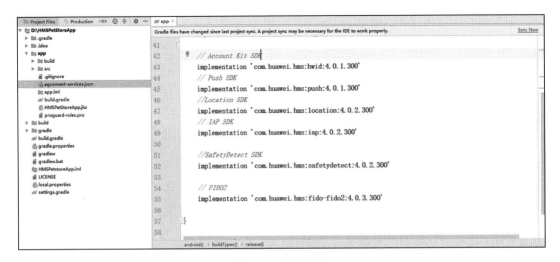

图 4-16　进行同步

同步完成以后，就可以为宠物商城 App 增加华为账号相关功能了，如图 4-17 所示。

图 4-17　同步成功页面

4.3　华为账号登录

本节将带大家了解华为账号登录的图标设计，以及几种常用的登录模式。

4.3.1　华为账号登录图标设计

使用华为账号授权登录的应用，其图标必须遵循华为图标使用规范[⊖]，并在此前提下进行定制。让我们先为应用增加华为账号登录图标。

⊖ 华为图标使用规范：https://developer.huawei.com/consumer/cn/doc/development/HMS-Guides/account-specification。

为了帮助开发者快速实现符合规范的登录按钮，Account Kit 提供了界面服务类 HuaweiIdAuthButton，这个类为开发者提供了自定义图标的能力。

📊 说
明　HuaweiIdAuthButton 仅处理按钮视觉方面，如果想触发一个动作，必须使用 setOn ClickListener(OnClickListener) 注册一个监听器，不能通过 XML 注册侦听器，否则会收不到回调。

宠物商城 App 将直接使用 HuaweiIdAuthButton 开发登录图标。

1）打开登录页面的布局文件 login_act.xml，在其中加入 HuaweiIdAuthButton，代码如下所示：

```
<com.huawei.hms.support.hwid.ui.HuaweiIdAuthButton
    android:id="@+id/hwid_signin"
    android:layout_width="wrap_content"
    android:layout_height="wrap_content"
    android:layout_gravity="center_
        horizontal"
    android:layout_marginTop="@dimen/
        petstore_10_dp" />
```

2）打开 LoginAct.java，在 initView 方法里为华为账号登录按钮注册监听器，设置主题、圆角半径和配色方案，代码如下所示。

```
mHuaweiIdAuthButton = findViewById(R.
    id.hwid_signin);
// 注册监听器，监听点击事件
mHuaweiIdAuthButton.setOnClickListener(this);
// 设置主题
mHuaweiIdAuthButton.setTheme
    (HuaweiIdAuthButton.THEME_NO_TITLE);
// 设置圆角半径，单位 px
mHuaweiIdAuthButton.setCornerRadius(Hua
    weiIdAuthButton.CORNER_RADIUS_LARGE);
// 设置配色方案
mHuaweiIdAuthButton.setColorPolicy(Huaw
    eiIdAuthButton.COLOR_POLICY_WHITE);
```

HuaweiIdAuthButton 方法介绍可以参见开发者联盟官网文档⊖。

现在运行程序，进入登录页面，效果如图 4-18 所示，我们成功地为宠物商城 App 增加了华为账

图 4-18　添加华为账号登录图标运行效果

号登录图标。

4.3.2 ID Token 模式登录

添加完华为账号登录图标以后，可以开始添加登录的逻辑代码了。App 部署通常分为单机和服务器两种部署方式。对应两种部署形式，华为账号也分别提供了 Authorization Code 和 ID Token 两种模式。其中 Authorization Code 登录模式适用于服务器部署方式，ID Token 模式则同样适用于单机和服务器部署方式。

需要说明的是，对于服务器部署方式的 App，有如下两种场景。

场景 1：需要在服务器侧保存华为账号用户信息，并定期获取华为账号最新的用户信息；或者根据华为账号的用户信息生成自己的业务 Token。该场景推荐选择 Authorization Code 模式登录。

场景 2：只需要获取华为账号用户信息，后续无须更新，也不需要生成自己的业务 Token。该场景推荐 ID Token 模式登录。

本书以宠物商城 App 为例，将使用 ID Token 模式登录进行讲解。

1. 登录业务流程

ID Token 模式登录业务流程如图 4-19 所示。

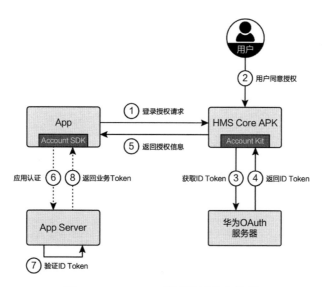

图 4-19　ID Token 模式登录业务流程

具体业务流程分析如下所示。

① App 向 HMS Core APK 发起登录授权请求，获取 ID Token、头像和昵称等信息。

② HMS Core APK 拉起登录授权界面，界面会根据登录请求中携带的授权域（Scope）

信息，显示并告知用户需要授权的内容。

③ 用户允许授权后，HMS Core APK 会向华为 OAuth 服务器请求 ID Token。

④ HMS Core APK 收到 ID Token 以后，会解析 ID Token，获取头像、昵称等信息。

⑤ 解析完成后，将 ID Token、头像、昵称等信息返回给 App。

⑥（可选）如果 App Server 需要保存 App 获取的用户信息，App 需要上传 ID Token 到 App Server。

⑦（可选）App Server 拿到 ID Token 以后，验证 ID Token，验证通过以后获取用户信息，如果应用还需要自己的 Token，可以基于用户信息来生成 Token。

⑧（可选）App Server 返回 Token 给 App，App 完成登录流程。

2. 实战编码

本节将以宠物商城 App 为例，讲解如何使用 ID Token 模式登录华为账号。

1）在 LoginAct.java 中定义华为账号登录方法 onHuaweiIdLogin，并在华为账号登录按钮的 onClick 方法中调用该方法，代码如下所示。

```
@Override
public void onClick(View view) {
    switch (view.getId()) {
        case R.id.hwid_signin:
            // 华为账号登录
            onHuaweiIdLogin();
            break;
        default:
            break;
    }
}
// 华为账号登录
private void onHuaweiIdLogin() {
}
```

2）实现 onHuaweiIdLogin 方法，代码如下所示。

```
// 华为账号登录按钮
private HuaweiIdAuthButton mHuaweiIdAuthButton;
public static final int REQUEST_SIGN_IN_LOGIN = 1002;
private HuaweiIdAuthService mAuthService;
/**
 * 华为账号登录
 */
private void onHuaweiIdLogin() {
    // 构造华为账号登录选项
    HuaweiIdAuthParams authParam = new
        HuaweiIdAuthParamsHelper(HuaweiIdAuthParams.DEFAULT_AUTH_REQUEST_PARAM)
            .createParams();
```

```
    mAuthService = HuaweiIdAuthManager.getService(LoginAct.this, authParam);

    // 获取登录授权页面的 Intent，并通过 startActivityForResult 拉起授权页面
    startActivityForResult(mAuthService.getSignInIntent(), REQUEST_SIGN_IN_LOGIN);
}
```

这段代码完成了如下几个操作。

① 构造了华为账号登录选项，这里使用的是华为账号的默认授权参数，如果需要获取其他信息，可以参考 HuaweiIdAuthParamsHelper 的 API 文档。

② 获取了发起华为账号登录授权流程的 HuaweiIdAuthService 实例。

③ 获取登录授权界面的 Intent，并拉起授权页面。

3）重写 onActivityResult 方法获取登录结果，并在登录成功的时候将 DisplayName 和 AvatarUriString 打印出来，代码如下所示。

```
@Override
protected void onActivityResult(int requestCode, int resultCode, @Nullable Intent data) {
    super.onActivityResult(requestCode, resultCode, data);
    if (requestCode == REQUEST_SIGN_IN_LOGIN) {
        Task<AuthHuaweiId> authHuaweiIdTask = HuaweiIdAuthManager.parseAuthRe
            sultFromIntent(data);
        if (authHuaweiIdTask.isSuccessful()) {
            // 华为账号登录成功
            AuthHuaweiId huaweiAccount = authHuaweiIdTask.getResult();
            Log.i(TAG, "signIn success");
            Log.i(TAG, "DisplayName: " + huaweiAccount.getDisplayName());
            Log.i(TAG, "AvatarUriString: " + huaweiAccount.
                getAvatarUriString());
        } else {
            // 华为账号登录失败
            String message = "signIn failed: "
                + ((ApiException)
                authHuaweiIdTask.
                getException()).
                getStatusCode();
            ToastUtil.getInstance().
                showShort(this, message);
        }
    }
}
```

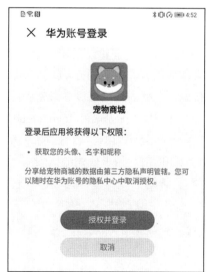

现在重新运行一下程序，单击华为账号登录图标，结果如图 4-20 所示。华为账号登录授权页面展示了申请的权限、应用名称和应用图标。如果授权登录页面没有显示出应用图标，可以参考 12.2.2 节配置应用的图标。

单击"授权并登录"按钮，从 logcat 中可以看

图 4-20　华为账号登录授权页面

到，我们成功获取了昵称（DisplayName）和头像 URI（AvatarUriString），如图 4-21 所示。

图 4-21 登录结果 logcat 截图

4）验证 ID Token 有效性。

如果开发者 App 采用服务器部署方式，则需要在服务器端对登录用户进行验证。为了安全起见，在用户登录成功后，使用 HTTPS 将用户的 ID Token 发送到服务器，然后在服务器上验证 ID Token，并使用 ID Token 中包含的用户信息建立会话并与开发者自己的账号体系进行关联。如果没有自己的服务器，也可以不验证 ID Token，直接使用从 HMS Core APK 获取的用户信息。

下面将介绍如何验证 ID Token 的有效性。验证 ID Token 有两种方法：

❑ 应用服务器本地验证；

❑ 调用华为账号提供的 ID Token 合法性验证接口（https://oauth-login.cloud.huawei.com/ oauth2/v3/tokeninfo），华为 OAuth 服务器直接返回验证结果。

> **注意** 由于调用"ID Token 合法性验证接口"会带来耗时，并且受网络状况的影响，所以这种验证方式只能用于调试目的，在商用环境中需要采用本地验证方式。

这里只介绍如何在本地验证 ID Token 的有效性，ID Token 合法性接口的验证方法可以参考开发者联盟官网文档[⊖]。

ID Token 是 JWT 格式的，如果希望了解 JWT 的更多信息，请参考 https://jwt.io/introduction/。ID Token 的验证建议采用通用的 JWT 库，不建议开发者使用自己写的代码进行验证。本章举例使用 Auth0 的 java-jwt 和 jwks-rsa。ID Token 的验证涉及代码较多，此处只展示关键的代码，完整的代码可以参考宠物商城服务器端代码中的 IDTokenValidateUtil.java。

① 从 https://oauth-login.cloud.huawei.com/.well-known/openid-configuration 中的 jwks_uri 字段获取公钥 URI，然后请求公钥 URI 获取公钥。公钥每天更新一次，可以在服务器上缓存公钥的值。请求公钥的代码如下所示。

```
/**
 * 从华为账号服务端获取 JwT 公钥
 */
private JSONArray getJwkPublicKeys() throws IOException {
    // 获取公钥的 URI
    String certUrl = "https://oauth-login.cloud.huawei.com/oauth2/v3/certs";
```

───────────────

⊖ ID Token 验证接口指导文档：https://developer.huawei.com/consumer/cn/doc/development/HMS-References/ account-verify-id-token。

```
    InputStream in = null;
    HttpURLConnection urlConnection = null;
    BufferedReader bufferedReader = null;
    InputStreamReader inputStreamReader = null;
    JSONArray keysJsonArray = null;
    try {
        URL url = new URL(certUrl);
        urlConnection = (HttpURLConnection)url.openConnection();
        urlConnection.setRequestMethod("GET");
        urlConnection.setDoOutput(true);
        urlConnection.setDoInput(true);
        urlConnection.connect();

        if (urlConnection.getResponseCode() == 200) {
            in = urlConnection.getInputStream();
            inputStreamReader = new InputStreamReader(in, StandardCharsets.UTF_8);
            bufferedReader = new BufferedReader(inputStreamReader);
            StringBuilder strBuf = new StringBuilder();
            String line;
            while ((line = bufferedReader.readLine()) != null) {
                strBuf.append(line);
            }
            JSONObject jsonObject = JSONObject.parseObject(strBuf.toString());
            keysJsonArray = jsonObject.getJSONArray("keys");
        }
    } finally {
        if (bufferedReader != null) {
            bufferedReader.close();
        }
        if (inputStreamReader != null) {
            inputStreamReader.close();
        }
        if (in != null) {
            in.close();
        }
        if (urlConnection != null) {
            urlConnection.disconnect();
        }
    }
    return keysJsonArray;
}
```

② 验证签名，关键的代码片段如下所示。

```
// 解码 Id Token
DecodedJWT decoder = JWT.decode(idToken);
RSAPublicKey rsaPublicKey = getRSAPublicKeyByKid(decoder.getKeyId());
Algorithm algorithm = Algorithm.RSA256(rsaPublicKey, null);
JWTVerifier verifier = JWT.require(algorithm).build();
// 验证签名
verifier.verify(decoder);
```

③ 验证 ID Token 中 iss 字段的值是否等于 https://accounts.huawei.com，代码如下所示。

```java
if (!decoder.getIssuer().equals("https://accounts.huawei.com")) {
    System.err.println("Issue is not matched");
    return;
}
```

④ 验证 ID Token 中 aud 字段的值等于应用的 Client ID，代码如下所示。

```java
if (!decoder.getAudience().get(0).equals(CLIENT_ID)) {
    System.err.println("Client Id is not match");
    return;
}
```

⑤ 验证 ID Token 中的过期时间（exp 字段）是否已过期，代码如下所示。

```java
// 如果过期会抛出 TokenExpiredException 异常
verifier.verify(decoder);
```

⑥ 如果以上验证均通过，则表示用户 ID Token 验证通过，可以根据用户的信息建立会话或生成新的账号。

在实际开发过程中，开发者可以根据实际情况考虑是否需要验证 ID Token 的有效性。在本书示例中，为了简化演示，无须将用户信息上传到服务器建立会话并关联开发者的用户体系，也无须对 ID Token 的有效性进行验证。

📊说明　不要将从应用中获取的用户信息直接传递到服务器，比如使用 AuthHuaweiId. getGiven Name() 获取的 GivenName，因为修改后的客户端应用可以向服务器发送任意的用户信息来模拟用户，因此服务器端必须使用 ID Token 来安全地获取已登录的用户信息。

5）获取到用户信息以后，就可将其用于宠物商城 App 中。在 LoginAct.java 中定义 onHuaweiIdLoginSuccess 方法，将用户信息保存在 SharedPreferences 里面，并在保存成功以后，跳转到首页，代码如下所示。

```java
/**
 * 保存用户信息到 SharedPreferences
 */
private void onHuaweiIdLoginSuccess(AuthHuaweiId huaweiAccount) {
    // 保存华为账号 openId
    String openId = huaweiAccount.getOpenId();
    SPUtil.put(this, SPConstants.KEY_HW_OEPNID, openId);
    try {
        JSONObject jsonObject = new JSONObject();
        // 保存华为账号头像
```

```
            jsonObject.put(SPConstants.KEY_HEAD_PHOTO, huaweiAccount.getAvatarUri().
                toString());
            SPUtil.put(this, openId, jsonObject.toString());
        } catch (JSONException e) {
            e.printStackTrace();
        }
        // 是否登录
        SPUtil.put(this, SPConstants.KEY_LOGIN, true);
        // 华为账号登录
        SPUtil.put(this, SPConstants.KEY_HW_LOGIN, true);
        // 保存华为账号昵称
        SPUtil.put(this, SPConstants.KEY_NICK_NAME, huaweiAccount.getDisplayName());
        finish();
    }
```

再次运行程序，单击华为账号登录图标，会显示华为账号登录授权页面，单击"授权并登录"按钮后，会跳转到宠物商城 App 的首页，如图 4-22 所示。至此，我们成功地使用华为账号登录了宠物商城 App。

6）登录成功后，我们还想在设置页面显示华为账号的头像和昵称。打开 SettingAct.java 文件，在 initData 方法中，获取之前保存的华为账号用户信息，代码如下所示。

```
/**
 * 初始化用户信息
 */
private void initData() {
    String nickName = (String) SPUtil.get(this, SPConstants.KEY_NICK_NAME, "");
    if (TextUtils.isEmpty(nickName)) {
        return;
    }
    // 昵称
    mTvNickName.setText(nickName);

    boolean isHuaweiLogin = (boolean) SPUtil.get(this, SPConstants.KEY_HW_LOGIN,
        false);
    if (!isHuaweiLogin) {
        return;
    }

    String openId = (String) SPUtil.get(this, SPConstants.KEY_HW_OEPNID, "");
    if (TextUtils.isEmpty(openId)) {
        // 无本地保存的个人信息数据
        return;
    }

    String userInfo = (String) SPUtil.get(this, openId, "");
    if (TextUtils.isEmpty(userInfo)) {
        // 无本地保存的个人信息数据
        return;
    }
```

```java
String headPhoto = "";
try {
    JSONObject jsonObject = new JSONObject(userInfo);
    headPhoto = jsonObject.optString(SPConstants.KEY_HEAD_PHOTO,"");
} catch (Exception e) {
    e.printStackTrace();
}

// 头像
if (!TextUtils.isEmpty(headPhoto)) {
    Glide.with(this)
            .load(headPhoto)
            .into(mIvHeadImg);
}
}
```

现在重新运行程序，打开"设置"页面，运行结果如图 4-23 所示。

图 4-22　宠物商城 App 首页

图 4-23　宠物商城 App "设置"页面

4.3.3　Authorization Code 模式登录

4.3.2 节介绍了如何使用 ID Token 模式登录华为账号，本节将讲述 Authorization Code 模式登录的业务流程和开发步骤。

1. 登录业务流程

整体流程如图 4-24 所示。

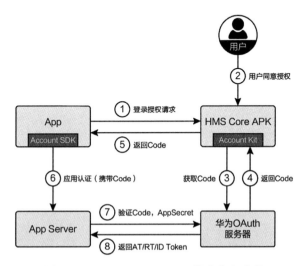

图 4-24　Authorization Code 模式业务流程

具体业务流程分析如下。

① App 向 HMS Core APK 发起登录授权请求，获取 Authorization Code。

② HMS Core APK 拉起登录授权界面，界面上会根据登录请求中携带的授权域（Scope）信息，显示并告知用户需要授权的内容。

③ 用户允许授权后，HMS Core APK 会向华为 OAuth 服务器请求 Authorization Code。

④ HMS Core APK 收到 Authorization Code 以后，返回给 App。

⑤ App 携带 Authorization Code 到 App Server 进行认证。

⑥ App Server 携带 Authorization Code 和 AppSecret 调用 Token 获取接口，获取 Access Token、Refresh Token 和 ID Token，注意只有授权域中含有 openId 的时候，才会返回 ID Token。

⑦ 当 Access Token 过期以后，App Server 使用 Refresh Token 调用 Token 获取接口刷新 Access Token。App Server 可以解析 ID Token，从中获取用户的信息，比如昵称、头像。

⑧ App Server 可以使用 Access Token 调用 getTokenInfo 接口，获取 openId、unionId 等信息。

2. 实战编码

本节将讲解如何使用 Authorization Code 模式登录华为账号。

1）调用 HuaweiIdAuthParamsHelper.setAuthorizationCode 方法请求授权，代码如下所示。

```
// 构造华为账号登录选项
HuaweiIdAuthParams authParam = new HuaweiIdAuthParamsHelper(HuaweiIdAuthPara
    ms.DEFAULT_AUTH_REQUEST_PARAM)
        // 获取 Authorization Code
        .setAuthorizationCode()
        .createParams();
```

2）调用 HuaweiIdAuthManager 的 getService 方法初始化 HuaweiIdAuthService 对象，代码如下所示。

```
HuaweiIdAuthService authService = HuaweiIdAuthManager.getService(HuaweiIdActivity.
    this, mAuthParam);
```

3）调用 HuaweiIdAuthService.getSignInIntent 方法获取授权页面的 Intent，并通过 startActivityForResult 拉起授权页面，请求用户授权，代码如下所示。

```
startActivityForResult(authService.getSignInIntent(), Constant.REQUEST_SIGN_
    IN_LOGIN_CODE);
```

4）授权完成后处理登录结果，代码如下所示。

```
@Override
protected void onActivityResult(int requestCode, int resultCode, @Nullable
    Intent data) {
  super.onActivityResult(requestCode, resultCode, data);
  if (requestCode == Constant.REQUEST_SIGN_IN_LOGIN_CODE) {
    Task<AuthHuaweiId> authHuaweiIdTask = HuaweiIdAuthManager.parseAuthResultF
        romIntent(data);
    if (authHuaweiIdTask.isSuccessful()) {
        // 登录成功，获取用户的华为账号信息和 Authorization Code
        AuthHuaweiId huaweiAccount = authHuaweiIdTask.getResult();
        Log.i(TAG, "Authorization code:" + huaweiAccount.getAuthorizationCode());
    } else {
        // 登录失败
        Log.e(TAG, "sign in failed : " + ((ApiException)authHuaweiIdTask.
            getException()).getStatusCode());
    }
  }
}
```

5）登录成功后调用 Token 获取接口，向华为 OAuth 服务器请求获取 ID Token、Access Token、Refresh Token。该请求为 POST 请求，需在 body 体中包含如下参数，如表 4-1 所示。

表 4-1　body 体中包含的参数

参数名	描　　　述
grant_type	authorization_code
code	在前一步获取的授权码
client_id	AppGallery Connect 中的 App ID
client_secret	AppGallery Connect 中的 App secret
redirect_uri	AppGallery Connect 中设置的回调地址

调用成功情况下，返回响应体如表 4-2 所示。

表 4-2　返回响应体

参数名	必选 (M)/ 可选 (O)	类　　　型	参数说明
token_type	M	String	固定字符串 "Bearer"
access_token	M	String	Access Token
scope	M	String	Access Token 中的 scope
expires_in	O	String	Access Token 的过期时间，以秒为单位。默认 60 分钟过期
refresh_token	O	String	如果应用申请账号服务时，入参中包含 access_type=offline，则会返回此参数。该参数用于刷新 Access Token
id_token	O	String	如果应用申请账号服务时，入参 scope 中包含 openId，则会返回此参数（JWT 格式）

调用 Token 获取接口向华为 OAuth 服务器请求获取 ID Token、Access Token、Refresh Token 的示例代码如下所示。

```
/**
 *  获取 Access Token 和 Refresh Token
 */
public static void getAccessToken(String code) throws Exception {
    // App ID
    String clientId = ""; // your app id
    // SecretKey
    String clientSecret = "";
    // Token 获取接口
    String tokenUrl = "https://oauth-login.cloud.huawei.com/oauth2/v3/token";
    // 使用 Authorization Code 换取 Access Token、Refresh Token 及 ID Token 的时候，
    // grant_type 为 authorization_code
    String grant_type = "authorization_code";
    String contentType = "application/x-www-form-urlencoded; charset=UTF-8";

    // 格式化请求体
    String msgBody = MessageFormat.format("grant_type={0}&code={1}&client_
        id={2}&client_secret={3}&redirect_uri={4}", grant_type, URLEncoder.
        encode(code, "utf-8"), clientId, clientSecret, "https://com.huawei.
        apps.101742901/oauth2redirect");
```

```
        String response = httpPost(tokenUrl, contentType, msgBody, 5000, 5000, null);
        JSONObject obj = JSONObject.parseObject(response);
        String accessToken = obj.getString("access_token");
        String refreshToken = obj.getString("refresh_token");
        System.out.println("Access Token : " + accessToken);
        System.out.println("Refresh Token : " + refreshToken);
    }
```

其中 httpPost 是用于发起 http post 的一个公共方法，代码如下所示。

```
/**
 * 发送 http post 请求
 */
public static String httpPost(String httpUrl, String contentType, String data,
        int connectTimeout, int readTimeout, Map<String, String> headers) throws
        IOException {
    OutputStream output;
    InputStream in = null;
    HttpURLConnection urlConnection = null;
    BufferedReader bufferedReader = null;
    InputStreamReader inputStreamReader = null;
    try {
        URL url = new URL(httpUrl);
        urlConnection = (HttpURLConnection)url.openConnection();
        urlConnection.setRequestMethod("POST");
        urlConnection.setDoOutput(true);
        urlConnection.setDoInput(true);
        urlConnection.setRequestProperty("Content-Type", contentType);
        if (headers != null) {
            for (String key : headers.keySet()) {
                urlConnection.setRequestProperty(key, headers.get(key));
            }
        }
        urlConnection.setConnectTimeout(connectTimeout);
        urlConnection.setReadTimeout(readTimeout);
        urlConnection.connect();

        // post 请求的参数
        output = urlConnection.getOutputStream();

        output.write(data.getBytes(StandardCharsets.UTF_8));
        output.flush();

        if (urlConnection.getResponseCode() < 400) {
            in = urlConnection.getInputStream();
        } else {
            in = urlConnection.getErrorStream();
        }
        inputStreamReader = new InputStreamReader(in, StandardCharsets.UTF_8);
        bufferedReader = new BufferedReader(inputStreamReader);
```

```
        StringBuilder strBuf = new StringBuilder();
        String str;
        while ((str = bufferedReader.readLine()) != null) {
            strBuf.append(str);
        }
        return strBuf.toString();
    } finally {
        if (bufferedReader != null) {
            bufferedReader.close();
        }
        if (inputStreamReader != null) {
            inputStreamReader.close();
        }
        if (in != null) {
            in.close();
        }
        if (urlConnection != null) {
            urlConnection.disconnect();
        }
    }
}
```

6）Access Token 的有效期目前是 60 分钟，当 Access Token 失效或者即将失效时，可以使用 Refresh Token（当前默认有效期 180 天）通过 Token 获取接口向华为 OAuth 服务器请求获取新的 Access Token。示例代码如下所示。

```
/**
 * Access Token 过期以后，根据 Refresh Token 获取新的 Access Token
 */
public static void refreshAccessToken(String code, String refreshToken) throws
    Exception {
    // App ID
    String clientId = "";
    // App 密钥
    String clientSecret = "";
    // Token 获取接口
    String tokenUrl = "https://oauth-login.cloud.huawei.com/oauth2/v3/token";
    // 使用 Refresh Token 换取 Access Token 的时候，grant.type 为 refresh_token
    String grant_type = "refresh_token";
    String contentType = "application/x-www-form-urlencoded; charset=UTF-8";

    // 格式化请求体
    String msgBody = MessageFormat.format("grant_type={0}&client_id={1}&client_
    secret={2}&refresh_token={3}", grant_type, clientId,clientSecret, URLEncoder.
    encode(refreshToken, "utf-8"));
    String response = httpPost(tokenUrl, contentType, msgBody, 5000, 5000,
        null);
    JSONObject obj = JSONObject.parseObject(response);
    System.out.println(obj.toJSONString());
```

```
String accessToken = obj.getString("access_token");
System.out.println("Access Token : " + accessToken);
}
```

7）拿到 Access Token 以后，调用 getTokenInfo 接口对已经获得的 Access Token 进行鉴权，获得用户的 union_id、open_id、expire_in、scope 等信息。示例代码如下所示。

```
/**
 * 获取 openId 和 unionId
 */
public static void getTokenInfo(String accessToken) throws IOException {
    // getTokenInfo 接口
    String tokenInfoUrl = "https://api.cloud.huawei.com/rest.php?nsp_fmt=JSON&nsp_
        svc=huawei.oauth2.user.getTokenInfo";
    String contentType = "application/x-www-form-urlencoded; charset=UTF-8";
    String msgBody = MessageFormat.format("access_token={0}&open_id=OPENID",
        URLEncoder.encode(accessToken, "UTF-8"));
    String response = httpPost(tokenInfoUrl, contentType, msgBody, 5000, 5000,
        null);
    JSONObject obj = JSONObject.parseObject(response);
    String openId = obj.getString("open_id");
    String unionId = obj.getString("union_id");
    System.out.println("openId : " + openId);
    System.out.println("unionId : " + unionId);
}
```

至此，华为账号 Authorization Code 模式登录就全部介绍完了，拿到 openId 和 unionId 以后，开发者可以和自己的账号系统进行关联。

4.3.4 静默登录

使用华为账号登录应用时，会弹出华为账号的授权界面。即使已经授权的情况下，后续登录的时候，还是会弹出华为账号的授权界面，只不过很快就跳过去了，如图 4-25 所示。为提升用户体验，可以通过"静默登录"避免重复授权的操作。

1. 登录业务流程

静默登录是指用户首次使用华为账号登录应用后，再次登录时，无须重复授权，自然就不会再出现授权界面了。静默登录的业务流程如图 4-26 所示。

具体业务流程分析如下。

图 4-25　授权过后登录界面

① App 调用 HuaweiIdAuthService.silentSignIn 方法向 HMS Core APK 发起静默登录请求。

② HMS Core APK 会先判断缓存中的 Access Token 是否过期，如果没有过期，则直接返回缓存中的授权结果。如果 Access Token 已过期，HMS Core APK 会向华为 OAuth 服务器请求静默登录。

③ 华为 OAuth 服务器判断是否符合静默登录的条件，返回授权结果给 HMS Core APK。

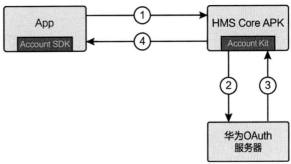

图 4-26　静默登录业务流程图

④ HMS Core APK 将授权结果返回给 App，App 处理授权结果。

2. 实战编码

了解了静默登录业务流程以后，开始进入实战环节，本节将讲解如何使用静默登录模式登录华为账号，给用户带来更好的体验。

1）打开 LoginAct.java，在其中创建 silentSignIn 方法，代码如下所示。

```java
/**
 * 静默登录
 */
private void silentSignIn() {
    // 配置授权参数
    HuaweiIdAuthParams authParams = new HuaweiIdAuthParamsHelper(HuaweiIdAuthP
arams.DEFAULT_AUTH_REQUEST_PARAM)
            .createParams();
    // 初始化 HuaweiIdAuthService 对象
    mAuthService = HuaweiIdAuthManager.getService(LoginAct.this, authParams);
    // 发起静默登录请求
    Task<AuthHuaweiId> task = mAuthService.silentSignIn();
    // 处理授权成功的登录结果
    task.addOnSuccessListener(new OnSuccessListener<AuthHuaweiId>() {
        @Override
        public void onSuccess(AuthHuaweiId authHuaweiId) {
            // 已经授权
            onHuaweiIdLoginSuccess(authHuaweiId, false);
            Log.d(TAG, authHuaweiId.getDisplayName() + " silent signIn success ");
        }
    });
    // 处理授权失败的登录结果
    task.addOnFailureListener(new OnFailureListener() {
        @Override
        public void onFailure(Exception e) {
            if (e instanceof ApiException) {
```

```
                    ApiException apiException = (ApiException) e;
                    if (apiException.getStatusCode() == 2002) {
                        // 未授权，调用 onHuaweiIdLogin 方法拉起授权界面，让用户授权
                        onHuaweiIdLogin();
                    }
                }
            }
        });
    }
```

上面这段代码完成了如下操作。

① 构造华为账号静默登录参数。

② 获取发起华为账号静默登录请求的 HuaweiIdAuthService 实例，发起静默登录请求。

③ 处理授权结果。如果授权成功，获取用户的华为账号信息并保存；如果授权失败，可能是用户之前未进行过登录授权，可根据需要确定是否要调用 HuaweiIdAuthService 的 getSignInIntent 方法显示拉起登录授权页面。这里调用了 4.3.2 节创建的 onHuaweiIdLogin 方法，显示拉起授权页面，让用户授权，完成登录。

2）在华为账号登录按钮添加 onClick 方法中，调用 silentSignIn 方法，如下所示。

```
@Override
    public void onClick(View view) {
        switch (view.getId()) {
            case R.id.hwid_signin:
                // 华为账号登录
                silentSignIn();
                break;
            default:
                break;
        }
    }
```

再次运行程序，会发现只有在首次登录时才会弹出授权界面，后续登录时不会再弹出授权界面了，这样就解决了本节开头提出的问题。

至此，登录华为账号部分就全部介绍完了。用户使用华为账号登录以后，还要为用户提供登出功能，使得用户可以登出或者切换其他账号重新登录。下面将介绍如何登出华为账号。

4.4 华为账号登出

华为账号登出是指 App 向用户提供退出当前登录华为账号的入口。用户退出登录时，需要通知 HMS Core APK 清除本地当前已经登录的华为账号信息。

4.4.1 登出业务流程

华为账号登出的业务流程如图 4-27 所示。

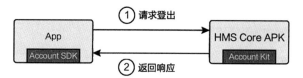

图 4-27　登出业务流程图

具体业务流程分析如下。

① App 通过调用 HuaweiIdAuthService.signOut 方法向 HMS Core APK 请求退出华为账号。

② HMS Core APK 清理华为账号登录信息，并向 App 返回登出结果，即返回响应。

4.4.2　实战编码

华为账号的退出方法非常简单，只需要调用 signOut 方法，并处理登出完成的结果即可。打开 SettingAct.java 文件，添加 huaweiSignOut 方法，代码如下所示。

```
/**
 * 华为账号退出登录
 */
private void huaweiSignOut() {
    HuaweiIdAuthParams authParams = new HuaweiIdAuthParamsHelper(HuaweiIdAuthP
        arams.DEFAULT_AUTH_REQUEST_PARAM).createParams();
    HuaweiIdAuthService authService = HuaweiIdAuthManager.getService
        (SettingAct.this, authParams);
    Task<Void> signOutTask = authService.signOut();
    signOutTask.addOnSuccessListener(new OnSuccessListener<Void>() {
        @Override
        public void onSuccess(Void aVoid) {
            Log.d(TAG, "signOut Success");
            // 清空登录的标志
            SPUtil.put(SettingAct.this, SPConstants.KEY_HW_LOGIN, false);
            SPUtil.put(SettingAct.this, SPConstants.KEY_LOGIN, false);
            finish();                }
    }).addOnFailureListener(new OnFailureListener() {
        @Override
        public void onFailure(Exception e) {
            Log.d(TAG, "signOut fail");
            ToastUtil.getInstance().showShort(SettingAct.this, "signOut fail");
        }
    });
}
```

在退出登录按钮的 onClick 方法中调用 huaweiSignOut 方法，退出华为账号，代码如下所示。

```
findViewById(R.id.setting_exit).setOnClickListener(new View.OnClickListener() {
```

```
@Override
public void onClick(View v) {
    // 退出华为账号登录
    huaweiSignOut();
}
});
```

再次运行程序，打开设置界面，单击"退出登录"按钮，即可退出华为账号，跳转到宠物商城的首页，如图 4-28 所示。

图 4-28　宠物商城首页

从用户隐私安全的角度考虑，除了刚刚介绍的账号登出，App 还需要提供取消授权的功能，让用户可以取消对 App 的授权。下面将详细介绍如何调用华为账号的取消授权接口，在应用中执行取消授权，来提升 App 的隐私安全。

4.5　华为账号取消授权

下面介绍 App 的取消授权相关配置。

4.5.1 取消授权业务流程

华为账号取消授权的业务流程如图 4-29 所示。

具体业务流程分析如下。

① App 通过调用 HuaweiIdAuth-Service.cancelAuthorization 方法向 HMS Core APK 请求取消授权。

② HMS Core APK 向华为 OAuth 服务器请求取消授权。

③ 华为 OAuth 服务器清理华为账号授权信息，向 HMS Core APK 返回取消的响应结果。

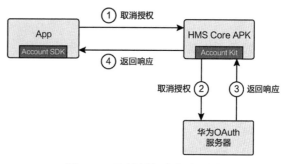

图 4-29 取消授权业务流程图

④ HMS Core APK 根据华为 OAuth 服务器返回的取消结果，删除缓存的华为账号授权信息，并向 App 返回取消的响应结果。

4.5.2 实战编码

华为账号的取消授权非常简单，只需要调用 cancelAuthorization 方法，并处理取消完成的结果即可，示例代码如下。

```
/**
 * 取消授权
 */
private void cancelAuthorization() {
    HuaweiIdAuthParams authParams = new HuaweiIdAuthParamsHelper(HuaweiIdAuthP
        arams.DEFAULT_AUTH_REQUEST_PARAM).createParams();
    mAuthService = HuaweiIdAuthManager.getService(LoginAct.this, authParams);
    // 取消授权
    mAuthService.cancelAuthorization().addOnCompleteListener(new
        OnCompleteListener<Void>() {
        @Override
        public void onComplete(Task<Void> task) {
            if (task.isSuccessful()) {
                // 取消授权成功，删除华为账号的信息
                Log.d(TAG, "Cancel Authorization Success");
            } else {
                // 取消授权失败
            }
        }
    });
}
```

至此，华为账号的登录、登出和取消授权功能均已开发完成，用户可以快速地使用华为账号完成登录和退出 App 操作。

4.6 自动读取短信验证码

App 开发过程中，经常需要绑定手机号，对用户身份做二次验证。华为账号提供了自动读取短信验证码的功能，可以在保护用户隐私和资产安全时，快速验证用户的身份，而且用户还可以省去手动输入验证码的过程。本节将详细介绍如何集成华为账号提供的自动读取短信验证码功能，为用户带来更便捷的体验。

4.6.1 自动读取短信验证码业务流程

华为账号自动读取短信验证码的业务流程如图 4-30 所示。

具体业务流程分析如下。

① 用户输入手机号，请求获取验证码，App 调用 ReadSmsManager.start() 方法向 HMS Core APK 请求开启读取短信服务。

② HMS Core APK 返回开启读取短信服务的结果。

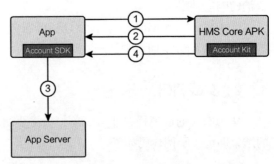

图 4-30　自动读取短信验证码业务流程图

③ App 将手机号传递给 App Server，App Server 按照短信格式模板⊖生成短信验证码发送到用户手机。

④ HMS Core APK 监听短信，校验短信与 App 是否匹配，将符合规则的短信通过定向广播的方式发送给 App。

> 📖 说明　ReadSmsManager 提供了完全自动化的用户体验，但是它也要求开发者在短信消息体中设置一个自定义的 hash 值，如果开发者不是该消息的发送者，那么不建议使用 ReadSmsManager。

4.6.2 实战编码

使用华为账号登录成功以后，我们还想对用户做二次验证，要求用户输入手机号，获取验证码，当验证码校验通过以后才允许登录。

⊖　短信模板请参见 https://developer.huawei.com/consumer/cn/doc/development/HMS-References/account-readsmsmanager#messagerule。

1）新增一个手机号绑定页面，在 login 包下新建一个名为 VerifyAct 的 Activity，对应的布局文件名字为 verify_act.xml。手机号绑定页面的布局非常简单，这里不再详细阐述，详细的布局文件代码可参考 verify_act.xml 文件，最终运行效果如图 4-31 所示。

2）打开 VerifyAct.java 文件，创建 smsBroadcast-Receiver，用于接收华为账号客户端发送的广播，代码如下所示。

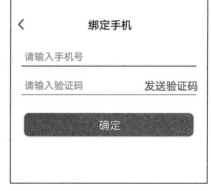

图 4-31　宠物商城绑定手机号页面

```java
// 接收华为账号客户端发送的广播
    private BroadcastReceiver smsBroadcastReceiver =
        new BroadcastReceiver() {
        @Override
        public void onReceive(Context context,
            Intent intent) {
            Log.d(TAG, "onReceive");
            Bundle bundle = intent.getExtras();
            if (bundle != null) {
                Status status = bundle.getParcelable(ReadSmsConstant.EXTRA_STATUS);
                if (status != null && status.getStatusCode() == CommonStatusCodes.
                    SUCCESS) {
                    if (bundle.containsKey(ReadSmsConstant.EXTRA_SMS_MESSAGE)) {
                        // 服务读取到了符合要求的短信，服务关闭
                        final String smsMessage = bundle.getString
                            (ReadSmsConstant.EXTRA_SMS_MESSAGE);
                        runOnUiThread(new Runnable() {
                            @Override
                            public void run() {
                                // 从获取的短信中，提取短信验证码
                                onGetVerifyCode(smsMessage);
                            }
                        });
                    } else {
                        // 验证码获取失败
                        onVerifyGainError();
                    }
                } else {
                    // 服务已经超时，未读取到符合要求的短信，服务关闭
                    Log.d(TAG, "receive sms failed");
                    // 验证码获取失败
                    onVerifyGainError();
                }
            } else {
                // 验证码获取失败
                onVerifyGainError();
            }
        }
    };
```

其中 onGetVerifyCode 方法的源码如下所示。

```
/**
 * 从短信中解析验证码
 */
private void onGetVerifyCode(String smsMessage) {
    Log.e(TAG, "read sms success, sms content is " + smsMessage);

    if (TextUtils.isEmpty(smsMessage)) {
        onVerifyGainError();
        return;
    }
    // 解析短信中的验证码，完整的短信内容为 "[#] 欢迎登录宠物商城，验证码是 200002。 yKa
    // TWEGHzyV"
    int indexOf = smsMessage.lastIndexOf("。");
    mVerifyCode = smsMessage.substring(indexOf - 6, indexOf);
    Log.e(TAG, "verifyCode : " + mVerifyCode);
    mEtVerifyCode.setText(mVerifyCode);
}
```

onVerifyGainError 方法的源码如下。

```
/**
 * 验证码获取失败，弹框提示
 */
private void onVerifyGainError() {
    mTvVerifyGain.setText(getString(R.string.verify_code));
    ToastUtil.getInstance().showShort(VerifyAct.this, getString(R.string.
        toast_verifycode_error));
}
```

3）打开 VerifyAct.java 文件，创建 onGainVerifyCode 方法，开启读取短信服务，服务开启成功以后，注册接收短信的广播 smsBroadcastReceiver，并在获取短信验证码按钮的 onClick 方法中调用该方法，源码如下所示。

```
/**
 * 获取验证码
 */
private void onGainVerifyCode() {
    mTvVerifyGain.setText(getString(R.string.verify_gain));
    // 开启读取短信的服务
    Task<Void> task = ReadSmsManager.start(this);
    task.addOnSuccessListener(new OnSuccessListener<Void>() {
        @Override
        public void onSuccess(Void aVoid) {
            Log.d(TAG, "open read sms permission success");
            // 动态注册自动读取短信的广播
            if (!isRegisterBroadcast) {
                IntentFilter intentFilter = new IntentFilter(ReadSmsConstant.
                    READ_SMS_BROADCAST_ACTION);
                registerReceiver(smsBroadcastReceiver, intentFilter);
```

```
                }
            }
    }).addOnFailureListener(new OnFailureListener() {
        @Override
        public void onFailure(Exception e) {
            Log.d(TAG, "open read sms permission fail");
            // 验证码获取失败
            onVerifyGainError();
        }
    });
}
```

4）现在自动读取短信验证码的功能就开发完成了，重新运行一下程序，这里使用一部手机来发送短信，以简单模拟服务器。运行的效果如图 4-32 所示。在收到服务器发送的验证码时，HMS Core APK 会将验证码以广播的形式通知给宠物商城 App。

至此，Account Kit 的集成已全部介绍完毕，宠物商城 App 已具备了华为账号的关键能力。

图 4-32　宠物商城收到验证码时的页面

4.7　小结

本章介绍了华为账号的主要功能、使用场景以及如何在 App 中集成华为账号，完成华为账号的登录、登出和取消授权等操作。除此以外，还介绍了静默登录和利用华为账号自动读取短信验证码的能力，提升了应用的使用体验。下一章将介绍集成 HMS In-App-Purchase Kit，为用户提供购买会员和观看宠物视频等服务。

IAP Kit 开发详解

华为 IAP（In-App Purchases，应用内支付）聚合了全球多种支付通道，为用户提供便捷的应用内支付体验。App 通过接入华为 IAP，方便用户在应用内购买各种类型的虚拟商品（包括一次性商品和订阅型商品），帮助应用快速获取收入。本章将继续介绍宠物商城 App 如何集成华为 IAP 服务。

5.1 功能原理分析

华为 IAP 当前已经聚合多种支付通道，App 无须直接对接三方支付机构，即可为用户提供全球化支付服务。同时，华为 IAP 还包含商品管理系统（Product Management System，PMS），支持多个国家、地区的商品价格和语言管理，非常利于应用的全球化推广。开发者无须关注资金流在华为 IAP 系统、三方支付机构和清算机构之间的流转关系，只需要接入华为 IAP 即可快速支持用户支付。我们先来了解华为 IAP 的功能原理。图 5-1 展示了华为 IAP 服务系统架构。

华为 IAP 服务包括 IAP SDK、IAP Kit、IAP Server 以及 PMS。

❑ IAP SDK：IAP SDK 提供开发者 App 集成的接口；

❑ IAP Kit：华为 IAP 在端侧的服务，处理端侧支付相关逻辑；

❑ IAP Server：华为 IAP 云侧的服务器，负责服务器侧订单及支付相关数据保存；

❑ PMS：华为 IAP 云侧服务器，负责商品定义与管理。

开发者可以在 AppGallery Connect 上使用华为 IAP 的商品管理系统来托管相关的应用

商品。在手机上，应用通过集成 IAP SDK 来调用华为 IAP 提供的多个服务接口，例如获取商品信息、发起支付、查询支付记录等。如果开发者有自己的 App Server，还可以将端侧的数据传递到应用服务侧进行数据签名校验，或者通过调用 IAP Server 的接口，对订购商品进行管理，实现更多丰富功能。

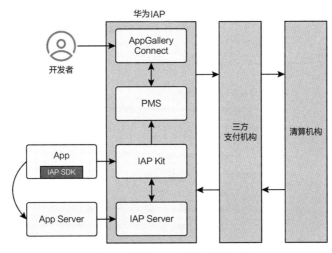

图 5-1　华为 IAP 服务系统架构

华为 IAP 提供了多种支付方式供用户选择：银行卡、支付宝、微信支付、运营商话费以及华为虚拟币——花币等，其中银行卡支持绝大多数国内主流银行和 VISA、Mastercard 等海外银行卡组织，话费支付支持多个海外大型运营商。为了让用户支付更加简单便捷，华为 IAP 还支持将银行卡、手机号码绑定到用户的华为账号上，用户在支付时只需输入支付密码便能完成支付，省去重复输入银行卡信息、手机号码的麻烦，为用户提供更加快捷的支付体验。当前全球已有 178 个国家和地区支持华为 IAP，具体支持国家和地区列表请查看华为开发者联盟官网文档。

5.2　开发准备

本节主要介绍华为 IAP 的接入流程和接入准备相关操作。我们先看看宠物商城 App 对华为 IAP 的功能需求，我们曾在 3.3 节讨论过，有如下两点。

❑ 购买会员资格：支持会员商品查看、会员商品购买和已购买订单查看等功能。

❑ 观看宠物视频：支持浏览视频列表和宠物视频播放。

宠物商城 App 为用户提供了很多有趣的宠物视频，我们假设只有在用户购买了"会员套餐"后，才可以享受观看宠物视频的权益。下面将以会员套餐定义、会员套餐购买、购买后观看宠物视频为例来介绍如何接入华为 IAP。

5.2.1 开通支付服务

我们需要先在 AppGallery Connect 中开通支付服务，允许宠物商城 App 接入华为 IAP。

1）在 AppGallery Connect "我的项目"页面，找到宠物商城 App 对应的项目，进入"项目设置"页面，如图 5-2 所示。

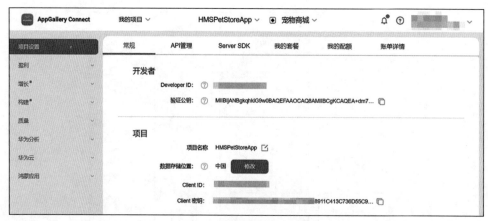

图 5-2 "项目设置"页面

2）在"项目设置"页面中打开 In-App Purchases 的开关，如图 5-3 所示。

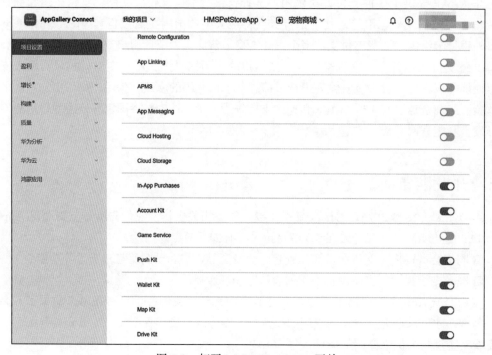

图 5-3 打开 In-App Purchases 开关

3）选择"盈利"选项区域中的"应用内支付服务"选项，点击"设置"按钮，可以看到待设置 IAP 状态，如图 5-4 所示。如果是首次配置，则会弹出签署华为开发者服务协议弹框。设置成功后，会显示出用于数据签名校验的公钥。

图 5-4　待设置 IAP 状态

设置完成后，可以获得支付验签的公钥，如图 5-5 所示。

图 5-5　设置 IAP 成功，展示后续用于支付验签的公钥

5.2.2　集成 IAP SDK

接着，开始集成 IAP SDK。与接入 Account SDK 类似，打开应用级的 build.gradle 文件并添加如下的编译依赖。

1）在 dependencies 闭包中添加如下编译依赖。

```
dependencies {
……
implementation 'com.huawei.hms:iap:4.0.2.300'
}
```

这里我们选取的 SDK 版本号为 4.0.2.300，读者可以在华为开发者联盟官网获取最新发布的 SDK 版本号。

2）build.gradle 文件修改完成后，点击 Android Studio 右上方 Sync Now 按钮，等待同步完成即可。

完成上面配置后，我们还需要在 AppGallery Connect 配置宠物商城的"会员套餐"对应的商品信息。在配置商品信息前，我们先了解一下商品管理系统。

5.3 使用 PMS 创建商品

本节介绍通过 PMS（商品管理系统）创建商品并进行相关配置。

5.3.1 PMS 功能原理

前面已经提及，PMS 是华为 IAP 服务的一部分，它可以为应用内商品提供本地化语言和货币展示。PMS 为每个国家指定了一个默认币种和一种默认语言，当开发者在 AppGallery Connect 上录入多国语言的商品描述时，只需要录入一种熟悉币种的商品价格即可，PMS 系统将根据实时汇率自动换算出不同国家的货币价格。当用户进行应用内支付时，华为 IAP 会根据用户的归属服务地去查询 PMS，并返回对应国家或地区的本地化商品描述和货币价格，让不同地域的用户都能享受到本地化的支付体验。

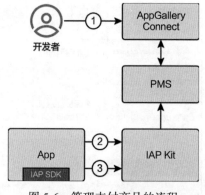

图 5-6 管理支付商品的流程

管理支付商品的流程（即 PMS 的使用方法），如图 5-6 所示。

管理支付商品的流程分析如下。

① 配置商品信息：开发者需要在 AppGallery Connect 上配置商品信息，商品管理系统支持的商品主要分为如下几类。开发者可以根据不同的业务诉求，定义不同类型的商品，如表 5-1 所示。

表 5-1 商品类型

商品类型	定 义	示 例
消耗型商品	仅能使用一次，消耗使用后即刻失效，需再次购买	游戏中额外生命、钻石等
非消耗型商品	一次性购买，永久拥有，无须消耗	游戏中额外的游戏关卡或应用中无时限的高级会员
订阅型商品	用户购买后在一段时间内允许访问增值功能或内容，周期结束后自动续期购买下一期的服务	应用中有时限的高级会员

② 判断是否支持 IAP ：App 在展示商品信息之前，需要调用华为 IAP SDK 的接口判断用户是否支持 IAP。

③ 获取商品详情：App 可以通过商品 ID 获取对应的商品详情。

5.3.2　配置商品

1. 商品规划

为了满足不同类型用户对服务的差异化需求，我们首先看看宠物商城规划的几款套餐商品，如表 5-2 所示，包含了费用标准和用户购买后可获得的权益明细。

表 5-2　规划套餐类型与权益说明

商品套餐	商品类型	权益说明	费　　用
月度会员	消耗型商品	可观看宠物视频的时长为 1 个月	0.06 元
季度会员	消耗型商品	可观看宠物视频的时长为 3 个月	0.12 元
永久会员	非消耗型商品	可观看宠物视频的时长为永久	0.2 元
订阅会员	订阅型商品	可观看宠物视频的时长为一周，按周续费	0.01 元

2. 配置消耗型商品

消耗型商品会随着用户使用而减少或过期，如果用户需要持续使用商品对应的服务，则需要再次购买该商品。我们规划的"月度会员"和"季度会员"即属于消耗型商品。

1）进入 AppGallery Connect 中宠物商城应用的信息页面。

2）选择"运营"标签页，在左侧导航栏选择"产品运营"选项区域中的"商品管理"选项，在界面右侧选择"商品列表"标签页（见图 5-7），之后点击"添加商品"按钮。

图 5-7　"商品列表"标签页

3）在弹出的"添加商品"界面配置商品信息，如商品 ID、商品名称和商品价格等，点击"保存"按钮，如图 5-8 所示。

图 5-8　配置商品信息

4）点击"查看编辑"按钮，进入编辑页面，进行商品价格和汇率换算价格的配置后，点击"刷新"按钮，各个国家和地区的价格将同步更新，如图 5-9 所示。

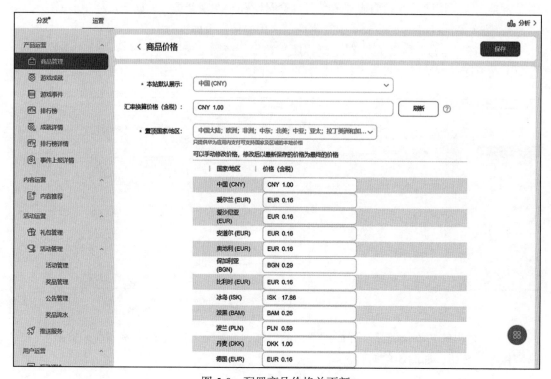

图 5-9　配置商品价格并更新

5）点击"保存"按钮，在随后弹出的提示框中点击"确定"按钮，完成商品信息的配置。保存后的商品信息如图 5-10 所示。

图 5-10　保存商品信息

6）返回商品列表，此时商品的状态为"失效"状态。点击商品所在行的"激活"操作，在弹出的"激活商品"提示框中点击"确定"按钮，这样生效后的商品将被开放购买，如图 5-11 所示。

图 5-11　激活商品状态

按照上述步骤，我们先配置已规划的一款价格为 0.06 元的"月度会员"商品，再配置一款价格为 0.12 元的"季度会员"商品，这两款商品均属于消耗型商品。

3. 配置非消耗型商品

非消耗型商品无须消耗，因为它只需要用户购买一次，这类商品不会过期或者随着用户使用而减少。开发者可以用这种类型来定义一些用户永久获得型的商品，我们规划的"永久会员"即属于非消耗型商品。

与配置消耗型商品类似，只需要在 AppGallery Connect 的宠物商城 App 信息页面中，选择"运营"标签页，点击添加商品，选择类型为"非消耗型"即可。其他配置可以参考消耗型商品来完成。

"永久会员"商品的具体配置信息如图 5-12 所示。

图 5-12 "永久会员"商品配置

"永久会员"商品配置完成后，同样需要在商品列表页激活商品来开放商品购买。

4. 配置订阅型商品

订阅型商品是一种自动续费的商品，会定期从用户的支付账号里续费以保持商品服务的有效性。我们规划的"订阅会员"即为订阅类型的商品。

订阅型商品是通过"订阅组"来管理维护的。在创建订阅型商品前，我们需要先创建订阅组，并在创建订阅型商品时指定商品所在的订阅组。订阅组用于承载同类型商品的管理，一个订阅组可以包含多个订阅型商品，且同一个订阅组中只有一个商品处于生效状态。对于那些服务功能大致相同的商品开发需求，可以通过订阅组来快速实现。

1）添加用于管理订阅型商品的订阅组，如图 5-13 所示。

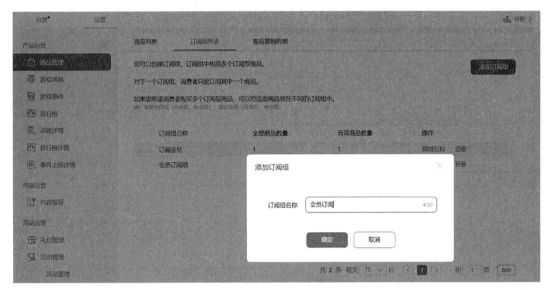

图 5-13　添加订阅组

2）添加订阅型商品，同时指定续费周期和商品所属的订阅组，如图 5-14 所示。

图 5-14　添加订阅型商品

本例中不使用商品促销，设置订阅续费的周期为一周，续费价格为 0.1 元。其他的商品信息，可参考配置消耗型商品信息的方式。

3）激活商品状态。至此我们配置完成了宠物商城所需要的商品，如图 5-15 所示。

图 5-15　所有的配置商品

保证这些商品处于激活状态，宠物商城 App 就可以通过华为 IAP 来查询这些商品的详情，并在 App 界面展示出来。

 说明　订阅型商品还提供了如下两种促销手段可用于客户引流。

① 免费试用：设置一个免费时间段，让用户在购买初期免费享受一段时间的商品服务。

② 折扣价格：设置一个低于商品原价的价格，让用户在购买初期以低价享受一段时间的商品服务。

5.4　购买商品

用户浏览并选择了具体的商品后，将进入购买支付环节。在这个环节中我们需要提供商品的支付功能，确认交易后的商品权益发放，通过调用消耗接口将用户已接收商品的消息告知 IAP。同时，我们还将了解 IAP 如何帮助开发者实现补单机制，以及如何查询已购的商品和订单信息。具体的操作步骤如下。

1）检查当前用户归属区域是否支持华为 IAP。

2）获取可以购买的商品信息列表。

3）App 根据商品 ID，调用 IapClient. createPurchaseIntent()，拉起 IAP 收银台页面。

4）用户完成交易后，华为 IAP 会将交易结果通过 Activity.setResult() 传给开发者 App，App 需要在 onActivityResult() 里处理交易数据，如数据签名校验和商品消耗。

5）针对消耗型商品，将权益发放给用户后，开发者 App 需要调用 IapClient. consume-OwnedPurchase() 接口来通知华为 IAP，该商品已经被开发者应用接收。

我们将在下面几节给出上述步骤的开发指导，以消耗型商品举例，带领大家完成购买商品的全流程。

5.4.1　确认是否支持 IAP

华为 IAP 的服务能力与用户在设备上登录的华为账号有关，需要先检查用户所在区域是否支持华为 IAP。App 先调用 IapClient 类里的 isEnvReady() 方法，并监听回调结果，根据回调结果判断用户所在服务地，是否在华为 IAP 服务支持的国家和地区列表[⊖]中。如果接口调用成功，表示华为 IAP 支持用户当前所在国家或地区；如果接口调用失败，可以进一步根据状态码进行判断并给出相应的处理方法。具体实现如下：

```
@Override
protected void onCreate(@Nullable Bundle savedInstanceState) {
    super.onCreate(savedInstanceState);
    setContentView(R.layout.membercenter_act);
    // 初始化 View
    initView();
    // 检查环境是否支持 IAP
    checkEnv();
}

/**
 * 检查当前华为账号的服务地是否支持 IAP
 */
private void checkEnv() {
    IapClient mClient = Iap.getIapClient(this);
    mClient.isEnvReady().addOnSuccessListener(new OnSuccessListener<IsEnvReady
        Result>() {
        @Override
        public void onSuccess(IsEnvReadyResult result) {
            if (result.getReturnCode() == OrderStatusCode.ORDER_STATE_SUCCESS) {
                // 支持 IAP，则加载商品信息
Log.i(TAG, "is support IAP");
                loadProducts();
            }
        }
    }).addOnFailureListener(new OnFailureListener() {
        @Override
        public void onFailure(Exception e) {
```

⊖ IAP 服务支持的国家和地区列表，请参考华为开发者联盟官网文档：https://developer.huawei.com/consumer/cn/doc/development/HMSCore-Guides。

```
                    if (e instanceof IapApiException) {
                        IapApiException exception = (IapApiException) e;
                        Status status = exception.getStatus();
                        int returnCode = status.getStatusCode();
                        //账号未登录，则优先拉起华为账号登录界面
                        if (OrderStatusCode.ORDER_HWID_NOT_LOGIN == returnCode) {
                            boolean hasResolution = startResolution(MemberCenterAct.this,
                                status, REQ_CODE_LOGIN);
                            if (hasResolution) {
                                return;
                            }
                        }
                    }

                    refreshHandler.sendEmptyMessage(REFRESH_NOT_SUPPORT_IAP_WHAT);
                }
            });
        }
```

5.4.2　获取商品信息

接下来我们通过接口 IapClient.obtainProductInfo() 获取商品信息，该接口每次可以获取一种类型商品的信息。如果你配置了多种商品类型，则每种商品类型要分别调用一次 obtainProductInfo 接口。华为 IAP 会根据当前用户的华为账号所在服务地，返回对应国家或者地区的商品描述和货币价格。

对于前面配置的 3 种类型商品（消耗型、非消耗型、订阅型），我们需要多次调用接口来获取对应的商品信息。对应代码放在项目的 MemberCenterAct.java 里，让我们看看如何构造商品信息的查询请求。

```
private void loadProducts() {
    //商品查询结果回调监听
    OnUpdateProductListListener updateProductListListener = new OnUpdateProduct
        ListListener(3, refreshHandler);

    //消耗型商品请求
    ProductInfoReq consumeProductInfoReq = new ProductInfoReq();
    consumeProductInfoReq.setPriceType(IapClient.PriceType.IN_APP_CONSUMABLE);
    consumeProductInfoReq.setProductIds(CONSUMABLE_PRODUCT_LIST);

    //非消耗型商品请求
    ProductInfoReq nonCousumableProductInfoReq = new ProductInfoReq();
    nonCousumableProductInfoReq.setPriceType(IapClient.PriceType.IN_APP_NONCON
        SUMABLE);
    nonCousumableProductInfoReq.setProductIds(NON_CONSUMABLE_PRODUCT_LIST);

    //订阅型商品请求
    ProductInfoReq subscriptionProductInfoReq = new ProductInfoReq();
    subscriptionProductInfoReq.setPriceType(IapClient.PriceType.IN_APP_SUBSCRI
```

```
        PTION);
    subscriptionProductInfoReq.setProductIds(SUBSCRIPTION_PRODUCT_LIST);

    // 查询商品信息
    getProducts(consumeProductInfoReq, updateProductListListener);
    getProducts(nonCousumableProductInfoReq, updateProductListListener);
    getProducts(subscriptionProductInfoReq, updateProductListListener);
}
```

上述代码里的 productIds，就是在 AppGallery Connect 上配置商品时输入的商品 ID。下面来看看如何调用 obtainProductInfo 接口。

```
private void getProducts(ProductInfoReq productInfoReq, OnUpdateProductListListener
    productListListener) {
    IapClient mClient = Iap.getIapClient(this);
    Task<ProductInfoResult> task = mClient.obtainProductInfo(productInfoReq);
    task.addOnSuccessListener(new OnSuccessListener<ProductInfoResult>() {
        @Override
        public void onSuccess(ProductInfoResult result) {
            // 查询商品成功
            productListListener.onUpdate(productInfoReq.getPriceType(), result);
        }
    }).addOnFailureListener(new OnFailureListener() {
        @Override
        public void onFailure(Exception e) {
            // 查询商品失败
            productListListener.onFail(e);
        }
    });
}
```

为了能够直观地查看到接口返回的数据，我们在项目中写了一个列表来展示所有的商品信息。在布局文件 membercenter_act.xml 里定义一个 Recyclerview 类，然后在代码里对其初始化。

```
private void initView() {
    // 初始化 RecyclerView
    mRecyclerView = findViewById(R.id.membercenter_recyclerView);
    LinearLayoutManager manager = new LinearLayoutManager(this);
    // 设置布局管理器
    mRecyclerView.setLayoutManager(manager);
    // 设置为垂直布局，这也是默认的
    manager.setOrientation(RecyclerView.VERTICAL);
    // 设置 Adapter
    MemCenterAdapter mMemCenterAdapter = new MemCenterAdapter(mItemData);
    mRecyclerView.setAdapter(mMemCenterAdapter);
    mMemCenterAdapter.setListener(new IRecyclerItemListener() {
        @Override
        public void onItemClick(View view, int position) {
            onAdapterItemClick(position);
```

```
        }
    });
mRecyclerView.setItemAnimator(new Default
    ItemAnimator());

// 顶部返回
ImageView mIvBack = findViewById(R.id.
    title_back);
mIvBack.setOnClickListener(new View.On
    ClickListener() {
    @Override
    public void onClick(View v) {
        // 返回
        finish();
    }
    });
}
```

成功获取的商品信息，将在会员中心页面展示
出来。我们运行示例项目，可以看到应用的界面已
经可以展示出配置的商品信息列表了，如图 5-16
所示。

5.4.3 发起支付

本节将讲解如何使用华为 IAP 对商品进行购买
支付。当用户点击 "立即购买" 按钮的时候，发起对
指定商品的购买。下面来看如何实现这个购买函数。

图 5-16　会员中心页

```
private void buy(final int type, String product
    Id) {
    // 构造购买请求
    PurchaseIntentReq req = new PurchaseIntentReq();
    req.setProductId(productId);
    req.setPriceType(type);
    req.setDeveloperPayload(MemberRight.getCurrentUserId(this));

    IapClient mClient = Iap.getIapClient(this);
    Task<PurchaseIntentResult> task = mClient.createPurchaseIntent(req);
    task.addOnSuccessListener(new OnSuccessListener<PurchaseIntentResult>() {
        @Override
        public void onSuccess(PurchaseIntentResult result) {
            if (result != null && result.getStatus() != null) {
                // 拉起 IAP 页面
                boolean success = startResolution(MemberCenterAct.this, result.
                    getStatus(), getRequestCode(type));
                if (success) {
```

```
                    return;
                }
            }
            refreshHandler.sendEmptyMessage(REQUEST_FAIL_WHAT);
        }
    }).addOnFailureListener(new OnFailureListener() {
        @Override
        public void onFailure(Exception e) {
            Log.e(TAG, "buy fail, exception: " + e.getMessage());
            refreshHandler.sendEmptyMessage(REQUEST_FAIL_WHAT);
        }
    });
}
```

开发者 App 在收到 createPurchaseIntent 接口的成功返回值后，通过 startResolution 方法拉起 IAP 的收银页面。下面来看如何实现这一点。

```
/**
 * 从 Status 里获取解决问题的方案
 * @param activity 页面 activity
 * @param status result 里提取的 status
 * @param reqCode 拉起解决页面的请求码
 * @return boolean 是否有解决方案
 */
private static boolean startResolution(Activity activity, Status status, int reqCode) {
    if (status.hasResolution()) {
        try {
            status.startResolutionForResult
                (activity, reqCode);
            return true;
        } catch (IntentSender.SendIntentExce
            ption exp) {
            Log.i(TAG, "startResolution fail, "
                + exp.getMessage());
        }
    } else {
        Log.i(TAG, "startResolution , intent
            is null");
    }
    return false;
}
```

现在运行示例项目，点击选中商品，就可以成功拉起 IAP 的界面了。界面如图 5-17 所示。

选择一种支付方式进行支付，完成后，支付结果会通过 Activity.setResult() 返回给宠物商城 App 来做进一步处理。

图 5-17　IAP 收银支付台

> 🔔 **注意** 示例中的支付环节为真实支付环境，为了避免操作导致付费，请谨慎操作。5.6 节将介绍一种沙盒测试的方法，将登录账号添加到沙盒测试环境后即可避免扣费。

5.4.4 确认交易

当用户完成商品支付后，开发者 App 需要处理华为 IAP 返回的支付数据，根据支付结果做对应的处理。

我们先来看消耗型商品的支付结果数据处理。打开项目的 MemberCenterAct.java，在 onActivityResult 接收华为 IAP 返回的支付数据，接着通过 parsePurchaseResultInfoFromIntent 方法来解析 Intent 数据，就可以得到支付结果对象 PurchaseResultInfo。最后通过调用 PurchaseResultInfogetReturnCode 方法来获取支付结果状态码，通过 getInAppPurchaseData 方法获取支付数据，再结合业务逻辑做进一步处理。

```java
@Override
protected void onActivityResult(int requestCode, int resultCode, @Nullable Intent
    data) {
    super.onActivityResult(requestCode, resultCode, data);
    PurchaseResultInfo buyResultInfo = Iap.getIapClient(this).parsePurchaseRes
        ultInfoFromIntent(data);
    Log.i(TAG, "confirmOrder, returnCode: " + buyResultInfo.getReturnCode() +
        "errMsg: " + buyResultInfo.getErrMsg());

    //用户取消支付
    if (buyResultInfo.getReturnCode() == OrderStatusCode.ORDER_STATE_CANCEL) {
        Log.i(TAG, "cancel buy product");
        return;
    }
    switch (requestCode) {
        case REQ_CODE_LOGIN:
            if (data != null) {
                int returnCode = data.getIntExtra("returnCode", -1);
                if (returnCode == OrderStatusCode.ORDER_STATE_SUCCESS) {
                    //登录成功，重新检查支付环境
                    checkEnv();
                    return;
                }
            }
            refreshHandler.sendEmptyMessage(LOGIN_ACCOUNT_FIRST_WHAT);
            break;
        case REQ_CODE_PAY_CONSUMABLE:
        case REQ_CODE_PAY_NON_CONSUMABLE:
        case REQ_CODE_PAY_SUBSCRIPTION:
            int priceType = getPriceType(requestCode);
            if (resultCode == RESULT_OK) {
                //购买成功
                if (buyResultInfo.getReturnCode() == OrderStatusCode.ORDER_STATE_
```

```
                    SUCCESS) {
                    // 先校验数据签名
                    boolean success = CipherUtil.doCheck(buyResultInfo.getInApp
                        PurchaseData(), buyResultInfo.getInAppDataSignature());
                    if (success) {
                        PurchasesOperation.deliverProduct(this, buyResultInfo.
                            getInAppPurchaseData(), priceType);
                    } else {
                        // 签名校验不通过
                        Log.e(TAG, "check sign fail");
                        return;
                    }

                } else if (buyResultInfo.getReturnCode() == OrderStatusCode.ORDER_
                    PRODUCT_OWNED) {
                    // 重复购买，需要先消耗
                    PurchasesOperation.replenish(this, "", priceType);
                    refreshHandler.sendEmptyMessageDelayed(BUY_ALREADY_WHAT, 500);
                } else {
                    Log.e(TAG, "buy fail, returnCode: " + buyResultInfo.getReturn
                        Code() + " errMsg: " + buyResultInfo.getErrMsg());
                    refreshHandler.sendEmptyMessage(BUY_FAIL_WHAT);
                }
            } else {
                Log.i(TAG, "cancel pay");
            }
            break;
        default:
            break;
    }
}
```

开发者 App 通过 onActivityResult 判断用户购买的商品类型，从而对不同商品类型的支付结果采用不同的处理逻辑。之后根据支付结果返回的状态码，判断支付状态。如果支付成功，就可以进一步获取支付结果的数据，在对数据有效性校验后，进行权益发放（权益发放函数在 PurchasesOperation.java 文件中）并调用消耗接口进行消耗。

```
public static void deliverProduct(Context context, String data, int priceType) {
    InAppPurchaseData inAppPurchaseData;
    try {
        inAppPurchaseData = new InAppPurchaseData(data);
    } catch (JSONException e) {
        Log.e(TAG, "parse inAppPurchaseData error");
        return;
    }
    updateMemberRightData(context, inAppPurchaseData);
    if (priceType == IapClient.PriceType.IN_APP_CONSUMABLE) {
        PurchasesOperation.consumePurchase(context, inAppPurchaseData.getPurchase-
            Token());
```

```
        }
    }

    /**
     * 针对不同的商品类型，做不同的权益发放
     * @param context 上下文
     * @param inAppPurchaseData 订单数据
     */
    private static void updateMemberRightData(Context context, InAppPurchaseData
        inAppPurchaseData) {
        String productId = inAppPurchaseData.getProductId();
        switch (productId) {
            case "member01":
                MemberRight.updateNormalVideoValidDate(context, 30 * ONE_DAY);
                break;
            case "member02":
                MemberRight.updateNormalVideoValidDate(context, 60 * ONE_DAY);
                break;
            case "member03":
                MemberRight.setVideoAvailableForever(context);
                break;
            case "subscribeMember01":
                MemberRight.updateVideoSubscriptionExpireDate(context, inAppPurchaseData);
                break;
            default:
                break;
        }
    }
```

权益发放完成后，针对消耗型商品，开发者 App 需要调用消耗接口来告知华为 IAP 已经成功接收该商品。

```
    public static void consumePurchase(Context context, String purchaseToken) {
        // 构造消耗商品请求
        ConsumeOwnedPurchaseReq req = new ConsumeOwnedPurchaseReq();
        req.setPurchaseToken(purchaseToken);

        IapClient mClient = Iap.getIapClient(context);

        Task<ConsumeOwnedPurchaseResult> task = mClient.consumeOwnedPurchase(req);
        task.addOnSuccessListener(new OnSuccessListener<ConsumeOwnedPurchaseResult>() {
            @Override
            public void onSuccess(ConsumeOwnedPurchaseResult result) {
                if (result != null && result.getStatus() != null) {
                    if (result.getStatus().getStatusCode() == OrderStatusCode.ORDER_
                        STATE_SUCCESS) {
                        // 成功消耗
                        Log.i(TAG, "consumePurchase success");
                    }
                }
```

```
        }
    }).addOnFailureListener(new OnFailureListener() {
        @Override
        public void onFailure(Exception e) {
            // 响应异常
            Log.e(TAG, "consumePurchase fail, exception: " + e.getMessage());
        }
    });
}
```

至此，我们已经完成了一个消耗型商品的完整购买流程，并向用户发放了对应权益，用户就可以观看宠物视频了。

5.4.5　帮助开发者实现补单机制

通过前面的开发工作，App 现在已经具备向用户提供 IAP 服务的能力了。但在实际购买过程中可能出现如下场景：用户在完成商品支付后，由于系统限制或者用户自己的误操作行为，应用进程可能会在后台被杀死，导致其无法收到 IAP 返回的支付结果。这样会产生系统"掉单"，给用户带来损失。针对这种异常场景的处理，华为 IAP 可以帮助开发者实现"补单机制"来保障用户权益。

1. 功能原理

针对消耗型商品的补单机制，具体流程如图 5-18 所示。

具体补单机制的分析如下。

① 重新启动应用。

② App 从 IAP 获取已经购买、尚未消耗的商品信息。

③～④ 对于查询到的未消耗商品信息，可以在服务侧或端侧做数据有效性校验。

⑤ App 对商品补发权益，并且调用消耗接口告知 IAP 已经接收这个商品了。

2. 实战编码

在项目的 PurchasesOperation.java 文件里，定义一个处理补单机制方法 replenish，具体代码如下。

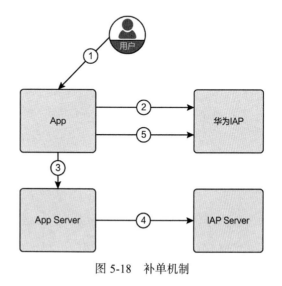

图 5-18　补单机制

```
/**
 * 补单机制实现
 *
 * @param context　上下文
```

```
 * @param continuationToken  查询已购商品的下一页标识，第一次查询为空值
 */
public static void replenish(final Context context, String continuationToken,
    final int priceType) {
    OwnedPurchasesReq req = new OwnedPurchasesReq();
    req.setPriceType(priceType);
    req.setContinuationToken(continuationToken);
    IapClient mClient = Iap.getIapClient(context);

    Task<OwnedPurchasesResult> task = mClient.obtainOwnedPurchases(req);
    task.addOnSuccessListener(new OnSuccessListener<OwnedPurchasesResult>() {
        @Override
        public void onSuccess(OwnedPurchasesResult result) {
            if (result != null && result.getStatus() != null) {
                if (result.getStatus().getStatusCode() == OrderStatusCode.ORDER_
                    STATE_SUCCESS) {
                    if (result.getInAppPurchaseDataList() != null) {
                        int index = 0;
                        for (String data : result.getInAppPurchaseDataList()) {
                            boolean success = CipherUtil.doCheck(data, result.
                                getInAppSignature().get(index));
                            if (success) {
                                // 补发权益
                                deliverProduct(context, data, priceType);
                            } else {
                                // 签名校验不通过
                                Log.e(TAG, "check sign fail");
                            }
                            index++;
                        }
                    }
                    if (!TextUtils.isEmpty(result.getContinuationToken())) {
                        replenish(context, result.getContinuationToken(),
                            priceType);
                    }
                }
            }
        }
    }).addOnFailureListener(new OnFailureListener() {
        @Override
        public void onFailure(Exception e) {
            // 请求异常
            Log.e(TAG, "getPurchase exception: " + e.getMessage());
        }
    });
}
```

在 App 首页启动加载时执行补单机制。

```
/**
 * 应用启动时补单机制
```

```
 * @param context 上下文
 */
public static void replenishForLaunch(final Context context) {
    IapClient mClient = Iap.getIapClient(context);
    mClient.isEnvReady().addOnSuccessListener(new OnSuccessListener<IsEnvReady
        Result>() {
        @Override
        public void onSuccess(IsEnvReadyResult result) {
            if (result.getReturnCode() == OrderStatusCode.ORDER_STATE_SUCCESS) {
                // 支持 IAP
                Log.i(TAG, "is support IAP");
                // 应用补单机制
                replenish(context, "", IapClient.PriceType.IN_APP_CONSUMABLE);
                replenish(context, "", IapClient.PriceType.IN_APP_NONCONSUMABLE);
                replenish(context, "", IapClient.PriceType.IN_APP_SUBSCRIPTION);
            }
        }
    });
}
```

本节介绍了消耗型商品的补单机制。非消耗型商品的补单机制与消耗型商品是类似的，区别在于非消耗型商品不需要调用消耗接口，但是要注意对已经发放权益的非消耗型商品做权益重发处理，通过该处理保证权益已经提供给用户。

而针对订阅型商品，由于订阅型商品会维持订阅关系，用户可以在订阅期间修改这种订阅关系。所以，为了准确地提供订阅型商品的服务，除了在处理支付成功时进行权益发放处理，在每次提供订阅服务之前，需要先查询一下当前用户的订阅数据，根据最新的订阅状态向用户提供服务。

5.4.6　查询已购商品和订单

前面介绍了完整的商品购买流程，本节将补充介绍购买过程中如何实现对已购商品和订单的记录进行查询。对于消耗型商品，可使用 obtainOwnedPurchaseRecord 接口获取用户所有已消耗和已发放权益的商品信息；对于非消耗型商品和订阅型商品，由于没有消耗的概念，可以通过 obtainOwnedPurchase 接口，传入具体的商品类型进行查询用户拥有的商品。

打开项目的 PurchasesOperation.java，在里面定义一个查询购买记录的函数 getRecords，当传入 priceType 为消耗型商品类型时，可以查询所有的购买记录。

```
public static void getRecords(Context context, int priceType, String continuationToken,
    RecordListener listener) {
    OwnedPurchasesReq req = new OwnedPurchasesReq();
    req.setPriceType(priceType);
    req.setContinuationToken(continuationToken);
    IapClient mClient = Iap.getIapClient(context);

    Task<OwnedPurchasesResult> task = mClient.obtainOwnedPurchaseRecord(req);
```

```
task.addOnSuccessListener(new OnSuccessListener<OwnedPurchasesResult>() {
    @Override
    public void onSuccess(OwnedPurchasesResult result) {
        if (result != null && result.getStatus() != null) {
            if (result.getStatus().getStatusCode() == OrderStatusCode.ORDER_
                STATE_SUCCESS) {

                listener.onReceive(result.getInAppPurchaseDataList());
                // 如果有下一页，则继续查询
                if (!TextUtils.isEmpty(result.getContinuationToken())) {
                    getRecords(context, priceType, result.getContinuationToken(),
                        listener);
                } else {
                    // 查询完成
                    listener.onFinish();
                }
            }
        }
    }
}).addOnFailureListener(new OnFailureListener() {
    @Override
    public void onFailure(Exception e) {
        // 请求异常
        Log.e(TAG, "getPurchase exception: " + e.getMessage());
        listener.onFail();
    }
});
}
```

接下来需要新增一个页面来显示订单购买记录。调用上面的函数，在页面展示出所有的购买记录。我们可以在 MineCenterAct.java 的 initView 里增加一个入口，跳转到订单购买记录页面 OrderAct.java。

```
findViewById(R.id.mine_orders).setOnClickListener(new View.OnClickListener() {
    @Override
    public void onClick(View v) {
        // 我的订单
        startActivity(new Intent(MineCenterAct.this, OrderAct.class));
    }
});
```

然后在 OrderAct.java 里调用刚才实现的 getRecords 方法就可以获取订单记录了。

```
/**
 * 设置列表数据
 */
private void initRecyclerData() {
    mItemData.clear();
    if (MemberRight.isVideoAvailableForever(this)) {
        PurchasesOperation.getRecords(this, IapClient.PriceType.IN_APP_NONCONSUMABLE,
            "", new RecordListener() {
```

```java
    @Override
    public void onReceive(List<String> inAppPurchaseDataList) {
        Message message = refreshHandler.obtainMessage(REFRESH_NONCONSU
            MABLE_DATA, inAppPurchaseDataList);
        refreshHandler.sendMessage(message);
    }

    @Override
    public void onFinish() {
        Log.i(TAG, "load finish");
    }

    @Override
    public void onFail() {
        Log.i(TAG, "load fail");
    }
});
}
PurchasesOperation.getRecords(this, IapClient.PriceType.IN_APP_CONSUMABLE, "",
    new RecordListener() {
    @Override
    public void onReceive(List<String> inAppPurchaseDataList) {
        Message message = refreshHandler.obtainMessage(REFRESH_CONSUMABLE_DATA,
            inAppPurchaseDataList);
        refreshHandler.sendMessage(message);
    }

    @Override
    public void onFinish() {
        Log.i(TAG, "load finish");
    }

    @Override
    public void onFail() {
        Log.i(TAG, "load fail");
    }
});
}
```

运行示例项目，购买记录已经可以成功展示出来了，如图 5-19 所示。

打开项目的 MineCenterAct.java，在里面定义一个函数 initMemberInfo，用来显示会员信息。

```java
/**
 * 设置会员卡信息
 */
private void initMemberInfo() {
    initData();
```

图 5-19　购买记录页

```
// 会员状态显示
if (MemberRight.isVideoAvailableForever(this)) {
    mTvMembers.setVisibility(View.GONE);
} else if (MemberRight.isVideoSubscriptionValid(this)) {
    mTvMembers.setText(getString(R.string.iap_member_valid, new Simple
        DateFormat("YYYY-MM-dd", Locale.US).format(MemberRight.getVide
        oSubscriptionExpireDate(this))));
} else if (MemberRight.isVideoAvailable(this)) {
    mTvMembers.setText(getString(R.string.iap_member_valid, new SimpleDate
        Format("YYYY-MM-dd", Locale.US).format(MemberRight.getNormalVi
        deoExpireDate(this))));
}


// 会员状态显示
if (MemberRight.isVideoAvailableForever(this)) {
    mTvMembersTime.setText(R.string.iap_buy_forever);
    mTvMembers.setVisibility(View.GONE);
} else if (MemberRight.isVideoSubscriptionValid(this)) {
    mTvMembersTime.setText(getString(R.string.iap_member_valid, new Simple
        DateFormat("YYYY-MM-dd", Locale.US).format(MemberRight.getVide
        oSubscriptionExpireDate(this))));
    mTvMembers.setVisibility(View.GONE);
} else if (MemberRight.isVideoAvailable(this)) {
    mTvMembers.setVisibility(View.GONE);
    mTvMembersTime.setText(getString(R.string.iap_member_valid, new Simple
        DateFormat("YYYY-MM-dd", Locale.US).format(MemberRight.getNorm
        alVideoExpireDate(this))));
} else {
    mTvMembers.setVisibility(View.VISIBLE);
}


// 会员详情展示
if (MemberRight.isVideoAvailableForever(this)) {
    mLlMemberLayout.setVisibility(View.VISIBLE);
    mTvMemberName.setText(R.string.iap_buy_member_forever);
    mTvMemberDesc.setText(R.string.member_desc);
    mTvMemberPay.setVisibility(View.GONE);
} else if (System.currentTimeMillis() < MemberRight.getVideoSubscripti
    onExpireDate(this)) {
    mLlMemberLayout.setVisibility(View.VISIBLE);
    mTvMemberName.setText(R.string.iap_buy_member_subscription);
    mTvMemberDesc.setText(R.string.member_desc);
    mTvMemberPay.setText(R.string.iap_buy_subscription);
} else if (MemberRight.isVideoAvailable(this)) {
    mLlMemberLayout.setVisibility(View.VISIBLE);
    mTvMemberName.setText(R.string.iap_buy_member);
    mTvMemberDesc.setText(R.string.member_desc);
    mTvMemberPay.setOnClickListener(new View.OnClickListener() {
        @Override
        public void onClick(View view) {
            startActivity(new Intent(MineCenterAct.this, MemberCenterAct.
```

```
                        class));
                    }
                });
            } else {
                mLlMemberLayout.setVisibility(View.GONE);
            }
        }
```

　　现在运行项目，可以看到界面上已经可以展示
出会员信息了，如图 5-20 所示。

图 5-20　个人中心页

5.5　使用商品

　　本章开始了解如何使用已购商品向用户提供服
务。对于消耗型商品和非消耗商品，购买完成后商
品状态一般不会发生改变。但是对于订阅型商品，
在购买完成后，用户还可以在华为 IAP 或者 App 内
变更该商品的状态，商品状态会直接影响最终服务。
因此我们有必要先了解一下订阅型商品的各种状态
变迁和生命周期。

5.5.1　理解订阅型商品

1. 订阅型商品的续费周期

　　订阅型商品的续费周期支持 6 种类型：1 周、1 个月、2 个月、3 个月、6 个月和 1 年。
当用户购买了订阅型商品后，华为 IAP 会立即进行一次续费让订阅型商品开始生效。经过
一个续费周期后，华为 IAP 将自动从用户的支付账号中扣费，以便完成自动续期。如果用
户中途取消订阅，则当前周期内商品仍然有效，只是不再进行下一个周期的续费而已。

2. 订阅型商品的状态变更

　　用户可以通过多种方法来改变已购订阅型商品的状态。

方式 1：自动续期。

　　当用户没有主动修改订阅关系，且扣款账号余额充足时，订阅会自动续期，如图 5-21 所示。

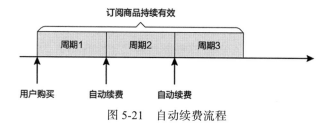

图 5-21　自动续费流程

华为 IAP 会在订阅型商品过期前 24 小时自动扣费进行续期。

方法 2：切换订阅。

用户在同一个订阅群组中，在不同的订阅型商品间进行切换。切换效果有如下 2 种生效机制。

1）立即生效机制。以商品 A 切换到商品 B 为例，如图 5-22 所示。

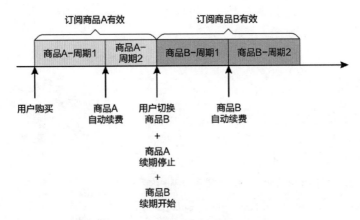

图 5-22　立即生效的切换订阅

用户完成订阅切换后，商品 A 的金额将会按比例退还到初始付款渠道，商品 B 将收取完整价格并立即生效。目前这种切换效果的触发场景为：商品 A 和商品 B 的续费周期相同。

2）下个周期生效机制。以商品 A 切换到商品 C 为例，如图 5-23 所示。

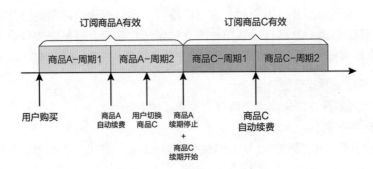

图 5-23　下个周期生效的切换订阅

用户完成订阅切换后，商品 A 会被设置为到期状态，商品 C 为待生效状态，商品 C 会在商品 A 的周期结束后开始扣费并生效。目前这种切换效果的触发场景为：商品 A 的续费周期和商品 C 的续费周期不同。

方法 3：取消订阅。

对已购订阅型商品进行取消操作。如取消成功，则订阅商品将不会进行下一周期的续费，但不影响当前周期对订阅型商品的使用，如图 5-24 所示。

用户取消订阅后，在当前周期结束前订阅仍然有效，只是下个周期不会进行自动续费了。

方法 4：暂停订阅。

对处于续期状态的订阅型商品，用户可以暂停续期，以暂停一段时间的订阅服务。暂停期间不扣费，订阅型商品无效。暂停期结束后，订阅将会自动续费。暂停订阅对订阅服务带来的影响，如图 5-25 所示。

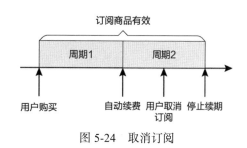

图 5-24　取消订阅

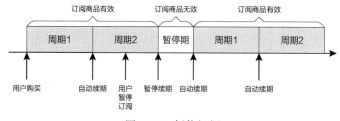

图 5-25　暂停订阅

当用户对订阅型商品设置了暂停后，在当前的订阅周期结束后，订阅型商品会进入暂停期。暂停期间，订阅型商品处于无效状态。暂停结束后，订阅型商品会自动续费并恢复有效的订阅状态，然后进行后续的续费周期。

方法 5：恢复订阅。

对处于取消状态或失效期的订阅型商品，用户可以恢复订阅，以再次享受订阅型商品对应的服务，如图 5-26 所示。

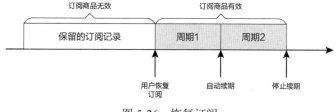

图 5-26　恢复订阅

用户可以在华为 IAP 提供的订阅管理页面中恢复已经失效的订阅型商品，然后让订阅重新进入续订状态。

5.5.2 提供商品服务

接下来我们进入商品服务提供环节。用户通过宠物商城 App 购买会员套餐后，获得了观看宠物视频的商品服务，其业务流程图如图 5-27 所示。

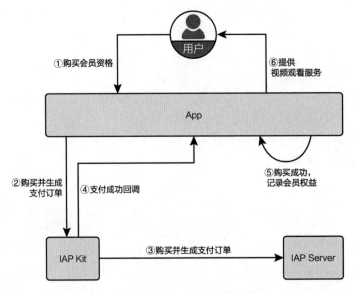

图 5-27　管理支付商品的业务流程

具体业务流程的分析如下。

① 用户购买会员套餐；

② App 调用华为 IAP Kit 生成订单并完成支付；

③ 端侧 IAP Kit 调用 IAP Server 接口完成订单和支付工作；

④ 端侧 IAP Kit 支付完成后回调 App；

⑤ App 记录用户购买成功获得的权益信息，本示例中为可以观看宠物视频；

⑥ 用户可以通过 App 观看宠物视频信息，享受最终的商品服务。

下面具体看每种类型商品是如何提供服务的。

1. 消耗型商品

当用户购买完消耗型商品后，剩余的业务处理逻辑和华为 IAP 无直接关系，需要开发者来处理商品的服务内容。根据宠物商城"会员套餐"的权益特点，可以定义消耗型商品的权益为"可观看视频的时限"。当用户购买完"月度会员"或者"季度会员"后，宠物商城 App 会更新用户可观看视频的有效期。这里，我们使用 Android 的 SharePreferences 来记录当前用户的数据。打开项目的 MemberRight.java，定义针对普通会员视频权益有效期的获取和更新函数。

```
/**
 * 普通会员有效期时间
 *
 * @param context 上下文
 * @return 时间戳
 */
public static long getNormalVideoExpireDate(Context context) {
    return (long) SPUtil.get(context, getCurrentUserId(context), VIDEO_NORMAL_
        KEY, 0L);
}

/**
 * 更新普通会员有效期
 *
 * @param context    上下文
 * @param extension 有效时间段
 */
public static void updateNormalVideoValidDate(Context context, long extension) {
    long videoExpireDate = getNormalVideoExpireDate(context);
    long currentTime = System.currentTimeMillis();
    if (currentTime < videoExpireDate) {
        videoExpireDate += extension;
    } else {
        videoExpireDate = currentTime + extension;
    }
    SPUtil.put(context, getCurrentUserId(context), VIDEO_NORMAL_KEY, videoExpire
        Date);
}
```

将观看宠物视频的有效期记录在 SharePreferences 里，即可简单地实现对用户权益的管理。用户购买会员商品后，可以在 MemberRight.java 里定义一个函数来统一判断当前是否可以观看宠物视频。

```
/**
 * 是否有权限观看视频
 * @param context 上下文
 * @return boolean
 */
public static boolean isVideoAvailable(Context context) {
    return isVideoAvailableForever(context) || isVideoSubscriptionValid(context)
            || System.currentTimeMillis() < getNormalVideoExpireDate(context);
}
```

在播放视频前，先通过这个函数判断用户是否有权限观看视频。如果没有权限，则引导用户去购买会员。在 VideoPlayAct.java 中的实现逻辑如下。

```
@Override
protected void onCreate(@Nullable Bundle savedInstanceState) {
    super.onCreate(savedInstanceState);
```

```
        setContentView(R.layout.videoplay_act);
        if (MemberRight.isVideoAvailable(this)) {
            play();
        } else {
            startActivityForResult(new Intent(this, MemberCenterAct.class), REQ_CODE_
                MEMBER_CENTER);
        }
    }

    /**
     * 播放视频
     */
    private void play() {
        // 初始化 View
        initView();
        // 初始化播放
        initVideoPlay();
    }

    @Override
    protected void onActivityResult(int requestCode, int resultCode, @Nullable
        Intent data) {
        super.onActivityResult(requestCode, resultCode, data);
        if (requestCode == REQ_CODE_MEMBER_CENTER) {
            if (MemberRight.isVideoAvailable(this)) {
                play();
            } else {
                finish();
            }
        }
    }
```

2. 非消耗型商品

当用户购买完非消耗型商品后，App 可以通过 IapClient. obtainOwnedPurchases() 接口获取到该商品的信息。前面宠物商城 App 定义了一种"永久会员"为非消耗型商品，这里使用"观看视频的有效期"来定义这个商品的服务已不太合适，我们可以通过这类商品的购买记录，来标识该用户可以永久观看视频。同样在 MemberRight.java 里，增加针对"永久会员"的记录和获取函数。

```
    /**
     * 判断是否是永久会员
     *
     * @param context 上下文
     * @return boolean
     */
    public static boolean isVideoAvailableForever(Context context) {
        return (boolean) SPUtil.get(context, getCurrentUserId(context), VIDEO_FOREVER_
```

```
        KEY, false);
}

/**
 * 更新永久会员的状态
 *
 * @param context 上下文
 */
public static void setVideoAvailableForever(Context context) {
    SPUtil.put(context, getCurrentUserId(context), VIDEO_FOREVER_KEY, true);
}
```

可以看到，我们通过用标识来记录永久会员的购买记录即可，对于用户观看视频权限的判断，可以参考"消耗型商品"的内容。

3. 订阅型商品

订阅型商品和前两种一样，提供服务前需要先判断其订阅关系有效性。在商品购买完成后，获取华为 IAP 的购买详情回调 InApppurchaseData，从返回信息里提取 InApp-purchaseData，再通过 IapClient.obtainOwnedPurchases() 查询已购的订阅型商品。对依赖当期续费情况的业务（如会员服务），如果 InApppurchaseData.subIsvalid = true，则订阅关系有效，需要为用户提供商品服务。

宠物商城 App 提供的是会员服务，因此可以采用方法 1 来快速判断。打开项目的 PurchasesOperation.java，在里面实现订阅会员的权益发放。

```
/**
 * 更新订阅会员到期时间
 *
 * @param inAppPurchaseData 购买信息
 */
public static void updateVideoSubscriptionExpireDate(Context context, InApp
    PurchaseData inAppPurchaseData) {
    if (inAppPurchaseData == null) {
        return;
    }
    //订阅有效
    if (inAppPurchaseData.isSubValid()) {
        long expireDate = inAppPurchaseData.getExpirationDate();
        String uuid = inAppPurchaseData.getDeveloperPayload();
        if (TextUtils.isEmpty(uuid)) {
            uuid = getCurrentUserId(context);
        }
        long videoExpireDate = getVideoSubscriptionExpireDate(context);
        if (videoExpireDate < expireDate) {
            SPUtil.put(context, uuid, VIDEO_SUBSCRIPTION_KEY, expireDate);
        }
    }
}
```

```
}
/**
 * 获取订阅会员的有效期截止时间
 *
 * @param context 上下文
 * @return 时间戳
 */
public static long getVideoSubscriptionExpireDate(Context context) {
    return (long) SPUtil.get(context, getCurrentUserId(context), VIDEO_SUBSCRIPTION_
        KEY, 0L);
}
```

通过 obtainOwnedPurchases 接口获取订阅关系，然后校验订阅数据的有效性。通过校验后，将 JSON 数据转为 InAppPurchaseData，再将参数传入 updateVideoSubscription ExpireDate 函数，即可更新订阅会员的权益。通过方法 InAppPurchaseData.isSubValid() 可快速判断当前的订阅关系是否有效，同时记录下订阅的续期时间，以便通过展示续期时间来提醒用户。对于用户观看视频权限的判断，可以参考前面章节"消耗型商品"的内容。

5.5.3 订阅管理

在前面章节里介绍了如何展示非订阅型商品的购买记录，我们还可以借助华为 IAP 提供的订阅管理页面跳转入口，在终端 EMUI 个人"账号中心"，对订阅型商品进行维护。华为 IAP 提供了一个展示当前用户所有订阅商品的订阅管理界面，该用户订阅的商品都可以在这个页面进行管理。如果用户已经购买了一个订阅型商品，App 可以直接跳转到华为 IAP 该订阅型商品的订阅详情页。

App 可以通过 SchemeUrl 进行页面跳转，通过设置 Intent 的 URL，跳转到华为 IAP 的管理订阅页面和订阅详情页。管理订阅页展示的是当前用户所有已订阅的商品列表，订阅详情页展示的是某个订阅商品详情及该商品所在订阅组的其他商品的信息。Intent 设置的 URL 为：pay://com.huawei.hwid.external/subscriptions。表 5-3 为 URL 参数说明。

表 5-3 URL 参数

参　　数	必选 (M) / 可选 (O)	说　　明
package	O	应用包名
appid	O	在华为开发者联盟注册应用时分配的 AppID
sku	O	商品 ID。注意，当传入该值时，会跳转到订阅详情页面，否则跳转到管理订阅页面

其中 package 和 appid 都可以在 agconnect-services.json 这个文件里找到，如图 5-28 所示。sku 为"订阅会员"的商品 ID。

```json
{
    "agcgw":{
        "backurl":"connect-drcn.dbankcloud.cn",
        "url":"connect-drcn.hispace.hicloud.com"
    },
    "client":{
        "cp_id":"10086000000000293",
        "product_id":"9105385871708501335",
        "client_id":"306274895182955520",
        "client_secret":"21612FAF565A22A3A48DB11A92377D9E8911C413C736D55C95E88FC1B1F6338B",
        "app_id":"101778417",
        "package_name":"com.huawei.hmspetstore",
        "api_key":"CV5+5mO4WX1LRRSWmnW09Z5Ks8h/rxNYxDmI+0gZtBR04idqbNtwRdoOCnrLc87FaxNSz9dUFvZaU4JBrxARceYEDMqX"
    },
    "service":{
        "analytics":{
            "collector_url":"datacollector-drcn.dt.hicloud.com,datacollector-drcn.dt.dbankcloud.cn",
            "resource_id":"p1",
            "channel_id":""
        },
        "ml":{
            "mlservice_url":"ml-api-drcn.ai.dbankcloud.com,ml-api-drcn.ai.dbankcloud.cn"
        }
    },
    "region":"CN",
    "configuration_version":"1.0"
}
```

图 5-28　agconnect-services.json 配置文件

当用户订阅了 "订阅会员" 后，宠物商城 App 可以展示一个入口，让用户可以直接跳转到订阅会员的详情页。在 MineCenterAct.java 的 initView 里继续新增一个入口，用来管理订阅型商品。

```java
findViewById(R.id.sub_manage).setOnClick
    Listener(new View.OnClickListener() {
    @Override
    public void onClick(View view) {
        Intent intent = new Intent(Intent.
            ACTION_VIEW);

        intent.setData(Uri.parse("pay://com.
huawei.hwid.external/subscriptions?
            package=com.huawei.hmspetstore&ap
pid=101778417&sku=subscribeMember01"));
        startActivity(intent);
    }
});
```

现在运行示例项目，可以看到当成功购买了订阅会员后，点击个人中心的 "续费管理"，就可以跳转到订阅详情页，如图 5-29 所示。

如果当前用户没有订阅会员套餐，则华为 IAP

图 5-29　IAP 订阅详情页

会给出未订阅的提示。也可以直接跳转到订阅管理界面，这样就不需要在 URL 里传入参数了，从而避免因为未订阅该商品而展示错误提示。这两种情况开发者可以根据实际的业务需求来进行选择。

5.6　沙盒测试

App 在开发接入华为 IAP 的过程中，可以通过沙盒测试功能模拟完成商品的购买，而无须进行实际支付。本章将介绍几种类型商品沙盒测试的实际操作。

5.6.1　功能原理

开发者可以在 AppGallery Connect 中配置测试账号，这些测试账号都是真实的华为账号，并设置允许这些账号执行沙盒测试。除了配置测试账号，还需要配置沙盒测试版本。如果要测试的应用此前没有在 AppGallery Connect 上架过版本，则需要确保测试应用的 versionCode 大于 0；如果已有上架的版本，则测试应用的 versionCode 需要大于上架应用的 versionCode。

 说明　目前沙盒测试功能要求测试设备必须安装 3.0 以上版本的 HMS Core（APK）。

（1）测试非订阅型商品支付

发起非订阅型商品购买时，华为 IAP 会检测到该用户为测试用户，跳过实际支付环节，返回支付成功结果，结果中携带 purchaseType 字段。当该字段值为 0 时，标识为沙盒测试购买记录。沙盒测试场景下的购买流程与正式环境的购买流程一致。

（2）测试订阅型商品的续订

为了快速测试订阅型商品的续订功能，沙盒环境引入了"时光机"概念。"时光机"仅针对订阅型商品的续期时间，不影响订阅型商品的生效时间，比如订阅周期为 1 周，商品在 3 分钟后发生续期，此时订阅商品有效期延长了 1 周。沙盒环境下的时间转换关系如表 5-4 所示。

表 5-4　沙盒环境的时间转换关系表

实际时限	测试时限
1 周	3 分钟
1 个月	5 分钟
2 个月	10 分钟
3 个月	15 分钟
6 个月	30 分钟
1 年	1 小时

沙盒环境下发起订阅时仍需要用户完成签约或绑卡，但该过程不会真实扣费。由于续

期时间大大缩短了，为避免造成大量无用数据，所以在沙盒环境下，自动续期总共持续 6
次。停止续期后，如果你还需要再次续期，需要在订阅管理页，或者调用接口手动进行恢复
订阅。随着恢复订阅一次，订阅商品就会再续期一次。

5.6.2　实战操作

下面具体来看如何配置沙盒测试账号。

1）登录 AppGallery Connect 网站，选择"用户与访问"选项，如图 5-30 所示。

图 5-30　选择"用户与访问"选项

2）在左侧导航栏选择"沙盒测试"→"测试账号"选项，点击"新增"按钮，如
图 5-31 所示。

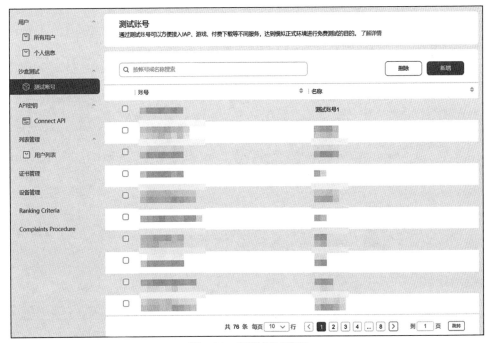

图 5-31　新增测试账号

3）填写测试账号信息后，点击"确定"按钮。注意，账号必须填写已注册、真实的华为账号，如图 5-32 所示。

配置好测试账号后，确保 APK 版本符合沙盒环境要求，这样再登录测试账号去购买时，就可以进入沙盒测试环境了。为了能更顺利地使用沙盒测试，华为 IAP 还提供了一个沙盒测试的调试接口 isSandboxActivated，可以用来定位当前环境是否满足沙盒测试的约束。如果不满足，可以通过该接口的返回结果知道不满足沙盒测试的原因。在项目的 PurchaseOperation.java 里，添加一个检查沙盒环境的函数。

图 5-32 新增沙盒测试账号

```java
/**
 * 测试是否是沙盒账号
 */
public static void checkSandbox(Context context) {
    IapClient mClient = Iap.getIapClient(context);
    Task<IsSandboxActivatedResult> task = mClient.isSandboxActivated(new IsSandbox
        ActivatedReq());
    task.addOnSuccessListener(new OnSuccessListener<IsSandboxActivatedResult>() {
        @Override
        public void onSuccess(IsSandboxActivatedResult result) {
            Log.i(TAG, "isSandboxActivated success");
            StringBuilder stringBuilder = new StringBuilder();

            stringBuilder.append("errMsg: ").append(result.getErrMsg()).append
                ('\n');
            stringBuilder.append("match version limit : ").append(result.getIs
                SandboxApk()).append('\n');
            stringBuilder.append("match user limit : ").append(result.getIs
                SandboxUser());
            Log.i(TAG, stringBuilder.toString());
        }
    }).addOnFailureListener(new OnFailureListener() {
        @Override
        public void onFailure(Exception e) {
            Log.e(TAG, "isSandboxActivated fail");
            if (e instanceof IapApiException) {
                IapApiException apiException = (IapApiException) e;
                int returnCode = apiException.getStatusCode();
                String errMsg = apiException.getMessage();
                Log.e(TAG, "returnCode: " + returnCode + ", errMsg: " + errMsg);
            } else {
```

```
                        Log.e(TAG, "isSandboxActivated fail, unknown error");
                    }
                }
        });
    }
```

通过接口返回的 IsSandboxActivatedResult，可以清楚地知道当前环境是否满足沙盒测试环境。我们先登录一个还没有配置为沙盒测试的华为账号，在会员中心页面的 onCreate 方法暂时添加 IsSandboxActivatedResult 函数的调用，运行项目，从接口返回可以清楚得知当前用户是否为沙盒测试的用户。

现在再次拉起支付，可以看到支付流程已经有了沙盒测试的提示了，如图 5-33 所示。

图 5-33　沙盒测试提示

当使用了沙盒账号发起支付时，可以看到拉起收银台界面时有明确的沙盒环境提示。后面就可以很方便地使用沙盒环境进行调测了。

5.7　IAP Server 侧功能开放

开发者还可以用 App Server 对接华为 IAP Server 侧开放接口辅助管理商品管理，在

App Server 上对订单进行校验，以确保数据的安全性。同时，用 App Server 管理订阅型商品，还可以提供更加灵活的订阅体验。

> 说明 本书举例的宠物商城 App 并未用到该功能。本节的示例以介绍功能为主，开发者可以根据实际业务场景进行选择。

5.7.1 功能原理

华为 IAP 通过服务器接口开放多个功能，包括订阅管理以及对普通支付商品购买 Token 进行校验。App 运营人员可以基于华为 IAP Server 侧开放接口来处理订阅型商品的一些相关事务，如用户提出需要取消订阅、退款、订阅促销或接收关键订阅通知等。华为 IAP Server 支持的业务流程如图 5-34 所示。

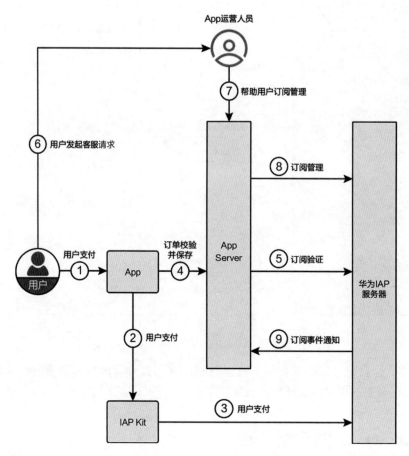

图 5-34 华为 IAP 在 IAP Server 的开放业务流程

业务流程分析如下。

步骤①到⑤是用户支付订单校验流程,包括消耗型/非消耗型订单有效性验证、订阅型订单有效性验证。步骤⑥到⑧是 App 运营人员处理用户订阅管理流程,包括取消订阅型商品续期、延迟结算、返还订阅费用、终止订阅、查询退订的退费记录。步骤⑨是为华为 IAP Server 订阅状态变化通知 App Server 流程。

5.7.2　功能实现

在使用华为 IAP Server 侧开放的功能时,需要先了解一下服务器侧接口的调用规范,调用规范详情可以查看服务端接口规范文档[⊖]。

在调用 IAP 开放的服务器接口时,先通过开放平台提供的服务鉴权接口获取 Access Token,并填充进请求头里。原理详情可以参考 2.3.2 节中 Access Token 的获取方式,这里使用的是客户端密码模式。每个申请的 Access Token 均有一个有效期,在有效期内该 Access Token 可以反复使用。建议在访问服务端接口并且返回的 HTTP 结果码为 401 时,才重新申请应用 Access Token。下面先来介绍一下如何来获取 Access Token,在服务侧项目的 AtDemo.java 里,定义 getAppAT 函数。

```
public static String getAppAT() throws Exception {
    // 构造请求体
    String grant_type = "client_credentials";
    String msgBody = MessageFormat.format("grant_type={0}&client_secret={1}&client_
        id={2}", grant_type,
        URLEncoder.encode(appSecret, "UTF-8"), appId);

    // 发送请求
    String response =
        httpPost(tokenUrl, "application/x-www-form-urlencoded; charset=UTF-8",
            msgBody, 5000, 5000, null);

    // 解析出 Access Token
    JSONObject obj = JSONObject.parseObject(response);
    accessToken = obj.getString("access_token");

    System.out.println(accessToken);
    return accessToken;
}
```

其中 APPSecret 和 AppID 都可以在 AppGallery Connect 的应用详情页里找到,如图 5-35 所示。

⊖　IAP 接口服务侧文档:https://developer.huawei.com/consumer/cn/doc/development/HMS-References/iap-api-specification-related-v4。

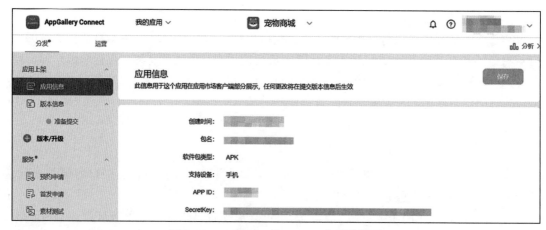

图 5-35　AppGallery Connect 应用详情页

获取到 Access Token 后，就可以构造出请求头。

```
public static Map<String, String> buildAuthorization(String appAt) {
    String oriString = MessageFormat.format("APPAT:{0}", appAt);
    String authorization =
        MessageFormat.format("Basic {0}", Base64.encodeBase64String(oriString.
            getBytes(StandardCharsets.UTF_8)));
    Map<String, String> headers = new HashMap<>();
    headers.put("Authorization", authorization);
    headers.put("Content-Type", "application/json; charset=UTF-8");
    return headers;
}
```

通过上面代码获得 Access Token，为后续的业务请求打好请求认证的基础。

在接口调用过程中，请求方在获取接收方的响应结果后，如果返回结果中包含了查询结果的签名字符串，请求方可以对签名字符串使用支付公钥进行验签，确认返回结果没有被篡改。公钥的获取请参考 5.2.1 节的查询支付服务信息。验签过程如下。

1）获取需要验签的返回结果字符串，例如 obtainOwnedPurchases 接口返回的 inApp-PurchaseDataList 中的商品信息需要验签，先取第 1 条商品信息的 JSON 字符串参与验签。

2）获取对应的签名字符串，例如 obtainOwnedPurchases 接口返回的 inAppSignature 对应 inAppPurchaseDataList 的签名字符串，取第 1 条商品信息的签名字符串参与验签。

3）使用支付公钥及 SHA256withRSA 算法对结果字符串和对应的签名字符串进行验证。

下面是验签过程的具体代码实现。

```
public static boolean doCheck(String content, String sign, String publicKey) {
    if (StringUtils.isEmpty(sign)) {
        return false;
    }
    if (StringUtils.isEmpty(publicKey)) {
        return false;
```

```
    }
    try {
        // 选用指定的验签算法进行数据验签
        KeyFactory keyFactory = KeyFactory.getInstance("RSA");
        byte[] encodedKey = Base64.decodeBase64(publicKey);
        PublicKey pubKey = keyFactory.generatePublic(new X509EncodedKeySpec(en
            codedKey));
        java.security.Signature signature;
        signature = java.security.Signature.getInstance("SHA256withRSA");
        signature.initVerify(pubKey);
        signature.update(content.getBytes(StandardCharsets.UTF_8));
        byte[] bsign = Base64.decodeBase64(sign);
        return signature.verify(bsign);
    } catch (RuntimeException e) {
        throw e;
    } catch (Exception e) {
        e.printStackTrace();
    }
    return false;
}
```

对数据验签的算法是通用的，开发者可以在端侧进行数据验签，也可以在服务侧进行数据验签。可以将验签放在 App Server 进行，从而提高安全性。下面介绍如何通过 IAP Server 端提供的接口来实现订单验证及管理订阅型商品。

1. 验证订单有效性（消耗型 / 非消耗型商品）

针对消耗型商品和非消耗型商品，华为 IAP Server 提供了服务侧订单有效性验证功能，进一步验证购买信息的正确性。开发者 App 在完成一笔支付后，可从华为 IAP 客户端获取到商品购买单详情的 JSON 字符串 InAppPurchaseData 及其签名字符串 inAppDataSignature。InAppPurchaseData 中包含用于唯一标识商品与用户对应关系的 purchaseToken。

通过签名验证，可确保 InAppPurchaseData 有效性。如果想进一步验证购买信息，可以解析出 InAppPurchaseData 中的 purchaseToken 数据，调用华为 IAP Server 提供的验证购买 Token 的接口，进一步验证购买信息的正确性。当然，验证购买 Token 不是必需的，验证签名已经可以保证数据的正确性了。在项目里的 OrderService.java 里，定义对 IAP 的 Order 服务接口的请求。

```
public static String verifyToken(String purchaseToken, String productId) throws
    Exception {
    // 获取应用级 Access Token，实际场景无须每次发起请求都进行获取，应该在首次或者返回 401 时
    // 才去更新 Access Token
    String appAt = AtDemo.getAppAT();
    // 构造请求头
    Map<String, String> headers = AtDemo.buildAuthorization(appAt);
    // 构造请求体
    Map<String, String> bodyMap = new HashMap<>();
    bodyMap.put("purchaseToken", purchaseToken);
```

```
    bodyMap.put("productId", productId);
    String msgBody = JSONObject.toJSONString(bodyMap);
    String response = AtDemo.httpPost(ROOT_URL + "/applications/purchases/tokens/
        verify",
        "application/json; charset=UTF-8", msgBody, 5000, 5000, headers);
    System.out.println(response);
    return response;
}
```

根据接口文档，可以很轻易地实现出这样的请求代码。

下面是本示例使用接口的 API 参考。

（1）接口原型

承载协议：HTTPS POST。

接口方向：App Server → IAP Server。

接口 URL：{rootUrl}/applications/purchases/tokens/verify。rootUrl 在不同站点有不同的
URL，开发者应固定选择最近的站点访问，具体请参考站点信息。

数据格式：请求消息——Content-Type: application/json ； 响应消息——Content-Type:
application/json。

（2）请求参数（见表 5-5）

表 5-5 请求参数表

参数名称	必选（M）/ 可选（O）	数据类型	参数描述
purchaseToken	M	String	待下发商品的购买 Token，发起购买和查询待消费商品信息时均会返回 purchaseToken 参数
productId	M	String	待下发商品 ID。商品 ID 来源于开发者在 AppGallery Connect 中配置商品信息时设置的 "商品 ID"

（3）响应参数（见表 5-6）

表 5-6 响应参数表

参数名称	必选（M）/ 可选（O）	数据类型	参数描述
responseCode	M	String	返回码。0：成功；其他：失败。具体参考接口错误码
responseMessage	O	String	响应描述
purchaseTokenData	O	String	包含购买数据的 JSON 字符串，具体参考表 InAppPurchaseDetails。该字段原样参与签名
dataSignature	O	String	purchaseTokenData 基于应用 RSA 支付私钥的签名信息，签名算法为 SHA256withRSA。应用可以参考对响应消息验签的方法使用支付公钥对 purchaseTokenData 的 JSON 字符串进行验签

2. 验证订单有效性（订阅型商品）

订阅型商品与非订阅型商品类似，也可以通过华为 IAP Server 开放接口进行订单有效

性验证，在完成一笔支付后，在 InAppPurchaseData 中有用于唯一标识商品与用户对应关系的 purchaseToken。我们可以在对已经购买的商品提供服务之前，调用 Subscription 服务的购买 Token 验证接口对购买进行校验，通过这个接口还可以获取该次订阅的购买详情。在项目的 SubscriptionService.java 里，定义对 IAP 的 Subscription 服务接口的请求。

样例代码如下：

```
public static String getSubscription(String subscriptionId, String purchaseToken)
    throws Exception {
    // 获取应用级的 AccessToken
    String appAt = AtDemo.getAppAT();

    // 构造请求头
    Map<String, String> headers = AtDemo.buildAuthorization(appAt);

    // 构造请求体
    Map<String, String> bodyMap = new HashMap<>();
    bodyMap.put("subscriptionId", subscriptionId);
    bodyMap.put("purchaseToken", purchaseToken);

    String msgBody = JSONObject.toJSONString(bodyMap);

    String response = AtDemo.httpPost(ROOT_URL + "/sub/applications/v2/purchases/
        get",
        "application/json; charset=UTF-8", msgBody, 5000, 5000, headers);

    System.out.println(response);
    return response;
}
```

下面是本示例使用接口的 API 参考。

（1）接口原型

承载协议：HTTPS POST。

接口方向：App Server → IAP Server。

接口 URL：{rootUrl}/sub/applications/{apiVersion}/purchases/get。rootUrl 在不同站点有不同的 URL：开发者应固定选择最近站点的 Subscription 服务地址访问。

数据格式：请求消息——Content-Type: application/json ；响应消息——Content-Type: application/json。

（2）请求参数（见表 5-7）

表 5-7　请求参数表

参数名称	必选（M）/ 可选（O）	数据类型	参数描述
subscriptionId	M	String	订阅 ID
purchaseToken	M	String	商品的已购买 Token，发起购买和查询订阅信息均会返回

（3）响应参数（见表 5-8）

表 5-8　响应参数表

参数名称	必选（M）/ 可选（O）	数据类型	参数描述
responseCode	M	String	返回码。0：成功；其他：失败。具体参考接口错误码
responseMessage	O	String	响应描述
InappPurchaseDetails	O	String	包含购买详情的字符串（JSONString 格式），格式参考 InappPurchaseDetail

3. 取消订阅型商品续期

用户除了从端侧可以自助取消订阅型商品功能，华为 IAP 还提供从服务器侧发起的取消订阅功能。当用户不希望续期订阅时，App Server 可调用 IAP Server 提供的"取消订阅接口"来停止续期，商品在有效期内仍然有效，取消的订阅型商品在一定时间段内仍然会保留，比如 30 天，但后续的续期将会终止。

示例代码如下：

```
public static String stopSubscription(String subscriptionId, String purchaseToken)
    throws Exception {
    String appAt = AtDemo.getAppAT();
    Map<String, String> headers = AtDemo.buildAuthorization(appAt);

    Map<String, String> bodyMap = new HashMap<>();
    bodyMap.put("subscriptionId", subscriptionId);
    bodyMap.put("purchaseToken", purchaseToken);

    String msgBody = JSONObject.toJSONString(bodyMap);

    String response = AtDemo.httpPost(ROOT_URL + "/sub/applications/v2/purchases/
        stop",
        "application/json; charset=UTF-8", msgBody, 5000, 5000, headers);

    System.out.println(response);
    return response;
}
```

下面是本示例使用接口的 API 参考。

（1）接口原型

承载协议：HTTPS POST。

接口方向：App Server → IAP Server。

接口 URL：{rootUrl}/sub/applications/{apiVersion}/purchases/stop。

rootUrl 在不同站点有不同的 URL：开发者应固定选择最近站点的 Subscription 服务地址访问。

数据格式：请求消息——Content-Type: application/json；响应消息——Content-Type:

application/json。

（2）请求参数（见表 5-9）

表 5-9　请求参数表

参数名称	必选（M）/ 可选（O）	数据类型	参数描述
subscriptionId	M	String	订阅 ID
purchaseToken	M	String	商品的已购买 Token，发起购买和查询订阅信息均会返回

（3）响应参数（见表 5-10）

表 5-10　响应参数表

参数名称	必选（M）/ 可选（O）	数据类型	参数描述
responseCode	M	String	返回码。00：成功；其他：失败。具体参考接口错误码
responseMessage	O	String	响应描述

4. 延迟结算

在 App 推出一些优惠活动的时候（如奖励用户的商品使用时长），App Server 可以调用华为 IAP Server 提供的"延迟结算接口"，将订阅者的下一个结算日期推迟。用户将继续享受已经付费的服务和内容，但在延迟期内不会被扣款。系统会更新订阅续订日期以反映新的订阅日期。可以通过延迟结算完成以下操作。

1）将免费内容或者服务作为套餐或特别优惠的一部分提供给用户（例如，让订阅年度杂志的用户免费访问特定内容等）。

2）向特定客户赠送内容或者服务的访问权限。

每次调用 API 实现结算延迟，最短可延迟一天，最长可延迟一年（365 天），还可以在新的结算日期到来之前再次调用 API 以进一步延迟结算。延期后，下个续期周期的开始日期为延期后的过期时间。App 可能需要使用电子邮件或在应用中通知用户，让他们知道自己的结算日期已被延迟。

样例代码如下：

```
public static String delaySubscription(String subscriptionId, String purchaseToken,
    Long currentExpirationTime,
    Long desiredExpirationTime) throws Exception {
    String appAt = AtDemo.getAppAT();
    Map<String, String> headers = AtDemo.buildAuthorization(appAt);

    Map<String, Object> bodyMap = new HashMap<>();
    bodyMap.put("subscriptionId", subscriptionId);
    bodyMap.put("purchaseToken", purchaseToken);
    bodyMap.put("currentExpirationTime", currentExpirationTime);
    bodyMap.put("desiredExpirationTime", desiredExpirationTime);
```

```
    String msgBody = JSONObject.toJSONString(bodyMap);

    String response = AtDemo.httpPost(ROOT_URL + "/sub/applications/v2/purchases/
        delay",
        "application/json; charset=UTF-8", msgBody, 5000, 5000, headers);

    System.out.println(response);
    return response;
}
```

下面是这次使用接口的 API 参考。

（1）接口原型

承载协议：HTTPS POST。

接口方向：App Server → IAP Server。

接口 URL：{rootUrl}/sub/applications/{apiVersion}/purchases/delay。rootUrl 在不同站点有不同的 URL：开发者应固定选择最近站点的 Subscription 服务地址访问。

数据格式：请求消息——Content-Type: application/json；响应消息——Content-Type: application/json。

（2）请求参数（见表 5-11）

表 5-11　请求参数表

参数名称	必选（M）/ 可选（O）	数据类型	参数描述
subscriptionId	M	String	订阅 ID
purchaseToken	M	String	商品的已购买 Token，发起购买和查询订阅信息均会返回
currentExpirationTime	M	Long	订阅当前的有效期，标准时间戳，必须等于当前过期时间
desiredExpirationTime	M	Long	延迟后的订阅有效期，标准时间戳，取值必须大于订阅当前有效期，最少延期一天，最大允许延迟 365 天

（3）响应参数（见表 5-12）

表 5-12　响应参数表

参数名称	必选（M）/ 可选（O）	数据类型	参数描述
responseCode	M	String	返回码。0：成功；其他：失败。具体参考接口错误码
responseMessage	O	String	响应描述
newExpirationTime	O	Long	延迟后的订阅有效期时间，标准时间戳

5. 返还订阅费用

当用户发现意外购买某订阅型商品后，发起申诉要求返还费用。此时可以通过 App 或者 IAP Server 先调用"取消订阅接口",确保订阅续期终止,之后调用"返还订阅费用接口"退还用户费用,费用会根据支付渠道原路返回用户。

 注意　① 本接口仅仅对指定订阅的最近一次收费完成退款处理,不会取消订阅,订阅的有效性和后续的续期仍然会正常发生。

② 在订阅最新数据上已经有退款信息情况下,需要拒绝服务。在此情况下,如果 App 希望处理其他往期数据的费用返还,或者最新数据的剩余费用返还,建议通过支付订单的退款能力进行处理。

③ 沙盒购买和购买金额为 0 的商品,退费直接成功,不需要向支付服务发起退款请求。

样例代码如下:

```
public static String returnFeeSubscription(String subscriptionId, String purchaseToken)
    throws Exception {
    String appAt = AtDemo.getAppAT();
    Map<String, String> headers = AtDemo.buildAuthorization(appAt);

    Map<String, String> bodyMap = new HashMap<>();
    bodyMap.put("subscriptionId", subscriptionId);
    bodyMap.put("purchaseToken", purchaseToken);

    String msgBody = JSONObject.toJSONString(bodyMap);

    String response = AtDemo.httpPost(ROOT_URL + "/sub/applications/v2/purchases/
        returnFee",
        "application/json; charset=UTF-8", msgBody, 5000, 5000, headers);

    System.out.println(response);
    return response;
}
```

下面是本示例使用接口的 API 参考。

(1)接口原型

承载协议: HTTPS POST。

接口方向: App Server → IAP Server。

接口 URL: {rootUrl}/sub/applications/{apiVersion}/purchases/returnFee,rootUrl 在不同站点有不同的 URL:开发者应固定选择最近站点的 Subscription 服务地址访问。

数据格式: 请求消息——Content-Type: application/json;响应消息——Content-Type: application/json。

（2）请求参数（见表 5-13）

表 5-13　请求参数表

参数名称	必选（M）/ 可选（O）	数据类型	参数描述
subscriptionId	M	String	订阅 ID
purchaseToken	M	String	商品的已购买 Token，发起购买和查询订阅信息均会返回

（3）响应参数（见表 5-14）

表 5-14　响应参数表

参数名称	必选（M）/ 可选（O）	数据类型	参数描述
responseCode	M	String	返回码。0：成功；其他：失败。具体参考接口错误码
responseMessage	O	String	响应描述

6. 终止订阅

当用户申诉误购买某订阅型商品时，开发者 App Server 可以调用华为 IAP Server 提供的"终止订阅接口"来终止服务，购买的订阅商品会立即撤销，同时会对最近的订阅费用立即发起返还操作。

注意 费用返还操作发起后，可能需要一定的时间才能到账。

终止订阅的样例代码如下：

```java
public static String withdrawSubscription(String subscriptionId, String purchase
    Token) throws Exception {
    String appAt = AtDemo.getAppAT();
    Map<String, String> headers = AtDemo.buildAuthorization(appAt);

    Map<String, String> bodyMap = new HashMap<>();
    bodyMap.put("subscriptionId", subscriptionId);
    bodyMap.put("purchaseToken", purchaseToken);

    String msgBody = JSONObject.toJSONString(bodyMap);

    String response = AtDemo.httpPost(ROOT_URL + "/sub/applications/v2/purchases/
        withdrawal",
        "application/json; charset=UTF-8", msgBody, 5000, 5000, headers);

    System.out.println(response);
    return response;
}
```

下面是本示例使用接口的 API 参考。

（1）接口原型

承载协议：HTTPS POST。

接口方向：App Server → IAP Server。

接口 URL：{rootUrl}/sub/applications/{apiVersion}/purchases/withdrawal，rootUrl 在不同站点有不同的 URL：开发者应固定选择最近站点的 Subscription 服务地址访问。

数据格式：请求消息——Content-Type: application/json；响应消息——Content-Type: application/json。

（2）请求参数（见表 5-15）

表 5-15　请求参数表

参数名称	必选（M）/ 可选（O）	数据类型	参数描述
subscriptionId	M	String	订阅 ID
purchaseToken	M	String	商品的已购买 Token，发起购买和查询订阅信息均会返回

（3）响应参数（见表 5-16）

表 5-16　响应参数表

参数名称	必选（M）/ 可选（O）	数据类型	参数描述
responseCode	M	String	返回码。0：成功；其他：失败，具体参考接口错误码
responseMessage	O	String	响应描述

7. 查询退订和退费记录

如果用户希望通过 App 查看近期订阅型商品的取消或退费记录，开发者 App Server 可以调用华为 IAP Server 提供的"已取消或者退费购买查询接口"进行查询，查询的时间范围为最近一个月内。

> 注意　为避免批量查询的性能问题，并且 HTTPS 服务本身安全性高，因此返回的购买信息不包含签名信息。

查询退订和退费的示例代码如下：

```
public static void cancelledListPurchase(Long endAt, Long startAt, Integer maxRows,
    Integer type,
                                          String continuationToken) throws Exception {
    String appAt = AtDemo.getAppAT();
    Map<String, String> headers = AtDemo.buildAuthorization(appAt);

    Map<String, Object> bodyMap = new HashMap<>();
    bodyMap.put("endAt", endAt);
    bodyMap.put("startAt", startAt);
    bodyMap.put("maxRows", maxRows);
    bodyMap.put("type", type);
    bodyMap.put("continuationToken", continuationToken);

    String msgBody = JSONObject.toJSONString(bodyMap);
```

```
    String response = AtDemo.httpPost(ROOT_URL + "/applications/v2/purchases/cancelle
        dList",
            "application/json; charset=UTF-8", msgBody, 5000, 5000, headers);
    System.out.println(response);
}
```

下面是本示例使用接口的 API 参考。

（1）接口原型

承载协议：HTTPS POST。

接口方向：App Server → IAP Server。

接口 URL：{rootUrl}/applications/{apiVersion}/purchases/cancelledList。

rootUrl 在不同站点有不同的 URL：开发者应固定选择最近站点的 Order 服务地址访问。

数据格式：请求消息——Content-Type: application/json ；响应消息——Content-Type: application/json。

（2）请求参数（见表 5-17）

表 5-17　请求参数表

参数名称	必选（M）/ 可选（O）	数据类型	参数描述
endAt	O	Long	希望查询最近被取消或者退费的购买，基于 UTC 时间戳。在输入 continuationToken 情况下忽略，不能超过当前时间，默认值为当前时间；endAt 必须大于等于 startAt
startAt	O	Long	希望查询最近被取消或者退费的购买，基于 UTC 时间戳。在输入 continuationToken 情况下忽略，不能超过当前时间，默认值为当前时间；endAt 必须大于等于 startAt
maxRows	O	Integer	大于 0，当前查询返回的最大条数，默认值为 1000，最大值也为 1000
continuationToken	O	String	输入上次查询返回的 Token 以查询下一页数据
type	M	Integer	查询类别，在输入 continuationToken 情况下忽略：0——查询消费和非消费型商品的购买信息，也是默认值1——查询消费、非消费型以及订阅型商品的购买信息

（3）响应参数（见表 5-18）

表 5-18　响应参数表

参数名称	必选（M）/ 可选（O）	数据类型	参数描述
responseCode	M	String	返回码。0：成功；其他：失败。具体参考接口错误码
responseMessage	O	String	响应描述
cancelledPurchaseList	O	String	被取消或者退费的购买信息列表，格式为 JsonString，其中每个 String 表示一个购买信息，购买信息格式参考表 cancelledPurchase
continuationToken	O	String	表示下一页数据，如果返回，可以输入下一次查询请求，以此查询下一页数据

8. 接收订阅关键事件通知

开发者可以在 AppGallery Connect 上配置 App Server 的回调地址，用于接收华为 IAP Server 发送的订阅关键事件通知，如图 5-36 所示。另外，通知地址必须基于 HTTPS 协议并且配置有商业域名机构颁发的证书。接收订阅通知详情可参考订阅关键事件通知接口文档[一]。

图 5-36　配置订阅通知地址

实现接收订阅通知示例代码如下：

```
/**
 * 处理通知信息
 *
 * @param information 请求内容
 */
public static String dealNotification(String information) throws Exception {
    if (StringUtils.isEmpty(information)) {
        return "";
    }
    // 从 IAP Server 回调的信息里解析出请求对象
    StatusUpdateNotificationRequest request = MAPPER.readValue(information, Status
        UpdateNotificationRequest.class);
    StatusUpdateNotificationResponse response = new StatusUpdateNotificationRe
        sponse();

    if (StringUtils.isEmpty(request.getNotifycationSignature())
        || StringUtils.isEmpty(request.getStatusUpdateNotification())) {
        response.setErrorCode("1");
        response.setErrorMsg("the notification message is empty");
        return response.toString();
    }

    // 验证数据有效性
    boolean isCheckOk =
```

㊀ 订阅关键事件通知接口文档：https://developer.huawei.com/consumer/cn/doc/development/HMS-References/iap-SubscribeToKeyEventNotifications-v4。

```
        doCheck(request.getStatusUpdateNotification(), request.getNotifycation
            Signature(), PUBLIC_KEY);
if (!isCheckOk) {
    response.setErrorCode("2");
    response.setErrorMsg("verify the sign failure");
    return response.toString();
}

// 自定义内容实现
StatusUpdateNotification statusUpdateNotification =
    MAPPER.readValue(request.getStatusUpdateNotification(), StatusUpdateNo
        tification.class);
int notificationType = statusUpdateNotification.getNotificationType();
switch (notificationType) {
    // 订阅的第一次购买行为
    case NotificationType.INITIAL_BUY:
        break;
    // 客服或者 App 撤销了一个订阅
    case NotificationType.CANCEL:
        break;
    // 一个已经过期的订阅自动续期成功
    case NotificationType.RENEWAL:
        break;
    // 用户主动恢复一个已经过期的订阅
    case NotificationType.INTERACTIVE_RENEWAL:
        break;
    // 用户选择组内其他选项并且在当前订阅到期后生效，当前周期不受影响
    case NotificationType.NEW_RENEWAL_PREF:
        break;
    // 订阅服务续期被用户、开发者或者华为账号停止，已经收费的服务仍然有效
    case NotificationType.RENEWAL_STOPPED:
        break;
    // 用户主动恢复了一个订阅商品，续期状态恢复正常
    case NotificationType.RENEWAL_RESTORED:
        break;
    // 表示一次续期收费成功，包括优惠、免费试用和沙箱
    case NotificationType.RENEWAL_RECURRING:
        break;
    // 表示一个已经到期的订阅进入账号保留期
    case NotificationType.ON_HOLD:
        break;
    // 用户设置暂停续期计划后，到期后订阅进入 Paused 状态
    case NotificationType.PAUSED:
        break;
    // 用户设置了暂停续期计划
    case NotificationType.PAUSE_PLAN_CHANGED:
        break;
    // 用户同意了涨价
    case NotificationType.PRICE_CHANGE_CONFIRMED:
        break;
    // 订阅的续期时间已经延期
```

```
        case NotificationType.DEFERRED:
            break;
        default:
            break;
    }

    response.setErrorCode("0");
    response.setErrorMsg("success");
    return response.toString();
}
```

下面是本示例使用接口的 API 参考。

（1）接口原型

承载协议： HTTPS POST。

接口方向： IAP Server → App Server。

接口 URL： URL 由开发者在申请支付服务时配置。

数据格式： 请求消息——Content-Type：application/json；响应消息——Content-Type：application/json。

（2）请求参数（见表 5-19）

表 5-19　请求参数表

参数名称	必选（M）/ 可选（O）	类型	参数说明
statusUpdateNotification	M	String	通知消息，格式为 JSON 字符串，具体请参考表 status-UpdateNotification
notifycationSignature	M	String	对 statusUpdateNotification 字段的签名字符串，签名算法为 SHA256withRSA。App Server 在收到签名字符串后，需要参考对响应消息验签的方法，使用支付公钥对 statusUpdateNotification 的 JSON 字符串进行验签。公钥获取参考查询支付服务信息

表 5-20 是 statusUpdateNotification 的参数说明。

表 5-20　statusUpdateNotification 说明

参数名称	必选（M）/ 可选（O）	类型	参数说明
environment	M	String	发送通知的环境。PROD：正式环境；SandBox：沙盒测试
notificationType	M	Integer	通知事件的类型。具体请参考表 notificationType
subscriptionId	M	String	订阅 ID
cancellationDate	O	Long	时间戳，仅在 notificationType 取值为 CANCEL 的场景下会传入
orderId	M	String	订阅续费收款订单号
latestReceipt	O	String	最近的一笔收据的 Token，仅在 notificationType 取值为 INITIAL_BUY、RENEWAL 或 INTERACTIVE_RENEWAL 并且续期成功情况下传入

（续）

参数名称	必选（M）/ 可选（O）	类型	参数说明
latestReceiptInfo	O	String	最近的一笔收据，JSON 字符串格式，包含的参数请参见 InAppPurchaseDetails，在 notificationType 取值为 CANCEL 时无值
latestReceiptInfoSignature	O	String	对 latestReceiptInfo 的签名字符串，签名算法为 SHA256 withRSA。App Server 在收到签名字符串后，需要参考对响应消息验签的方法，使用支付公钥对 latestReceiptInfo 的 JSON 字符串进行验签。公钥获取参考查询支付服务信息
latestExpiredReceipt	O	String	最近的一笔过期收据的 Token，仅在 notificationType 取值为 RENEWAL 或 INTERACTIVE_RENEWAL 时有值
latestExpiredReceiptInfo	O	String	最近的一笔过期收据，JSON 字符串格式，在 notification-Type 取值为 RENEWAL 或 INTERACTIVE_RENEWAL 时有值
ltestExipiredReceiptSignature	O	String	对 latestExpiredReceiptInfo 的签名字符串，签名算法为 SHA256-withRSA。App Server 在收到签名字符串后，需要参考对响应消息验签的方法，使用支付公钥对 latestExpiredReceiptInfo 的 JSON 字符串进行验签。公钥获取参考查询支付服务信息
autoRenewStatus	M	Integer	续期状态。取值说明： 1——当前周期到期后正常续期 0——用户已终止续期
refundPayOrderId	O	String	退款订单号，在 notificationType 取值为 CANCEL 时有值
productId	M	String	订阅商品 ID
applicationId	O	Long	应用 ID
expirationIntent	O	Integer	超期原因，仅在 notificationType 为 RENEWAL 或 INTERA CTIVE_RENEWAL 时并且续期成功情况下有值

表 5-21 是 notificationType 的参数说明。

表 5-21 notificationType 参数说明

取值	取值说明
INITIAL_BUY(0)	Integer，订阅的第一次购买行为
CANCEL(1)	Integer，客服或者 App 撤销了一个订阅，通过 cancellationDate 可以获得撤销时间（表示退款）
RENEWAL(2)	Integer，一个已经过期的订阅自动续期成功，可以通过收据中的"过期时间"获得下次续期时间
INTERACTIVE_RENEWAL(3)	Integer，用户主动恢复一个已经过期的订阅，或者用户在一个已经过期的商品订阅上切换到其他选项，成功后服务马上生效
NEW_RENEWAL_PREF(4)	Integer，顾客选择组内其他选项并且在当前订阅到期后生效，当前周期不受影响，即降级、跨级在下个周期生效的场景。通知会携带上次有效收据和新的订阅信息，包括商品、订阅 ID
RENEWAL_STOPPED(5)	Integer，订阅服务续期被用户、开发者或者华为账号停止，已经收费的服务仍然有效。通知内容中包含最近收据、商品、应用、订阅 ID 和订阅 Token 等信息

（续）

取值	取值说明
RENEWAL_RESTORED(6)	Integer，用户主动恢复了一个订阅商品，续期状态恢复正常。通知内容中包含最近收据、商品、应用、订阅 ID 和订阅 Token 等信息
RENEWAL_RECURRING(7)	Integer，表示一次续期收费成功，包括优惠、免费试用和沙箱。通知内容中包含最近收据、商品、应用、订阅 ID 和订阅 Token 等信息。注意：取值为 INITIAL_BUY、RENEWAL、INTERACTIVE_RENEWAL 情况下，不会有 RENEWAL_RECURRING，因为它们本身就表示一次成功的续期
IN_GRACE_PERIOD(8)	Integer，表示订阅已经到期，但是启用了 Grace 期限。注意：当前不支持
ON_HOLD(9)	Integer，表示一个已经到期的订阅进入账号保留期。注意：由于当前不支持 Grace，所以一个订阅到期后直接进入账号保留期
PAUSED(10)	Integer，顾客设置暂停续期计划后，到期后订阅进入 Paused 状态
PAUSE_PLAN_CHANGED(11)	Integer，顾客设置了暂停续期计划
PRICE_CHANGE_CONFIRMED(12)	Integer，顾客同意了涨价
DEFERRED(13)	Integer，订阅的续期时间已经延期

（3）响应参数（见表 5-22）

表 5-22　响应参数表

参数名称	必选（M）/ 可选（O）	类型	参数含义
errorCode	O	String	处理失败错误码。错误码由开发者自行定义
errorMsg	O	String	失败原因描述

5.8　小结

本章介绍了华为 IAP 的主要功能：管理支付商品、购买商品、处理已购商品。实战操作中，我们在 AppGallery Connect 上配置了商品信息，然后通过支付 SDK 的接口获取商品信息，并在应用内把商品信息显示出来，快速搭建出商品管理系统。在展示完商品信息后，我们还介绍了一整套完整的购买商品流程。针对消耗型商品、非消耗型商品和订阅型商品，介绍了如何发起购买以及确认交易。为了保障用户权益，应用需要实现补单机制，防止异常流程下导致用户利益受损。在购买完成后，还介绍了针对已购商品的对应服务。对于非订阅商品，介绍了订单查询功能，对于订阅商品，介绍了管理订阅功能。在完成 IAP 功能开发的同时，凭借华为 IAP 提供的沙盒测试功能，开发者可以非常方便地测试华为 IAP 的接入。在开发者应用有服务端的场景下，开发者使用华为 IAP 服务端提供的接口，还可以进一步拓展业务，为用户定制更加完善的功能。下一章将介绍如何为宠物商城 App 集成 Push Kit，开发者可以通过 Push Kit 推送消息给用户，提高留存率和激活用户。

第 6 章

Push Kit 开发详解

对于开发者来说，无论是增加应用曝光，还是拉新促活用户，消息推送都是非常重要的运营手段。它可以帮助你的应用快速提升用户感知，维持用户与应用的黏性，进而提升用户的转化率、留存率与活跃度。而在实际情况下，消息推送往往面临着消息丢失、失效，吸引力不够或者无法精确触达目标用户等一系列问题。针对这些问题，华为推送服务做了大量的优化工作。Push Kit（华为推送服务）是华为公司为开发者提供的消息推送平台，建立了从云端到终端的大容量消息推送通道，可以帮助开发者进行平稳、快速的消息推送。同时，Push Kit 还支持基于事件行为、用户属性以及自定义方式的推送，确保消息可以准确地推送给目标用户。在消息的样式方面，华为推送服务支持文本、Inbox、按钮、自定义图标铃声等多种样式，并且会自动根据终端系统设置的语言来进行消息呈现。通过 Push Kit，开发者可以获得快速稳定、精准高效，形式多样的消息服务，进而构筑良好的用户关系。

Push Kit 概览如图 6-1 所示。

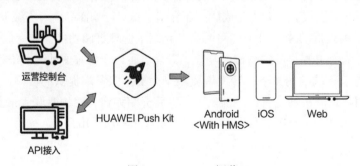

图 6-1　Push Kit 概览

在发送端，Push Kit 支持两种推送方式：

1）通过 AppGallery Connect 提供的 Push 运营控制台推送；

2）通过 Push Server 提供的 API 进行推送。

在接收端，Push Kit 覆盖了 Android 应用、iOS 应用、Web 应用等多种应用形态。

以宠物商城 App 为例，为了方便用户快速获得他们所感兴趣的宠物商品信息，我们将在 App 中集成 Push Kit，并在用户感兴趣的宠物商品上新或有会员用户优惠活动时，发送 Push 消息给用户，及时提醒用户购买他们需要的商品。

6.1　功能原理分析

Push Kit 通过内嵌在 EMUI 系统层的 Push 模块，实现设备和 Push Server 之间的长连接通道，从而保证推送服务的在线到达率在 99% 以上。

Push Kit 由 4 个主要部件构成：AppGallery Connect、Push Server、端侧 Push、Push SDK。

1）AppGallery Connect 为 App 运营人员提供 Push 消息推送管理界面。

2）Push Server 是华为提供的云侧服务。

3）端侧 Push 是推送服务在端侧的统称，包括 HMS Push、NC（Notification Center）和系统 Push。其中，系统 Push 作为内置在 EMUI 系统的组件之一，是实现 Push 功能的核心部件，因此下文中也使用系统 Push 代指端侧 Push。

4）Push SDK 是由华为提供，由开发者集成到其应用中的端侧 SDK。

在 Push Server 与系统 Push 之间，华为维持了一个长连接的通道，从云侧推送的消息通过该通道可以安全、及时地到达端侧。Push Kit 使用 Push Token 来唯一标识设备上的某个 App 应用，从而帮助开发者精准触达用户，提升活跃度。

---

 ① HMS Push 在华为设备中负责对 App 调用 Push Kit 的能力进行鉴权。

② Notification Center 是 Push Kit 的统一消息中心，负责展示设备收到的通知消息。

Push Kit 原理图如图 6-2 所示。

图 6-2 中的数字编号表示完成消息推送的一些关键步骤，下面先对各个步骤做整体介绍，具体步骤将在后面详细介绍。

①～④展示 Push Token 申请过程。开发者的 App 启动时需要调用 Push SDK 申请 Push Token，Push Server 将产生的 Push Token 返回给开发者的 App，而步骤⑤则是 App 将 Push Token 上传到开发者的 App Server，以便在步骤 10 进行消息推送。

⑥～⑨展示主题订阅过程。App 调用 Push SDK 订阅主题，Push Server 将主题与 Push

Token 绑定后，将订阅结果返回给 App。

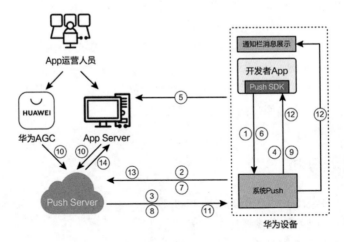

图 6-2　Push Kit 原理

⑩～⑫展示消息推送过程。App 运营人员通过华为 AppGallery Connect 或开发者的 App Server 端进行消息推送，消息经过 Push Server 到达系统 Push 后，由系统 Push 判断消息类型，如果是"通知栏消息"，则直接将消息展示在通知栏；如果是"透传消息"，则直接通过 Push SDK 将消息内容传递给 App，对于两类消息的详细解释，我们将在 6.5 节进行介绍。

⑬～⑭展示消息回执过程。系统 Push 将收到的消息结果反馈给 Push Server，Push Server 以回执消息的形式将消息推送结果反馈给开发者的 App Server。

了解了 Push Kit 的功能原理后，下面就详细讲述如何在宠物商城 App 中集成并使用 Push Kit。

6.2　开发准备

本节主要介绍推送服务的接入流程和接入前的准备工作，通过本节的学习，你将会了解如何接入 Push Kit。

在接入推送服务之前，相信你已经注册成为华为开发者，在 AppGallery Connect 上创建了宠物商城 App，并为其配置了证书指纹，而且为代码工程配置了混淆脚本。在此基础上，我们来介绍剩余的两项准备工作：开通推送服务、集成 Push SDK。

6.2.1　开通推送服务

开通推送服务的方法：打开 AppGallery Connect 网站"我的应用"中的 HMSPetStore-

App 应用页面, 在"我的应用"下拉选项中选择"我的项目"选项, 打开左侧"增长"选项区域, 点击"推送服务"选项, 点击"立即开通"按钮, 开通推送服务, 如图 6-3 所示。

图 6-3　开通推送服务

此时, 服务状态变为"已开通"。点击"配置"标签页, 可以看到其他服务, 如"回执状态", 将在 6.7 节进行讲解。"iOS 推送配置""Web 推送配置"和"接收上行消息", 本章不做详解, 开发者可以通过查询开发者联盟官方网站的开发文档进行详细了解。Push 服务开通后的界面效果如图 6-4 所示。

6.2.2　集成 Push SDK

通过前面章节的学习, 相信你已经了解, 在集成 Push SDK 之前, 需要从 AppGallery Connect 上下载 agconnect-services.json 文件, 并将该文件放到项目的 app 级目录下, 具体方法前面的章节已经介绍过, 此处不再赘述。完成这一步骤后, 接下来配置对 Push SDK 的依赖。打开项目的 app 级目录下的 build.gradle 文件, 找到 dependencies 段, 在该段最后添加如下代码:

```
implementation 'com.huawei.hms:push:{version}'
```

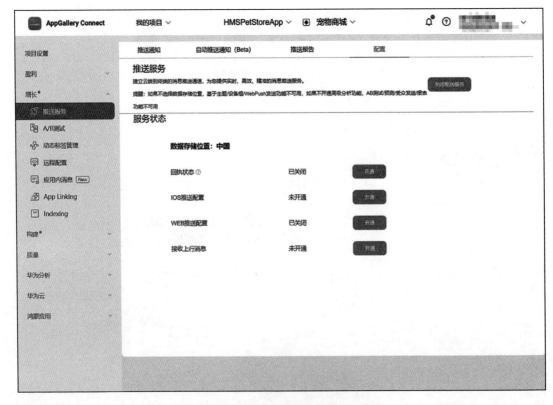

图 6-4 开通推送服务后效果

　　其中 {version} 是 Push SDK 的版本号，最新的版本号可以在华为开发者联盟的开发文档中获取。以 4.0.1.300 版本号为例，集成后的代码如下所示。

```
dependencies {
    implementation fileTree(dir: 'libs', include: ['*.jar'])
    implementation 'androidx.appcompat:appcompat:1.1.0'
    // 省略部分配置
... ...
    // 配置 Push SDK 的依赖
    implementation 'com.huawei.hms:push:4.0.1.300'
}
```

　　配置完成以后，单击右上角的 Sync Now 按钮，进行同步。至此，Push Kit 的开发前准备工作就已经全部做完了，下面进入正式的功能开发环节。

6.3　获取 Push Token

Push Token 是 Push Kit 能够精准触达用户的关键，Push Token 唯一地标识了一台终端设备上的某一个 App。Push Kit 就是通过 Push Token 从云端将消息精确地推送到每一台终端设备。如果把推送消息比作寄送快递，那么 Push Token 便是包裹上的收件地址。下面来了解如何请求并接收 Push Token。

6.3.1　请求 Push Token 流程

请求 Push Token 的流程如图 6-5 所示。为了便于理解，图中将获取 Push Token 的流程使用虚线一并呈现。

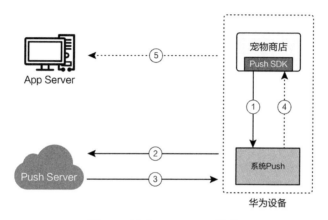

图 6-5　请求 Push Token 流程

具体请求 Push Token 的流程分析如下。

① 用户打开宠物商城 App，Push SDK 向系统 Push 发起 Token 请求。

② 系统 Push 通过鉴权模块校验 App 的证书指纹后，向 Push Server 发起 Token 请求。

③ Push Server 生成 Token 后，返回给系统 Push。

④ 系统 Push 接收到 Token 后，将 Token 和应用的包名保存到其他数据库中（以便 App 下次请求 Token 时，直接返回结果），并将 Token 传递给 App。

介绍完如何请求 Push Token 后，接下来看一下如何接收 Push Token。

6.3.2　接收 Push Token 流程

对于有 App Server 的应用，在应用接收到 Push Token 后，就可以将 Push Token 上报到 App Server，在需要推送消息时，App Server 就可以指定 Push Token，并通过华为 Push Server 提供的服务端 API，向用户推送消息。

接收 Push Token 的流程如图 6-6 所示。为了便于理解，图中将接收 Push Token 的流程使用虚线一并呈现。

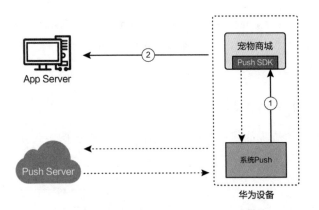

图 6-6　接收 Push Token 流程

具体接收 Push Token 流程分析如下。

① 系统 Push 接收到 Push Server 返回的 Push Token 后，将 Token 返回给 Push SDK。最终，Push SDK 将 Push Token 传递给 App。

② 宠物商城 App 接收 Push Token 后，将 Push Token 上传至 App Server，以便后续可以通过 App Server 向用户推送消息。

需要注意的是，在步骤①中，华为 Push SDK 采用两种方式接收 Push Token。

方式 1：在 EMUI 10.0 及以上版本的华为设备上，直接调用 Push SDK 提供的 getToken 方法获取 Token，该方式下 getToken 方法直接返回 Token。

方式 2：在 EMUI 10.0 以下版本的华为设备上，开发者通过继承 Push SDK 提供的 HmsMessageService 类，并覆写 onNewToken 方法来获取 Token。该方式下，系统 Push 在获取到 Token 时，会触发 onNewToken 方法来上报 Token 给 Push SDK。

在实际的编码中，为了兼顾不同的 EMUI 版本的设备，开发者需要同时实现方式 1 和方式 2。同时，需要注意的是，在某些场景下，getToken 请求的返回值会被设置为空值，因此开发者要做好异常保护和判空的处理。

6.3.3　实战编码

获取 Push Token 是向 App 推送消息的前提条件，我们需要在 App 创建时就发起获取 Token 请求。因此，我们在应用的首页 MainAct.java 的 onCreate 方法中发起获取 Token 的请求。具体代码如下，先在 MainAct.java 中调用初始化操作，并发起获取 Token 请求。

```
@Override
protected void onCreate(Bundle savedInstanceState) {
    super.onCreate(savedInstanceState);
    setContentView(R.layout.activity_main);
```

```
    // 调用初始化操作
    PushService.init(MainActivity.this);
}
```

为了使代码更为简洁明了，我们将与 Push SDK 交互的代码集中编写在 PushService.
java 中，并在 PushService.java 中的 init 方法中调用 getToken 方法。

```
public static void init(final Context context) {
    // 发起 Token 请求
    getToken(context);
        }
private static void getToken(final Context context){
    // 因为耗时较长，启动子线程来执行
    new Thread() {
        @Override
        public void run() {
            // getToken 方法存在获取失败的可能，如证书指纹没有在 AppGallery Connect 配置
            //（错误码 6003），此时会抛 ApiException 异常，错误信息在 Exception 的 message 中
            try {
                // 从 app 目录下的 agconnect-services.json 文件中读取
                // app_id 字段，用于应用的证书指纹校验
                String appId = AGConnectServicesConfig.fromContext(context).
                    getString("client/app_id");
                String pushToken = HmsInstanceId.getInstance(context).get
                    Token(appId, "HCM");
                // pushToken 有可能为空，这种情况下 Push Token 是 Push SDK 通过
                // App 覆写的 onNewToken 方法的 Token 参数传递给 App 的
                if(!TextUtils.isEmpty(pushToken)) {
                    // 在 EMUI10.0 及以上版本的手机上 pushToken 非空，
                    // 日志打印获取到的 Push Token
                    Log.i(TAG, "Push Token:" + pushToken);
                    // 将 Token 上传到 App Server
                    uploadToken(pushToken);
                }
            } catch (Exception e) {
                Log.e(TAG,"getToken failed, Exception: " + e.toString());
            }
        }
    }.start();
}
```

上面的代码已经完成了获取 Token 的动作。6.3.2 节介绍了两种 Push Token 接收方式。第一种方式是通过 Token 方法获得返回值，此时发起 Token 请求与接收 Token 是在同一个方法中完成的。下面接着实现接收 Push Token 的第二种方式。在实际的应用开发中，上述两种接收 Push Token 的方式都需要实现。

第二种方式下，系统 Push 通过调用 start Service 的方式将 Push Token 传递给 Push SDK，因此需要开发者在编码时创建 Service，并继承 Push SDK 提供的 HmsMessageService。本书

中继承 HmsMessageService 的子类名称为 PushService,代码如下:

```
public class PushService extends HmsMessageService {
    private static final String TAG = "HmsPetStore";
    @Override
    public void onNewToken(String pushToken) {
        // 在版本低于 EMUI10.0 的手机上 pushToken 非空,打印获取到的 Token
        Log.i(TAG, "Push Token:" + pushToken);
        // 将 Token 上传到 App Server
        uploadToken(pushToken);
    }
}
```

在 AndroidManifest.xml 中声明继承类 PushService,代码如下:

```
<service
    android:name=".PushService"
    android:exported="false">
    <intent-filter>
        <action android:name="com.huawei.push.action.MESSAGING_EVENT" />
    </intent-filter>
</service>
```

至此,我们完成了 Push Kit 中获取 Push Token 的关键部分的编码,接下来可以尝试将宠物商城 App 安装到手机上,并通过 AppGallery Connect 网站的消息推送页面测试一下代码。

6.3.4 快速测试

在快速测试之前,先来介绍华为推送支持的两种类型的消息:一是"通知栏消息",该类消息推送到设备后,由系统 Push 直接在通知栏展示,App 不参与该过程,从而减少了调用 App 的电量消耗;二是"透传消息",消息推送到设备后,由系统 Push 将消息转给 App,由 App 自行决定对消息的后续处理。因为是快速测试,我们选择比较简单的"通知栏消息",并介绍如何在 AppGallery Connect 网站基于 Push Token 推送"通知栏消息"的详细步骤。

1)通过 Android Studio 来编译并调测宠物商城 App,在上面的代码中,我们将 App 启动时申请到的 Push Token 打印在日志中,这个 Push Token 后续用于测试消息推送,因此需要提前保存好,如图 6-7 所示。

图 6-7 日志打印 Push Token 图

2)登录到 AppGallery Connect 网站,进入宠物商城 App 的"添加推送通知"页面,如图 6-8 所示。

图 6-8　"添加推送通知"页面

3）在"添加推送通知"页面构建一条测试消息，这里我们选择"通知消息"单选按钮，完成相应字段的填写后，点击"效果测试"按钮，并将步骤 1 中保存的 Push Token 填入弹窗的"输入 Token"框中，点击"确定"按钮推送测试消息，如图 6-9 所示。

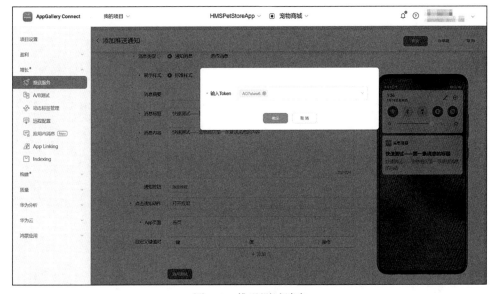

图 6-9　推送测试消息

4）端侧会立即接收到这一条推送消息，并展示在通知栏中，如图 6-10 所示。

至此，我们已经成功地发送了一条通知栏消息。下面将详细介绍如何通过 Push Kit 订阅推送主题，并及时获取更新。

6.4 订阅主题

所谓推送主题，是指由开发者定义的、用于精确区分 App 用户群的标识。通过推送主题，App 可以精准、差异化地向用户推送不同的消息内容。订阅主题功能需要开发者在 AppGallery Connect 的页面上为其应用设置数据存储地，目前华为在全球范围内为开发者提供 4 个站点供选择：德国、新加坡、中国、俄罗斯，建议开发者按照应用所服务的用户所在地来设置对应的数据存储位置，具体的设置方法可以参考开发者联盟官网的 Push 开发文档，此处不再赘述。

我们在 6.3 节已经为宠物商城 App 申请了 Push Token，下面来介绍如何订阅推送主题，以及 Push Token 是怎样和推送主题关联的。

图 6-10　手机展示测试消息

6.4.1 订阅主题流程

让我们先来看下订阅主题的流程，如图 6-11 所示。

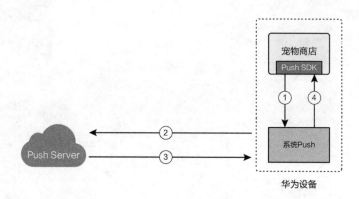

图 6-11　订阅主题流程

具体订阅主题流程分析如下。

① 用户浏览 App 上不同的内容，开发者应用调用 Push SDK 发起订阅请求。同时，App 注册接收订阅结果的回调方法 onComplete。

② Push SDK 向系统 Push 发起订阅请求，系统 Push 通过鉴权模块校验 App 的证书指纹后，收集 App 包名、Push Token、主题名等信息后，向 Push Server 发起订阅请求。

③ Push Server 检查主题名是否已经存在。如果已经存在，则将 Push Token 映射到该主题名下；如果主题名不存在，则先创建该主题，然后将 Push Token 映射到该主题名下。最后将订阅结果返回给系统 Push。

④ 系统 Push 将订阅结果返回给 Push SDK，Push SDK 回调宠物商城 App 的 onComplete 方法，把订阅结果返回给 App。

需要说明的是，对于有 App Server 的应用，在 App 收到 Push SDK 返回的订阅结果后，可以进一步将订阅的主题和当前登录的用户账号绑定，并保存在 App Server；以便在用户更换设备登录时，可以根据登录的账号来恢复订阅主题或者退订主题，开发者可以根据实际的业务场景做其他的业务定制。退订主题的流程和订阅主题的流程相同，本节就不再重复说明，下面我们进行主题订阅和退订的实战编码。

6.4.2　实战编码

我们继续在 PushService.java 中实现订阅主题的功能，包括发起主题订阅、监听订阅结果以及订阅结果的处理。

```java
public static void subscribe(final Context context, final String topic) {
    // 防止重复订阅，如果重复订阅则中止流程
    if (isSubscribed(context, topic)) {
        return;
    }
    // 单独创建子线程，防止在主线程被调用时而出现 ANR (应用程序无响应)
    new Thread() {
        @Override
        public void run() {
        // 订阅过程有可能出现异常，此情况下需要捕获异常，方便问题定位
            try {
            // 订阅主题，同时添加监听器，实现回调方法 OnComplete
            HmsMessaging.getInstance(context).subscribe(topic).addOnCompleteListener
            (new OnCompleteListener<Void>() {
                    @Override
                    public void onComplete(Task<Void> task) {
                        boolean isSuccessful = task.isSuccessful();
                        Log.i(TAG, "subscribe " + topic + (isSuccessful ? "success" :
                            "failed, Exception: " + task.getException().toString()));
                        // 将订阅的主题持久化
```

```
            if (isSuccessful) {
                PushSharedPreferences.saveTopic(context, topic);
            }
        }
    });
} catch (Exception e) {
    Log.e(TAG, "subscribe " +
        topic + " failed, Excep-
        tion: " + e.toString());
}
}
}.start();
}
```

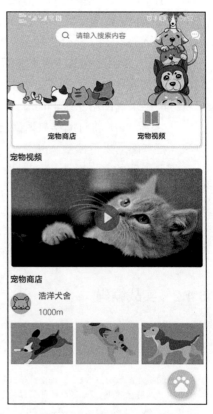

图 6-12　宠物商城 App 首页

这里，我们将业务逻辑设计为用户在点击"宠物商店""宠物视频"以及购买会员时，触发主题订阅。App 界面如图 6-12 所示。

当用户点击"宠物商店"按钮时，触发订阅 PetStore 主题，代码如下：

```
// 为按钮添加监听，并实现 OnClick 方法
findViewById(R.id.main_petStore).setOnClick
    Listener(new View.OnClickListener() {
    @Override
    public void onClick(View v) {
        // 如果用户已经登录，且点击了按钮，触发订阅
        if (LoginUtil.isLogin(MainAct.this)) {
            // 调用上面的 Subscribe 方法订阅 Pet
            // Store 主题
            PushService.subscribe(MainAct.
                this, PushConst.TOPIC_STORE);
        }
        // 无论订阅是否成功，都触发跳转
        if (LoginUtil.loginCheck(MainAct.this)) {
            startActivity(new Intent(MainAct.this, PetStoreSearchActivity.class));
        }
    }
});
```

用户点击"宠物视频"按钮时，触发订阅 PetVedio 主题，代码如下：

```
findViewById(R.id.main_petVideo).setOnClickListener(new View.OnClickListener() {
    @Override
    public void onClick(View v) {
        // 判断用户是否登录
        if (LoginUtil.isLogin(MainAct.this)) {
            // 订阅 PetVedio 主题
```

```
        PushService.subscribe(MainAct.this, PushConst.TOPIC_VEDIO);
        }
        if (LoginUtil.loginCheck(MainAct.this)) {
            startActivity(new Intent(MainAct.this, PetVideoAct.class));
        }
    }
});
```

在用户购买会员成功时，触发订阅 VIP 主题，代码如下：

```
// 购买会员成功
if (buyResultInfo.getReturnCode() == OrderStatusCode.ORDER_STATE_SUCCESS) {
    // 订阅 VIP 主题
    PushService.subscribe(getApplicationContext(), PushConst.TOPIC_VIP);
    PurchasesOperation.deliverProduct(this, buyResultInfo.getInAppPurchaseData(),
        buyResultInfo.getInAppDataSignature());
    return;
}
```

需要提醒的是，单个应用的主题个数限制是 2000 个，因此开发者在开发应用时，需要对主题进行合理规划。至此，我们完成了主题订阅部分的代码实战，为后面基于主题的消息推送做好了准备。

在上面的代码中，我们做了用户登录状态的判断，在用户登录之后才触发订阅主题。因此，这些主题是与登录的账号绑定的。在用户退出登录时，我们需要将这些主题退订。

下面将给出在 PushService.java 中实现退订主题的代码。

```
public static void unsubscribe(final Context context, final String topic) {
    new Thread() {
        @Override
        public void run() {
            try {
            // 退订主题、添加监听器、实现 OnComplete 方法
            HmsMessaging.getInstance(context).unsubscribe(topic).addOnComplete
                Listener(new OnCompleteListener<Void>() {
                    @Override
                    public void onComplete(Task<Void> task) {
                    // 打印日志，判断是否退订成功
                    Log.i(TAG, "unsubscribe " + topic + (task.isSuccessful() ?
                        "success" : "failed, Exception: " + task.
                        getException().toString()));
                    }
                });
            } catch (Exception e) {
                Log.e(TAG, "unsubscribe " + topic + " failed, Exception: " +
                e.toString());
```

```
            }
        }
    }.start();
}
```

用户在退出登录时，App 读取用户已订阅的主题，发起主题退订。

```
private void onExitLogin() {
    SPUtil.put(this, SPConstants.KEY_LOGIN, false);
    SPUtil.put(this, SPConstants.KEY_PASSWORD, "");
    // 用户退出登录，清除 Push 数据
    pushClear();
    finish();
}

private void pushClear() {
    Context context = getApplicationContext();

    Map<String, String> topics = PushSharedPreferences.readTopic(context);
    for (String topic : topics.keySet()) {
        // 退订所有主题
        PushService.unsubscribe(context, topic);
    }
    // 清除本地保存的所有主题
    PushSharedPreferences.clearTopic(context);
    // 清除本地保存的所有应用内消息
    PushSharedPreferences.clearMessage(context);
    // 重置通知消息开关，设置为打开
    PushSharedPreferences.saveConfig(context, PushConst.PUSH_MESSAGE_SWITCH, String.
        valueOf(true));
    PushService.turnOnOff(context, true);
}
```

6.5　AppGallery Connect 推送

本节主要介绍如何在 AppGallery Connect 完成基于主题的消息推送。在前面的原理分析中我们已经了解到，Push Kit 提供了两种不同类型的推送消息：一是"通知栏消息"；二是"透传消息"。在宠物商城 App 中，我们将基于不同的主题构造不同的消息内容，分别推送到通知栏和 App 内，以便说明两者之间的差异。

6.5.1　推送到通知栏

本节主要介绍如何在 AppGallery Connect 基于主题推送"通知栏消息"。App 不参与

"通知栏消息"从推送到展示的整个过程。只在用户点击该消息或者点击消息中携带的按钮时才会跳转到 App 的首页或内页。由此可见，该过程不需要开发者进行任何代码编写，节省了开发者的工作量。

开发者可以设定如下 2 种打开消息的方式。

❑ 打开应用：设置为打开应用首页和内页。

❑ 打开网页：设置为打开消息中携带的网址。

推送通知栏消息的流程如图 6-13 所示。

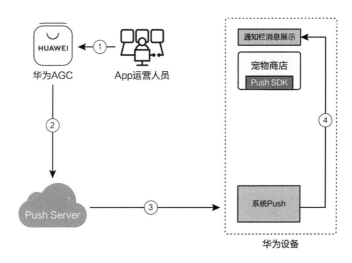

图 6-13 推送通知栏消息流程

具体流程分析如下。

① 假设宠物商城 App 的运营人员为 PetStore 主题的商品添加新品时，在 AppGallery Connect 网站的"运营"标签页下选择"推送服务"选项，点击"添加推送通知"按钮进入消息推送页面，构建推送消息并"提交"。在构建消息时，我们将"推送范围"设置为"订阅用户"，将"点击通知动作"设置为"打开应用"，并将"选择主题列表"设置为 PetStore。

② AppGallery Connect 将消息推送到 Push Server，Push Server 根据主题名查找所有绑定在该主题下的 Push Token，根据 Push Token 逐个推送消息到系统 Push。

③ 系统 Push 收到消息后，判断消息类型为"通知栏消息"，并将消息在通知栏展示。

④ 用户点击通知栏内的消息，触发运营人员在步骤①中设置的"点击通知动作"。

在 AppGallery Connect 网站推送通知栏消息如图 6-14 和图 6-15 所示，两者为同一次消息推送的设置。图 6-14 是设置名称、标题、内容等信息。

图 6-14　AppGallery Connect 网站推送通知栏消息

图 6-15　AppGallery Connect 设置推送范围与主题

图 6-15 是设置推送范围、主题等。

在设备上展示通知栏消息的效果如图 6-16 所示。

6.5.2　推送到应用

本节主要介绍如何在 AppGallery Connect 基于主题推送"透传消息"。在"透传消息"的场景下，推送服务仅提供消息通道的作用，这样就把消息到达 App 后的解析、展示、业务逻辑等一系列动作全权交给开发者来处理，授予开发者更大的业务灵活性，特别是在需要将"透传消息"和 App 业务数据、逻辑深度融合的场景下，可以给开发者带来更多业务定制的便利。

推送透传消息的流程如图 6-17 所示。

① 针对订阅 VIP 主题的会员发起优惠活动时，进入 AppGallery Connect，在宠物商城 App 的"运营"标签页下选择"推送服务"，点击"添加推送通知"按钮进入消息推送页面，选择"透传消息"选项。

② AppGallery Connect 将消息推送到 Push Server，Push Server 根据主题名 VIP 查找所有绑定在该主题下的 Push Token，根据 Push Token 逐个推送到系统 Push。

③ 系统 Push 收到消息后判断其类型为"透传消息"，则将消息透传给 App 客户端。

图 6-16　设备上展示通知栏消息

④ App 客户端解析消息参数，判断用户为月度会员，将消息展示在应用内的"消息中心"。

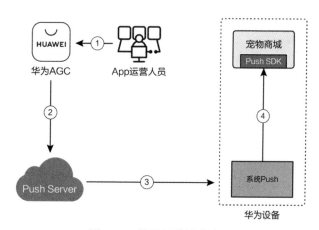

图 6-17　推送透传消息流程

为了便于读者理解，我们构建如下使用场景：对"月度会员"商品添加为期 3 个月的优惠促销活动。添加优惠促销活动后，向月度会员用户推送消息，以促进用户续订会员。

在 AppGallery Connect 网站的宠物商城 App 的运营页面中设置月度会员的优惠活动，具体操作步骤如下。

1）进入宠物商城 App 的商品管理页，点击"编辑"选项，如图 6-18 所示。

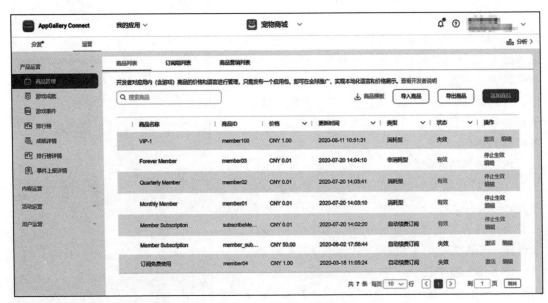

图 6-18　进行商品管理

2）在"编辑商品"页面，点击"查看编辑"按钮后可以编辑月度会员商品，如图 6-19 所示。

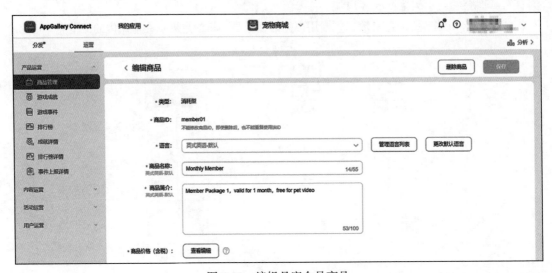

图 6-19　编辑月度会员商品

3）在"商品价格"页面，点击"设置促销价"按钮，如图 6-20 所示。

图 6-20　"商品价格"页面

4）在打开的"设置促销价"页面，点击"添加促销价"按钮设置促销价，如图 6-21 所示。

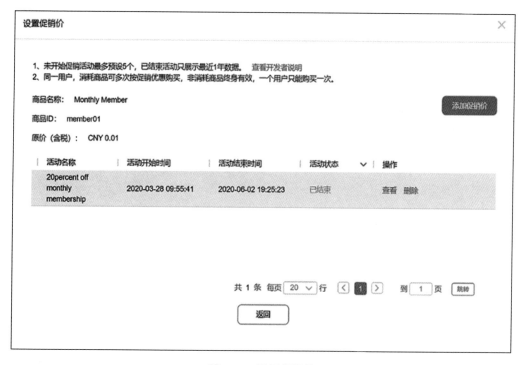

图 6-21　设置促销价

5）在"设置促销价"页面中设置"促销活动名称""开始时间""结束时间"等促销信息，点击"下一步"按钮，如图 6-22 所示。

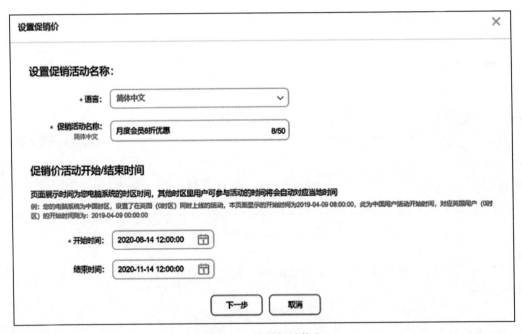

图 6-22 设置促销信息

6）在打开的页面中设置促销区域，如图 6-23 所示。

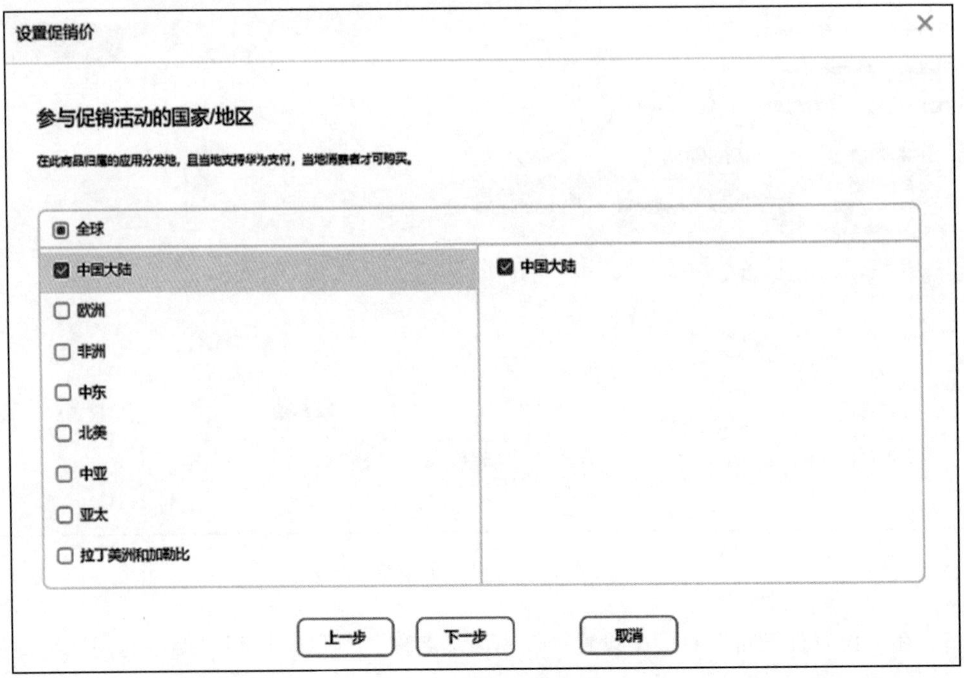

图 6-23 设置促销区域

7）最后在"促销价（含税）"框中设置促销后的价格，点击"完成"按钮，如图 6-24 所示。

图 6-24　设置促销价

至此便完成了针对月度会员的优惠活动设置，下面在 AppGallery Connect 网站的推送页面使用"透传消息"将该优惠活动推送给会员，如图 6-25 所示。

图 6-25　AppGallery Connect 网站推送透传消息

在图 6-25 中，添加的"键 – 值对"中的"键"必须是与 App 接收透传消息的代码中定义的"键"相同。App 客户端解析消息参数的代码如下：

```
@Override
public void onMessageReceived(RemoteMessage message) {
    // 覆写透传消息接收方法
    Context context = getApplicationContext();
    Map<String, String> data = message.getDataOfMap();

    // 如果用户类型不符合条件，则将该消息丢弃
    if (data.containsKey(MESSAGE_FILTER_VIP)) {
        if (!getUserType().equals(data.get(MESSAGE_FILTER_VIP))) {
            return;
        }
    }
    // 先写入本地文件，待用户浏览应用内消息中心时一起展示所有消息
    PushSharedPreferences.saveMessage(context, data.get("title"), data.get("content"));
}
```

透传消息到达 App 后，在 App 内的"消息中心"展示效果，如图 6-26 所示。

6.6 App Server 推送

本节主要介绍如何在 App Server 推送消息。我们已经了解如何通过华为的 AppGallery Connect 推送消息，下面将重点介绍 App Server 如何通过 Push Server 的 API 接口推送消息。

6.3 节已经将宠物商城 App 的 Push Token 上传到 App Server 中，下面将以 Push Token 为基础，介绍开发者如何通过 Push Token 在 App Server 侧推送消息。

图 6-26　App 内展示透传消息

6.6.1　功能原理

App Server 推送方式通过开发者服务器调用 Push Server 的接口来进行消息推送。这样，可以使得开发者的消息推送更加灵活。App Server 推送原理如图 6-27 所示。

App Server 携带 appId 和 appSecret 向 Push Server 申请 Access Token，然后使用 Access Token 作为认证凭据，使用在 6.3.2 节中端侧上报的 Push Token，构建推送消息，然后向 Push Server 推送。消息推送到 Push Server 后的处理流程与 AppGallery Connect 推送是相同

的，此处不再赘述。

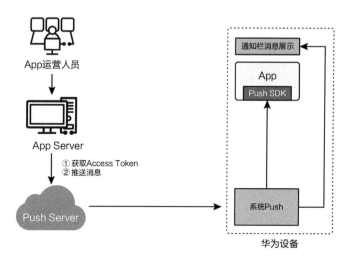

图 6-27　App Server 推送原理

6.6.2　实战编码

本节主要介绍开发者如何在 App Server 实现推送消息，这里共分为两个步骤。

1. 申请 Access Token

App Server 使用 HTTPS 接口向华为认证服务器申请 Access Token，构建请求的代码如下：

```
public static String getAccessToken(String appId, String appSecret) {
    // 构建消息模板
RestTemplate restTemplate = new RestTemplate();
    StringBuilder params = new StringBuilder();
    // 组装消息，对应的 client_id 和 client_secret 获取方式前面已经介绍过
    params.append("grant_type=client_credentials");
    params.append("&client_id=").append(appId);
    params.append("&client_secret=").append(appSecret);
    String response = null;
    try {
    // 向华为的认证服务器发起请求
response = restTemplate.postForObject(new URI("https://oauth-login.cloud.huawei.
    com/oauth2/v2/token"), params.toString(),
                String.class);
    } catch (Exception e) {
        Log.catching(e);
    }
    if (!StringUtils.isEmpty(response)) {
    // 获取返回值，并提取 access_token
    JSONObject jsonObject = JSONObject.parseObject(response);
        return jsonObject.getString("access_token").replace("\\", "");
```

```
    }
    return "";
}
```

构建的请求报文示例如下：

```
POST /oauth2/v2/token HTTP/1.1
Host: oauth-login.cloud.huawei.com
Content-Type: application/x-www-form-urlencoded
grant_type=client_credentials&client_id=▨▨▨▨▨▨▨▨▨&client_secret=79d8
4▨▨▨▨▨▨▨▨▨▨▨▨▨▨▨▨▨▨▨▨▨▨▨▨93da9
```

其中 client_id 即应用的 APP ID，client_secret 即应用的 SecretKey，这些信息可以在 AppGallery Connect 网站的应用信息中获取，如图 6-28 所示。

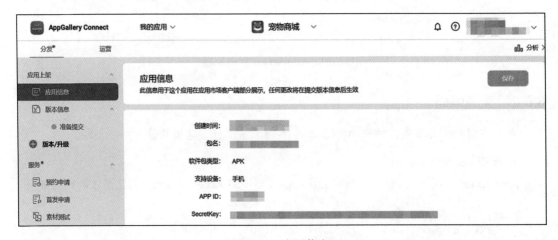

图 6-28　应用信息

认证服务器的应答报文中会携带分配的 Access Token 及其过期时间（单位：秒），应答报文示例如下：

```
HTTP/1.1 200 OK
Content-Type: text/html;charset=UTF-8
{"access_token":"CFyJ7eTl8WIPi9603E7Ro9Icy+K0JYe2qVjS8uzwCPltlO0fC7mZ0gzZX9p8C
   CwAaiU17nyP+N8+ORRzjjk1EA==","expires_in":3600,"token_type":"Bearer"}
```

> 注意　Access Token 中如果含有 "\\" 字符，因该字符是转义字符，在认证中属于无效字符，因此开发者在使用 Access Token 时需要移除该字符。否则在推送消息时会返回 Access token expired 的错误（错误码：80200003）。

2. 推送消息

在 App Server 获取到 Access Token 后，就可以构建推送请求报文，发送给 Push Server。本书列举由 App Server 发起的 3 种主要请求形式：

❑ 基于 Push Token 构建的通知栏消息；

❑ 基于主题构建的通知栏消息；

❑ 基于主题构建的透传消息。

其他推送消息形式（如基于 Push Token 构建的透传消息等），开发者可参考华为开发者联盟官网的开发文档以及根据自身需要灵活组合。

（1）基于 Push Token 构建的通知栏消息

构建消息的代码如下，可以华为参考开发者联盟官网的 API 说明文档了解各字段的含义：

```
private JSONObject constructPushMsg(String request) {
    // 构造消息体，字段详情参见开发者指导文档中的说明，下同
    JSONObject message = new JSONObject();
    // 构建通知栏消息内容
    message.put("notification", getNotification(request));
    // 安卓消息推送控制参数
    message.put("android", getAndroidPart());
    // 消息推送的目标 tokens
    message.put("token", tokens);
    JSONObject pushMsg = new JSONObject();
    // 是否为测试消息，默认为 false
    pushMsg.put("validate_only", false);
    pushMsg.put("message", message);
    return pushMsg;
}

private JSONObject getNotification(String request) {
    JSONObject notification = new JSONObject();
    // 此处将 request 约定为 "&"，以拼接标题和内容
    String[] message = request.split("&");
    // 通知栏消息的标题
    notification.put("title", message[0]);
    // 通知栏消息的内容
    notification.put("body", message[1]);
    return notification;
}

private JSONObject getAndroidPart() {
    JSONObject android = new JSONObject();
    // 批量任务消息标识，消息回执时会返回给应用服务器，应用服务器可以识别 bi_tag 对
    // 消息的下发情况进行统计分析
```

```
    android.put("bi_tag","pushReceipt");
    android.put("notification", getAnroidNotification());
    return android;
}

private JSONObject getAnroidNotification() {
    JSONObject clickAction = new JSONObject();
    // 此处设置为用户点击通知后，打开宠物商店详情页
    clickAction.put("type", CLICK_ACTION_OPEN_APP_PAGE);
    // 设置通过 action 打开应用自定义页面时，本字段填写要打开的页面 activity 对应的 action
clickAction.put("action", "com.huawei.hmspetstore.OPEN_PETSTORE");
    JSONObject androidNotification = new JSONObject();
    androidNotification.put("click_action", clickAction);
    return androidNotification;
}
```

推送消息的代码如下：

```
public static JSONObject sendPushMessage(String appId, String appSecret, JSONObject
    messageBody) {
    RestTemplate restTemplate = new RestTemplate();
    HttpHeaders headers = new HttpHeaders();
    JSONObject accessToken = getAccessToken(appId, appSecret);
    // 替换 Access Token 中的无效字符
    headers.setBearerAuth(accessToken.getString ("access_token").replace("\\", ""));
    String response = null;
    HttpEntity<Object> httpEntity = new HttpEntity<Object>(messageBody, headers);
    try {
        String uri = "https://push-api.cloud.huawei.com/v1/[appid]/messages:send".
            replace("[appid]", appId);
        response = restTemplate.postForObject(new URI(uri), httpEntity, String.
            class);
    } catch (Exception e) {
        Log.catching(e);
    }
    JSONObject jsonObject = null;
    if (!StringUtils.isEmpty(response)) {
        jsonObject = JSONObject.parseObject(response);
    }
    return jsonObject;
}
```

上述代码的作用是构建消息体、获取 Access Token，发送流程控制的代码如下：

```
public JSONObject processSendPush(String request) {
    // 调用 constructPushMsg 构建推送消息, request 为 App Server 接收到的消息内容，以 "&"
    // 分隔 title 和 content
    JSONObject pushMsg = constructPushMsg(request);
    // 调用 sendPushMessage 发送消息给 Push Server
```

```
    return HttpsUtil.sendPushMessage(APP_ID, APP_SECRET, pushMsg);
}
```

构建的请求报文示意如下：

```
POST /v1/101778417/messages:send HTTP/1.1
Host: push-api.cloud.huawei.com
Authorization: Bearer CF3Xl2XV6jMKZgqYSZFws9IPlgDvxqOfFSmrlmtkTRupbU2VklvhX9kC
    9JCnKVSDX2VrDgAPuzvNm3WccUIaDg==
Content-Type: application/json
{
  "validate_only":false,
  "message":{
    "notification":{
      "title":"宠物商店上新啦！",
      "body":"快去看看吧！通知消息"
    },
    "android": {
      "notification": {
        "click_action": {
          "type": 1,
          "action": "com.huawei.hmspetstore.OPEN_PETSTORE"
        }
      }
    }
"bi_tag":"pushReceipt"
    },
    "token":[

      "ABvGXK23N4PQZa-5vLguUNAuw4C2HzhOftO3iNNmTX_ikhWZBH7JV91o5LgYzdX0b0x7ERl
        xjGdLNx5iFUHy74nv4I1zDkQLb4VMZD_5yLhrZAz9YjNkEGxRgTanCS_pQQ"
    ]
  }
}
```

 注意　1）请求报文 Head 中 /v1/[appid]/messages:send 需要填充应用的 App ID；
2）在 Bearer 和 Access Token 之间需要添加一个空格。

（2）基于主题构建的通知栏消息
构建消息以及发送消息的代码如下：

```
public JSONObject processSendTopic(String topic) {
    JSONObject pushMsg = constructTopicMsg(topic);
    return HttpsUtil.sendPushMessage(App_ID, App_SECRET, pushMsg);
}

private JSONObject constructTopicMsg(String topic) {
    JSONObject message = new JSONObject();
    // 增加了"主题消息"，用来区分消息效果
```

```
message.put("notification", getNotification(" 宠物商店上新啦！& 快去看看吧！主题消息 "));
message.put("android", getAndroidPart());
// 与基于 Token 发送方式相比，此处添加推送的方式为 topic
message.put("topic", topic);
JSONObject pushMsg = new JSONObject();
pushMsg.put("validate_only", false);
pushMsg.put("message", message);
return pushMsg;
}
```

构建的请求报文示意如下：

```
POST /v1/101778417/messages:send HTTP/1.1
Host: push-api.cloud.huawei.com
Authorization: Bearer CF3Xl2XV6jMKZgqYSZFws9IPlgDvxqOfFSmrlmtkTRupbU2VklvhX9kC
    9JCnKVSDX2VrDgAPuzvNm3WccUIaDg==
Content-Type: application/json
{
  "validate_only":false,
  "message":{
    "notification":{
      "title":" 宠物商店上新啦！ ",
      "body":" 快去看看吧！主题消息 "
    },
    "android": {
      "notification": {
        "click_action": {
          "type": 1,
          "action": "com.huawei.hmspetstore.OPEN_PETSTORE"
        }
      }
      "bi_tag":"pushReceipt"
    },
    "topic":"PetStore"
  }
}
```

注意，开发者必须保证端侧与服务器侧使用的主题名称一致。

（3）基于主题构建的透传消息

构建消息及发送消息的代码如下：

```
public JSONObject processSendDataMessage(String request) {
    // request 为 App Server 接收到的消息内容，为 JSON 格式的字符串
    JSONObject pushMsg = constructDataMsg(request);
    return HttpsUtil.sendPushMessage(APP_ID, APP_SECRET, pushMsg);
}


private JSONObject constructDataMsg(String request) {
```

```
        JSONObject message = new JSONObject();
        // request 直接作为 data 的 value
        message.put("data", request);
        message.put("topic", "VIP");
        JSONObject pushMsg = new JSONObject();
        pushMsg.put("validate_only", false);
        pushMsg.put("message", message);
        return pushMsg;
    }
```

构建的请求报文示意如下：

```
POST /v1/101778417/messages:send HTTP/1.1
Host: push-api.cloud.huawei.com
Authorization: Bearer CF3Xl2XV6jMKZgqYSZFws9IPlgDvxqOfFSmrlmtkTRupbU2VklvhX9kC
    9JCnKVSDX2VrDgAPuzvNm3WccUIaDg==
Content-Type: application/json
{
  "validate_only":false,
  "message":{
    "data":"{\"title\":\" 宠物商店会员优惠啦！\",\"content\":\" 快去看看吧！透传消息 \",\
        "vip\":\"normal\"}",
    "topic":"VIP"
  }
}
```

至此，我们已经完成了基于服务端推送"通知栏消息"和"透传消息"的代码，详细的 API 及各字段介绍请参阅开发者网站上的开发者指导文档。为了便于开发者理解，下面给出 Push Server 报文返回给 App Server 的应答报文，摘录如下：

```
{
    // 业务接收成功响应码
    "code": "80000000",
    "msg": "Success",
    "requestId": "158571052215233974008001"
}
```

需要说明的是，应答报文中的 requestId 是该消息的追踪索引，建议开发者在 App Server 将其记录到日志中，以便帮助你进行后续的问题定位。另外，该应答仅仅是 Push Server 针对本次推送动作的应答，并非是针对推送消息到达端侧设备的反馈。推送消息到达端侧设备的反馈请参阅 6.7 节。发送后的通知栏消息效果如图 6-29 所示。

推送"透传消息"后由 App 接收并进行相应的业务处理后展示在 App 的"消息中心"，效果如图 6-30 所示。

至此，我们完成了从 App Server 进行多种类型的消息推送的 Java 代码讲解，实际上，Push Kit 还为开发者提供了多种语言的示例代码，包括 Java、C#、Python、PHP、Go 等常用语言。具体可以参考开发者联盟的官方开发文档。

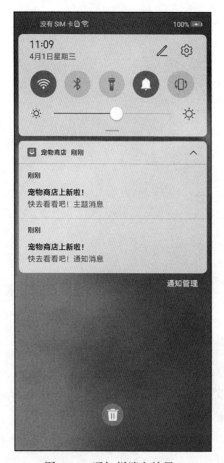

图 6-29　通知栏消息效果

图 6-30　透传消息效果

6.7　消息回执

在消息推送中，开发者往往非常关注消息的到达率，并希望掌握重要的推送消息的发送状态。本节主要介绍 App Server 如何接收消息回执。

所谓"消息回执"指的是 App Server 接收到消息送达的结果。在华为 Push Server 将消息推送到设备后，系统 Push 会给 Push Server 反馈消息送达结果。Push Server 将消息送达的结果收集、汇总后，发送给 App Server。

6.7.1　功能原理

消息回执流程如图 6-31 所示。

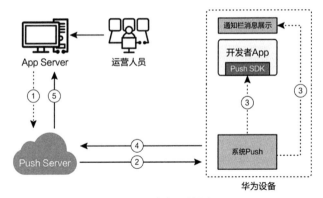

图 6-31　消息回执原理

具体消息回执原理分析如下。

①～③ App 运营人员从 App Server 向 Push Server 推送消息，并在设备上展示。

④～⑤ 端侧处理完推送的消息后，向 Push Server 应答消息推送结果。Push Server 汇总推送结果，并将本次消息推送的结果，利用"回执消息"返回给 App Server。

目前，消息回执只支持 Android 类应用，开发者可以基于消息回执掌握消息发送是否成功，并在 App Server 做下一步的处理，如统计分析、消息重发等。

6.7.2　实战编码

本节来详细介绍如何在 App Server 完成接收消息回执的具体工作，步骤如下。

1）在 AppGallery Connect 网站"我的应用"页面中开通"回执状态"服务，如图 6-32 所示。

图 6-32　开通消息回执服务

2）点击"开通"按钮后，在跳转的"开通回执"选项区域配置回执参数，如图 6-33 所示。

图 6-33　配置回执参数

注意，Push Server 和 App Server 之间使用 HTTPS 协议，Push Server 会校验开发者提供的证书合法性。因此，请务必使用正式商用的 HTTPS 证书。

3）在实际的编码中，确保 App Server 推送消息的消息体中设置了 bi_tag 字段。该字段是批量任务的消息标识，包含该字段的示例发送报文如下：

```
{
    "validate_only":false,
    "message":{
        "notification":{
            "title":"宠物商店上新啦！",
            "body":"快去看看吧！通知消息"
        },
        "android": {
            "notification": {
                "click_action": {
                    "type": 1,
                    "action": "com.huawei.hmspetstore.OPEN_PETSTORE"
                }
            },
            "bi_tag":"pushReceipt"
        },
        "token":[
```

```
                "ABvGXK23N4PQZa-5vLguUNAuw4C2HzhOftO3iNNmTX_ikhWZBH7JV91o5LgYz
                    dX0b0x7ERlxjGdLNx5iFUHy74nv4I1zDkQLb4VMZD_5yLhrZAz9YjNkEGx
                    RgTanCS_pQQ"
            ]
        }
    }
}
```

在 Push Server 完成设备侧的发送结果收集后，该 bi_tag 字段会在回执消息里返回给应用服务器，应用服务器识别该字段，并对消息的下发情况进行统计分析，Push Server 给 App Server 的回执消息的报文示例如下：

```
{
    "statuses":[
        {
            "biTag":"pushReceipt",
            "requestId":"158573047180501252010301",
            "appid":"101778417",

            "token":"ABvGXK23N4PQZa-5vLguUNAuw4C2HzhOftO3iNNmTX_ikhWZBH7JV91o5
                LgYzdX0b0x7ERlxjGdLNx5iFUHy74nv4I1zDkQLb4VMZD_5yLhrZAz9YjNkEGx
                RgTanCS_pQQ",
            "status":0,
            "timestamp":1585730472701
        }
    ]
}
```

开发者需要自行开发 App Server 侧的代码以便接收回执消息，并根据回执消息中的 biTag、status 字段来获取推送消息的设备侧发送状态。至此，消息回执的功能就介绍完毕了，需要说明的是以上代码只是模拟了消息发送成功的场景，读者可以进一步参考华为开发者联盟的官网文档来获取消息回执中各类字段的详细含义与取值。

6.8　小结

在本章的学习中，我们对 Push Kit 的原理与流程进行了深入的介绍，并完成了华为 Push Kit 集成的准备工作、Push Token 的获取、推送主题订阅与退订、消息的推送和消息回执的编码实战。至此，相信你已经对 Push Kit 有了深入了解，并掌握了使用 Push Kit 的开发技能。下一章将继续讲解华为的 Location Kit，并继续为宠物商城 App 添加一系列的业务功能。

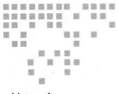

Chapter 7 第 7 章

Location Kit 开发详解

当要开发的产品是运动、生活、出行或者其他品类的应用，都需要获取用户的位置信息，从而为用户提供各类服务。例如，帮助用户记录他的运动轨迹，确认当前位置，以及向用户推荐附近的商家等。Location Kit（华为定位服务）是华为公司为开发者提供的定位服务能力，开发者通过集成 Location SDK，就能够快速、精准地获取用户位置信息，帮助开发者构建全球定位服务能力，快速发展全球业务。

7.1 功能与架构

在集成之前，先来了解一下 Location Kit 的功能原理。Location Kit 为开发者提供的能力有：融合定位、活动识别、地理围栏和地理编码。

❑ 融合定位：结合 GPS（Global Positioning System）、Wi-Fi 和基站位置数据，帮助应用快速获取设备位置信息。

❑ 活动识别：通过加速度传感器、蜂窝网络信息、磁力计等手段识别用户运动状态（如行走、跑步、骑车等），便于应用根据用户运动状态来调整为用户提供的服务。

❑ 地理围栏：根据应用的需要，设置地理围栏区域，当用户进入（或离开、停留）围栏区域时，Location Kit 会向应用发出通知，以便应用采取相应的动作。

❑ 地理编码：为应用提供位置信息和结构化地址信息相互转换的能力。

Location Kit 的整体架构如图 7-1 所示，整体结构分为三层：应用层、端侧服务层和云侧服务层。

❑ 应用层指的是 SDK 层，开发者需要通过集成 Location SDK 来调用 Location Kit 的功能接口，使用华为提供的定位服务能力。

❑ 端侧服务层指的是 Location Kit 为开发者提供的端侧服务能力，当前 Location Kit 提供的能力有融合定位、活动识别、地理围栏和地理编码。融合定位包含了多种定位方式，分别是导航卫星定位（Global Navigational Satellite System，GNSS）、网络定位（Network Location Provider，NLP）和室内定位（Indoor）。

❑ 云侧服务层指的是 Location Kit 为开发者提供的云侧服务能力，包含云侧定位服务、围栏服务、地理编码服务。其中，云侧定位服务能力主要包含网络定位服务、高精度定位服务、IP 定位服务和位置大数据。

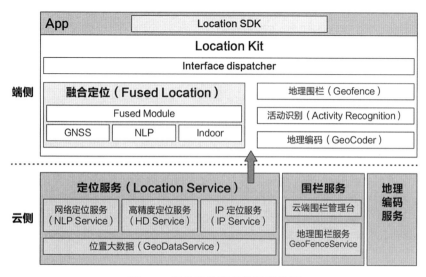

图 7-1　华为定位服务整体架构图

下面分别介绍融合定位、活动识别、地理围栏和地理编码的功能原理。

7.1.1　融合定位

华为定位服务采用导航卫星定位、基站、Wi-Fi、蓝牙等多途径融合的方式进行定位，整体可以划分为两类定位方式。

1）导航卫星定位方式：该方式通过获取导航卫星广播的位置信息，从而计算出设备的位置信息。导航卫星定位速度快、定位准，不需要连接网络，但是功耗较高，需要在导航卫星信号覆盖区域使用。

2）网络定位方式：该方式通过扫描附近基站和 Wi-Fi 信号，获取设备所在位置附近的信号基站 ID 或 Wi-Fi 热点 ID，然后与服务器进行交互，获取当前站点位置信息，再通过计算得到当前设备的位置信息。

此外，华为还提供了结合以上两种方式的高精度定位，利用网络定位方式对卫星导航定位方式的数据进行纠偏，然后返回高精度定位结果，以便开发者在对定位精度要求非常高的场景下使用。高精度定位的测距精度最高可以达到 1cm，需要在导航卫星覆盖区域且网络连接正常的情况下使用。

华为在融合定位中提供了 5 种定位模式，介绍如下。

1）准确定位模式（PRIORITY_HIGH_ACCURACY）：该模式下，Location Kit 优先使用卫星导航定位方式，定位精度较高，实时性好但功耗较高；如果设备不在导航卫星信号覆盖范围内时，Location Kit 会自动去选择网络定位方式，获取当前设备的位置信息。

2）平衡定位模式（PRIORITY_BALANCED_POWER_ACCURACY）：该模式下，Location Kit 根据手机的电量去选择合适的定位方式，如果手机电量充足，会采用卫星导航定位方式进行定位；否则会采用网络定位方式进行定位。

3）低功耗模式（PRIORITY_LOW_POWER）：该模式下，Location Kit 会直接采用网络定位方式进行定位。

4）零功耗定位模式（PRIORITY_NO_POWER）：也称为被动定位模式，该模式下，当前请求不会主动去发起卫星导航定位或者网络定位，只会从 HMS Core 中去获取缓存的位置信息。

5）高精度定位模式（PRIORITY_HD_ACCURACY）：该模式通过卫星导航方式获取位置信息，然后通过网络定位进行纠偏，可实现亚米甚至分米级定位。当前只支持 P40 机型，覆盖的区域为中国大陆。

7.1.2 活动识别

活动识别是通过终端设备识别用户运动状态的一种能力。Location Kit 的活动识别架构可以分为三层，如图 7-2 所示。

华为手机通过加速度传感器、蜂窝网络信息、磁力计等传感器来采集数据，然后对传感器采集到的数据进行计算、分类，调用接口得到用户的运动状态[○]。最后应用通过 SDK 来调用接口获取用户的运动状态。

图 7-2　活动识别原理图

7.1.3 地理围栏

地理围栏（Geofence）功能支持开发者用一个虚拟的栅栏围出一个虚拟地理边界，当手机进入、离开或在该区域内活动时，就应用可以接收到围栏事件上报。地理围栏依赖于融合定位能力，开发者下发地理围栏之后，Location Kit 就会查询位置信息，根据位置信息，确认是否上报围栏事件。如图 7-3 所示，如果开发者对某个地点感兴趣，就可以设置该地点为

○　Location Kit 当前可以识别的运动类型有静止、走路、跑步、骑车、车载 5 种。

PoI，然后以 PoI 为圆心，添加监测半径 R，这个圆形区域就是围栏有效区域。

Location Kit 可以监测的围栏状态有进入、退出或者在圆形区域停留一段时间，当用户所在的位置满足监测条件时，就会触发围栏事件上报。

7.1.4　地理编码

Location Kit 提供的地理编码能力包含地理编码和逆地理编码，两种能力的介绍如下。

1）地理编码：将详细的结构化地址转换为 Location Kit 经纬度坐标，例如对江苏省南京市雨花台区软件大道 101 号进行地理编码转换后，得到的经纬度信息为（118.777726, 31.966673）。

2）逆地理编码：将地理位置的经纬度信息转换为详细结构化的地址。例如，将位置（116.480881, 39.989410）进行逆地理编码转换后，得到的结构化地址为：北京市朝阳区阜通东大街 6 号。

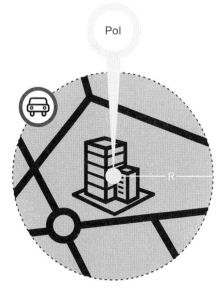

图 7-3　地理围栏示意图

Location Kit 为开发者提供了地理编码和逆地理编码服务，但是在 SDK 侧并没有新增接口，只是复用了 Android 原生的 Geocoder 类。对于开发者而言，只需要调用 Geocoder 的 getFromLocation() 接口就可以调用 Location Kit 的逆地理编码能力，调用 Geocoder 类的 getFromLocationName() 接口就可以调用 Location Kit 的地理编码能力。

7.2　开发准备

在 3.3 节中，我们为宠物商城 App 设计了填写送货地址和详细位置查看等功能。当用户需要填写送货地址时，可以通过 Location Kit 的融合定位能力，快速、准确获取用户当前位置信息，自动填入送货地址栏，节省用户时间。另外，开发者可以根据宠物商城实体店的位置，设置地理围栏区域；当用户进入围栏区域时，向用户推送消息，为实体店吸引客流量。本节将介绍 Location Kit 的接入流程和在正式接入前的一些准备操作，通过本节的学习，开发者将会了解如何接入 Location Kit。

7.2.1　开通定位服务

华为定位服务包含基础定位服务和高精度定位服务。其中，基础定位服务是免费使用并且默认开启的，无须进行额外操作。

7.2.2 集成 Location SDK

本节将介绍如何在宠物商城 App 中集成 Location SDK。在开始集成 Location SDK 之前，需要将 agconnect-services.json 文件从 AppGallery Connect 下载并放到项目的 app 目录下。打开项目的 app 目录下的 build.gradle 文件，找到 dependencies 闭包，添加以下依赖。

```
implementation 'com.huawei.hms:location:{version}'
```

其中 {version} 是 Location SDK 的版本号，最新的版本号可以在华为的 Location Kit 版本更新说明（https://developer.huawei.com/consumer/cn/doc/development/HMS-Guides/versionUpdatas）中找到。集成后的代码如下所示。

```
dependencies {
// 集成 Location SDK
implementation 'com.huawei.hms:location:4.0.2.300'
}
```

7.3 融合定位功能开发

Location Kit 提供的融合定位能力包含基础定位能力和高精度定位能力，高精度定位能力能够定位到"米"级，甚至"亚米"级。当前只支持华为 P40 机型，后期会逐步支持更多机型，具体支持情况请关注华为开发者联盟网站。基础定位能力能够满足大多数使用场景的需要，具有较高的精准度和实时性。开发者可以通过调用华为定位服务的请求位置更新接口，持续获取用户位置信息，记录用户的运动轨迹。

根据前面的功能设计，我们需要自动获取用户的收货地址。要实现这个功能，首先就需要调用请求位置更新接口，获取用户的位置信息；然后调用逆地理编码能力，将位置信息转换成结构化地址信息，填充到收货地址栏中。

7.3.1 配置定位权限

由于用户位置信息涉及用户隐私，因此必须先取得用户的明确授权，才能够使用 Location Kit 的持续定位功能。与定位功能相关的权限如下。

1）粗略定位权限，如下：

```
<uses-permission android:name="android.permission.ACCESS_COARES_LOCATION"/>
```

2）导航卫星定位权限，如下：

```
<uses-permission android:name="android.permission.ACCESS_FINE_LOCATION"/>
```

3）后台运行权限。当应用运行在 Android Q(API29) 或更高版本的目标平台时，如果需要在后台运行，访问设备位置信息，那么还必须声明后台运行权限，如下：

```
<uses-permission android:name="android.permission.ACCESS_BACKGROUND_LOCATION" />
```

考虑宠物商城 App 在获取用户位置信息时，不需要在后台进行持续定位，开发者只需要在 AndroidManifest.xml 文件中，配置粗略定位权限和导航卫星定位权限即可。

```
<uses-permission android:name="android.permission.ACCESS_COARES_LOCATION"/>
<uses-permission android:name="android.permission.ACCESS_FINE_LOCATION"/>
```

在权限声明之后，由于这两个权限都属于危险权限，Android 6.0 以后需要开发者动态申请用户权限。在 MainAct.java 类中动态申请权限的示例如下：

```
private void checkPermission() {
// 动态申请权限
if(ActivityCompat.checkSelfPermission(this,Manifest.permission.ACCESS_FINE_
    LOCATION) != PackageManager.PERMISSION_GRANTED|| ActivityCompat.
    checkSelfPermission(this, Manifest.permission.ACCESS_COARSE_LOCATION) !=
    PackageManager.PERMISSION_GRANTED) {
// 申请权限列表
String[] strings = {Manifest.permission.ACCESS_FINE_LOCATION,
    Manifest.permission.ACCESS_COARSE_LOCATION};
// 动态申请权限
ActivityCompat.requestPermissions(this, strings, 1);}
}
```

7.3.2　实战编码

本节主要介绍如何调用华为定位服务的融合定位能力和逆地理编码能力，实现快速获取用户位置信息，并解析出结构化地址的功能。整体流程如图 7-4 所示。

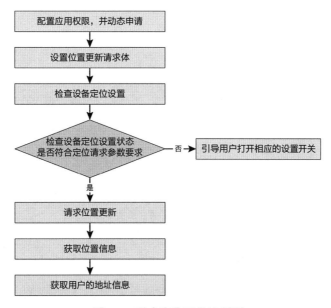

图 7-4　融合定位开发流程图

下面将依次介绍每个步骤如何开发。

1）构建请求体（LocationRequest）。在宠物商城 App 中，我们既要获取较为准确的位置信息，又要满足室内外多场景定位的需要，因此采用基础定位中的导航卫星定位模式，在请求体中将 Priority 字段设置为 PRIORITY_HIGH_ACCURACY，设置位置更新次数为 1 次，其他参数使用默认参数。在 AddressAct.java 类中构建请求体，代码如下：

```
// 创建请求体
private LocationRequest mLocationRequest;
mLocationRequest = new LocationRequest();
// 设置位置更新次数为 1
mLocationRequest.setNumUpdates(1);
// 设置请求定位类型
mLocationRequest.setPriority(LocationRequest.PRIORITY_HIGH_ACCURACY);
```

2）检查设备的定位设置。在 AddressAct.java 类中，调用 checkLocationSettings(Location-SettingsRequest) 接口检查设备的定位设置，该接口会检查设备的定位开关、蓝牙的开关状态等手机设置项，如果开关状态不满足位置更新请求参数要求，就会弹出引导页面，引导用户操作。在宠物商城 App 中，我们只需要在 LocationSettingsRequest 中添加 LocationRequest 请求体，其余参数设置为 false 即可。代码如下：

```
// 创建构造体
LocationSettingsRequest.Builder builder = new LocationSettingsRequest.Builder();
// 添加定位请求
builder.addLocationRequest(mLocationRequest);
// 设置位置信息是否是必选项
builder.setAlwaysShow(false);
// 设置蓝牙是否为必选项
builder.setNeedBle(false);
LocationSettingsRequest locationSettingsRequest = builder.build();
    // 检查设备定位设置
settingsClient.checkLocationSettings(locationSettingsRequest)
    .addOnSuccessListener(new OnSuccessListener<LocationSettingsResponse>() {
@Override
public void onSuccess(LocationSettingsResponse locationSettingsResponse) {
// 满足定位条件
Log.i(TAG, "checkLocationSettings successful");
}}).addOnFailureListener(new OnFailureListener() {
@Override
public void onFailure(Exception e) {
    // 如果定位设置不满足条件要求，返回错误码，进行相应处理
    int statusCode = ((ApiException) e).getStatusCode();
    switch (statusCode) {
    case LocationSettingsStatusCodes.RESOLUTION_REQUIRED:
    try {
        ResolvableApiException rae = (ResolvableApiException) e;
        // 调用 startResolutionForResult 可以弹窗提示用户打开相应权限
rae.startResolutionForResult(AddressAct.this, 0);
```

```
} catch (IntentSender.SendIntentException sie) {
    // 拉起引导页面失败
    Log.e(TAG, "start activity failed");
    }
break;
}} });
```

3）发送位置更新请求。在发送请求位置更新之前，需要已经完成权限配置、请求体构建、检查定位设置等步骤。在宠物商城 App 中，调用 requestLocationUpdates(LocationRequest, LocationCallback, Looper) 接口，自定义 LocationCallback 获取回调结果，在 AddressAct.java 类中，实现代码如下：

```
LocationCallback mLocationCallback;
mLocationCallback = new LocationCallback() {
@Overrid
    public void onLocationResult(LocationResult locationResult) {
    // 定位结果回调
    if (locationResult != null) {
        Log.i(TAG, "onLocationResult locationResult is not null");
        // 获取位置信息
        List<Location> locations = locationResult.getLocations();
        if (!locations.isEmpty()) {
            // 获取最新的位置信息
            Location location = locations.get(0);
            Log.i(TAG, "Location[Longitude,Latitude,Accuracy]:" +
                location.getLongitude() + ","+ location.getLatitude() + "," +
                location.getAccuracy());
            // 逆地理编码获取地址
            final Geocoder geocoder = new Geocoder(AddressAct.this, SIMPLIFIED_CHINESE);
// 启用子线程调用逆地理编码能力，获取位置信息
new Thread(() -> {
try {
    List<Address> addrs = geocoder.getFromLocation(location.getLatitude(),
        location.getLongitude(), 1);
// 地址信息更新成功之后，利用 handler 更新 UI 界面
    for (Address address : addrs) {
        Message msg = new Message();
        msg.what = GETLOCATIONINFO;
        msg.obj = addrs.get(0).getAddressLine(0);
        handler.sendMessage(msg);
    }
} catch (IOException e) {
    Log.e(TAG, "reverseGeocode wrong " + e.getMessage())}).start()} }}
};
// 发起位置更新请求
fusedLocationProviderClient
.requestLocationUpdates(mLocationRequest, mLocationCallback, Looper.getMainLooper())
    .addOnSuccessListener(new OnSuccessListener<Void>() {
        @Override
```

```
public void onSuccess(Void aVoid) {
    //接口调用成功的处理
    Log.i(TAG, "onLocationResult onSuccess");
}});
```

4）移除位置更新请求。当不再需要位置更新
时，调用 removeLocationUpdates() 接口，移除位置
更新请求。在宠物商城 App 中，我们设置了请求位
置更新次数，就不需要再次移除位置更新请求了，
Location Kit 提供的 SDK 会自动根据回调次数，移
除位置更新请求。

5）功能测试。完成上述开发以后，我们可以点
击"获取当前位置"按钮进行功能测试，如果获取
地址信息成功，如图 7-5 所示，说明请求位置更新
成功。当前位置栏可以进行编辑，如果位置有所偏
差，可以人工进行修正，填入正确的位置信息。

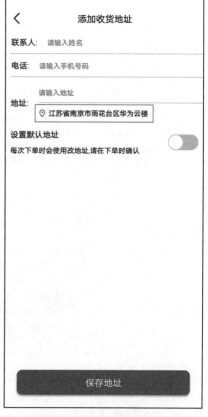

7.4 位置模拟功能开发

位置模拟功能是为开发者提供的一项调试能力，
使用位置模拟功能，可以为设备设置模拟位置信息。
设置模拟位置信息后，在调用 requestLocationUpdates
接口时，获取到的都是模拟位置信息，而非真实位置
信息。该功能常用于：游戏中虚拟位置设定、调试地
图类应用、开发虚拟现实功能等。

图 7-5　定位结果显示图

7.4.1　选择位置模拟应用

在使用位置模拟功能之前，首先需要在手机上打开开发者选项，选择模拟位置信息应
用。具体操作步骤如下。

1）进入手机的"设置"界面，选择"系统和更新"选项，进入"系统和更新"界面；

2）在"系统和更新"界面选择"开发人员选项"，进入"开发人员选项"界面；

3）在"开发人员选项"界面点击"选择模拟位置信息应用"选项，进入"选择应用"
界面，之后选择应用即可。

如果没有发现"开发人员选项"，请执行如下操作：依次选择"设置"→"关于手机"
选项，进入"关于手机"界面，连击界面中的"版本号"7 次，"开发人员选项"会出现在
"系统与更新"界面，再重复上述操作。

7.4.2 实战编码

本节将详细介绍如何编码实现模拟位置功能。

1）在 AndroidManifest.xml 文件中配置权限。

```
<uses-permission
android:name="android.permission.ACCESS_MOCK_LOCATION"
tools:ignore="MockLocation,ProtectedPermissions" />
```

2）调用 setMockMode(boolean isMockMode) 接口，设置模拟模式标志位。

```
// 将模拟模式的标志位置为 true, 开启模拟模式
fusedLocationProviderClient.setMockMode(true).addOnSuccessListener(new
    OnSuccessListener<Void>()
{ @Override
    public void onSuccess(Void aVoid){
        // 模拟模式标志位设置成功
        Log.i(TAG, "setMockMode        onSuccess");}
}).addOnFailureListener(new OnFailureListener(){
    @Override
    public void onFailure(Exception e)
    {
        // 模拟模式标志位设置失败
        Log.i(TAG, "setMockMode onFailure:" + e.getMessage());
        }});
```

3）调用 setMockLocation(Location mockLocation) 接口，设置模拟位置。

```
// 设置模拟位置信息
fusedLocationProviderClient.setMockLocation(mockLocation)
.addOnSuccessListener(new OnSuccessListener<Void>(){
        @Override
        public void onSuccess(Void aVoid) {
        // 模拟位置信息设置成功
        Log.i(TAG, "setMockLocation onSuccess");}})
        .addOnFailureListener(new OnFailureListener() {
        @Override
        public void onFailure(Exception e) {
        // 模拟位置信息设置失败
        Log.i(TAG, "setMockLocation onFailure:" + e.getMessage()) }});
```

4）关闭位置模拟功能。当调试结束之后，需要及时关闭位置模拟功能，避免造成当前
设备上其他使用 Location Kit 的应用正常定位失效。关闭模拟定位功能的代码如下：

```
// 将模拟模式的标志位设置为 false, 关闭模拟位置功能
fusedLocationProviderClient.setMockMode(false).addOnSuccessListener(new
    OnSuccessListener<Void>()
{ @Override
    public void onSuccess(Void aVoid){
        // 模拟位置功能关闭成功
```

```
    Log.i(TAG, "setMockMode     onSuccess");}
}).addOnFailureListener(new OnFailureListener(){
@Override
    public void onFailure(Exception e)
    {
        //模拟位置功能关闭失败
        Log.i(TAG, "setMockMode onFailure:" + e.getMessage());
    }});
```

7.5　活动识别功能开发

活动识别功能是 Location Kit 为开发者提供的一项用于检测用户活动状态的能力，当前支持检测的活动类型有静止、走路、跑步、骑车、车载 5 种运动状态。主要提供两个功能接口。

1）活动状态识别，获取用户当前的活动状态。例如，检测当前用户的运动状态为跑步。

2）活动状态转换更新，用于检测用户的活动变化。当前支持两种过渡状态检测，即进入和退出，例如用户从静止状态转换为跑步状态。

7.5.1　配置活动识别权限

由于用户的运动状态涉及用户隐私，需要取得用户授权以后，才能够使用 Location Kit 的活动识别功能。我们需要在 AndroidManifest.xml 文件中声明所有用到的权限，示例代码如下：

```
<uses-permission android:name="com.huawei.hms.permission.ACTIVITY_RECOGNITION" />
<uses-permission android:name="android.permission.ACTIVITY_RECOGNITION" />
```

由于活动识别权限属于危险权限，因此需要动态申请该权限，获取用户授权，代码如下：

```
if (Build.VERSION.SDK_INT < Build.VERSION_CODES.Q) {
    //一般版本活动识别权限申请
    if (ActivityCompat.checkSelfPermission(this,
        "com.huawei.hms.permission.ACTIVITY_RECOGNITION")
        != PackageManager.PERMISSION_GRANTED) {
        String permissions[] = {"com.huawei.hms.permission.ACTIVITY_RECOGNITION"};
        ActivityCompat.requestPermissions(this, permissions, 1);
        LocationLog.i(TAG, "requestActivityUpdatesButtonHandler: Apply permission");
    }
} else {
    //Andrid Q 版本活动识别申请
    if (ActivityCompat.checkSelfPermission(this,
        "android.permission.ACTIVITY_RECOGNITION")
        != PackageManager.PERMISSION_GRANTED) {
```

```
        String permissions[] = {"android.permission.ACTIVITY_RECOGNITION"};
        ActivityCompat.requestPermissions(this, permissions, 2);
        LocationLog.i(TAG, "requestActivityUpdatesButtonHandler: Apply permission");
    }
}
```

7.5.2　实战编码

这一节将介绍如何通过编码去实现活动识别功能。

1. 请求活动识别更新

Location Kit 提供 ActivityIdentificationService 接口类。通过调用 ActivityIdentification 创建 ActivityIdentificationService 实例，然后利用 PendingIntent 获取回调结果即可，获取 PendingIntent 及回调结果的方式可自定义，这里以广播为例进行说明，代码如下。

1）创建活动识别客户端。

```
private PendingIntent pendingIntent;
private ActivityIdentificationService activityIdentificationService;
protected void onCreate(Bundle savedInstanceState) {
activityIdentificationService= ActivityIdentification.getService(this);
    pendingIntent = getPendingIntent();
};
```

2）新建 PendingIntent，用于获取活动识别结果。

```
private PendingIntent getPendingIntent() {
// LocationBroadcastReceiver 类为自定义静态广播类
Intent intent = new Intent(this, LocationBroadcastReceiver.class);
    intent.setAction(LocationBroadcastReceiver.ACTION_PROCESS_LOCATION);
return PendingIntent.getBroadcast(this, 0, intent, PendingIntent.FLAG_UPDATE_CURRENT);
}
```

3）监听活动识别更新请求，检测用户的当前活动状态。

调用 createActivityIdentificationUpdates(long detectionIntervalMillis, PendingIntent pendingintent) 接口可以持续监测用户的活动状态，detectionIntervalMillis 为更新的周期，PendingIntent 用于获取回调结果。

```
activityIdentificationService.createActivityIdentificationUpdates(5000, pendingIntent)
.addOnSuccessListener(new OnSuccessListener<Void>() {
        @Override
        public void onSuccess(Void aVoid) {
            // 活动识别更新请求下发成功
            Log.i(TAG, "createActivityIdentificationUpdates onSuccess");
        }
    })
    .addOnFailureListener(new OnFailureListener() {
        @Override
        public void onFailure(Exception e) {
```

```
        // 活动识别请求下发失败
        Log.e(TAG, "createActivityIdentificationUpdates onFailure:" + e.getMessage());
            }
});
```

2. 获取活动识别结果

获取活动识别结果的代码如下：

```
public class LocationBroadcastReceiver extends BroadcastReceiver {
    public static final String ACTION_PROCESS_LOCATION =
        "com.huawei.hms.location.ACTION_PROCESS_LOCATION";
@Override
    public void onReceive(Context context, Intent intent) {
        if (intent != null) {
            final String action = intent.getAction();
            if (ACTION_PROCESS_LOCATION.equals(action)) {
// 获取活动识别结果
ActivityIdentificationResponse activityIdentificationResponse =
    ActivityIdentificationResponse.getDataFromIntent(intent);
List<ActivityIdentificationData> list = activityIdentificationResponse.
    getActivityIdentificationDatas();
            }
        }
    }
}
```

3. 移除活动识别更新

应用在使用完活动识别功能后需要进行移除操作，主要体现为移除监听活动识别更新请求。需要注意的是，参数 PendingIntent 必须与 createActivityIdentificationUpdates(long detectionIntervalMillis, PendingIntent callbackIntent) 参数里的 PendingIntent 是同一个。

移除活动识别更新的代码如下：

```
activityIdentificationService.deleteActivityIdentificationUpdates(pendingIntent)
    .addOnSuccessListener(new OnSuccessListener<Void>() {
        @Override
        public void onSuccess(Void aVoid) {
            // 移除活动识别更新请求成功
            Log.i(TAG, "deleteActivityIdentificationUpdates onSuccess");
        }
    })
    .addOnFailureListener(new OnFailureListener() {
        @Override
        public void onFailure(Exception e) {
// 移除活动识别更新请求失败
Log.e(TAG, "deleteActivityIdentificationUpdates onFailure:" + e.getMessage());
        }});
```

4. 请求活动过渡更新

应用通过调用 createActivityConversionUpdates(request, pendingIntent) 方法获取活动过

渡的状态变化。

1）设置监听活动过渡请求参数，设置监听进入和退出静止状态的请求参数的示例代码
如下：

```
ActivityConversionInfo activityConversionInfo1 = new
    ActivityConversionInfo(DetectedActivity.STILL,
    ActivityConversionInfo.ENTER_ACTIVITY_CONVERSION);
ActivityConversionInfo activityConversionInfo2 = new
    ActivityConversionInfo(STILL, ActivityConversionInfo. EXIT_ACTIVITY_CONVERSION);
List<ActivityConversionInfo> activityConversionInfos = new ArrayList<>();
activityConversionInfos.add(activityConversionInfo1);
activityConversionInfos.add(activityConversionInfo2);
ActivityConversionRequest request = new ActivityConversionRequest();
request.setActivityConversions(activityConversionInfos);
```

2）监听活动状态转换更新，发送监听活动变化的请求示例如下：

```
Task<Void> task = activityIdentificationService.
    createActivityConversionUpdates(request, pendingIntent);
task.addOnSuccessListener(new OnSuccessListener<Void>() {
    @Override
    public void onSuccess(Void aVoid) {
        Log.i(TAG, "createActivityConversionUpdates onSuccess");
    }
}).addOnFailureListener(new OnFailureListener() {
    @Override
    public void onFailure(Exception e) {
        Log.e(TAG, "createActivityConversionUpdates onFailure:" +
            e.getMessage());
    }
});
```

3）获取返回结果。通过 PendingIntent 函数获取返回结果，示例代码如下：

```
public class LocationBroadcastReceiver extends BroadcastReceiver {
    public static final String ACTION_PROCESS_LOCATION =
        "com.huawei.hms.location.ACTION_PROCESS_LOCATION";
    @Override
    public void onReceive(Context context, Intent intent) {
        if (intent != null) {
            final String action = intent.getAction();
            if (ACTION_PROCESS_LOCATION.equals(action)) {
                ActivityConversionResponse activityConversionResponse =
                    ActivityConversionResponse.getDataFromIntent(intent);
                List<ActivityConversionData> list =
                    activityConversionResponse .getActivityConversionDatas();
            }
        }
    }
}
```

5. 移除活动转台转换更新

不需要监听活动状态转换时，需要调用 deleteActivityConversionUpdates(PendingIntent pendingIntent) 进行移除操作，示例代码如下：

```
activityIdentificationService.deleteActivityConversionUpdates(pendingIntent)
    .addOnSuccessListener(new OnSuccessListener<Void>() {
        @Override
        public void onSuccess(Void aVoid) {
            Log.i(TAG, "deleteActivityConversionUpdates onSuccess");
        }
    })
    .addOnFailureListener(new OnFailureListener() {
        @Override
        public void onFailure(Exception e) {
            Log.e(TAG, "deleteActivityConversionUpdates onFailure:" +
                e.getMessage());
        }
    });
```

7.6　地理围栏功能开发

地理围栏可以感知用户当前的位置以及用户与其可能关注的地点之间的距离。触发围栏的事件有进入围栏、退出围栏和在围栏内停留一段时间。Location Kit 当前支持的围栏形状为圆形，单个应用最多支持下发 100 个围栏。

7.6.1　创建地理围栏

本节介绍创建地理围栏的主要步骤。

1）配置应用权限。

2）创建地理围栏服务客户端。App 集成 Location Kit 之后，可以通过 LocationServices 创建地理围栏客户端。

3）创建地理围栏实例。将需要下发的围栏添加到对应的围栏链表中，同时将围栏 ID 添加到对应的 idlist 中。

4）创建并添加地理围栏的请求。Location Kit 对外提供了 GeofenceRequest.Builder 构造器，方便开发者快速构建地理围栏请求体。

5）新建 PengdingIntent 函数。通过 PendingIntent 函数，将用户进出围栏状态返回给应用。

6）下发地理围栏。

7）地理围栏事件处理。用户触发地理围栏事件之后，就会通过 PenddingIntent 函数将结果返回，然后进行相应的处理操作。

8）移除地理围栏。不需要地理围栏时，将围栏移除。

7.6.2　实战编码

在宠物商城 App 中，围栏的触发界面如图 7-6
所示，当用户对某个宠物商城感兴趣时，可以点击
"关注"按钮。在点击"关注"按钮时，宠物商城
App 就会以该商店的位置为圆心，以 1km 为半径，
下发地理围栏。当用户进入该区域时，就会以通知
的方式提示用户，给用户推送最新的活动信息。当
用户取消关注时，就会触发移除地理围栏位操作。

下面将详细介绍如何编码实现地理围栏功能。

1）配置应用权限。地理围栏需要申请的权限和
持续定位一致，参见 7.3 节。

2）在 PetStoreSearchDetailActivity.java 创建围
栏客户端，代码如下：

```
geofenceService = LocationServices.
    getGeofenceService(this);
```

3）创建地理围栏实例。在宠物商城 App 中，
将用户点击关注的宠物商城设置为 PoI 点，将商店
所在的经纬度设置为围栏中心，以 1km 为半径设置
地理围栏，代码如下：

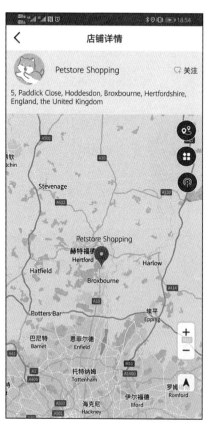

图 7-6　宠物商店详情页

```
geofenceList.add(new Geofence.Builder()
        .setUniqueId("mGeofence")
        .setValidContinueTime(validTime)
        //传入经纬度信息，并设置圆形地理围栏半径（单位:m）
        .setRoundArea(latitude, longitude, radius)
        //进入或退出围栏时触发回调
        .setConversions(Geofence.ENTER_GEOFENCE_CONVERSION )
        .build());
//将围栏 ID 添加到围栏 ID 链表中
idList.add("mGeofence");
```

4）创建围栏请求体。

```
/**
 * 创建添加地理围栏的请求
 */
private GeofenceRequest getAddGeofenceRequest() {
    GeofenceRequest.Builder builder = new GeofenceRequest.Builder();
    //当用户在围栏中时，添加围栏后立即触发回调
    builder.setInitConversions(GeofenceRequest.ENTER_INIT_CONVERSION);
    builder.createGeofenceList(geofenceList);
```

```
        return builder.build();
    }
```

5）创建用于获取围栏状态的 PendingIntent 函数，代码如下：

```
private PendingIntent getPendingIntent() {
    // GeoFenceBroadcastReceiver 类为自定义静态广播类，详细的实现方法可以参照示例代码
    Intent intent = new Intent(this, GeoFenceBroadcastReceiver.class);
    intent.setAction(GeoFenceBroadcastReceiver.ACTION_PROCESS_LOCATION);
    return PendingIntent.getBroadcast(this, 0, intent, PendingIntent.FLAG_UPDATE_CURRENT);
}
```

6）下发地理围栏。

```
/**
 * 发送添加地理围栏请求
 */
private void requestGeoFenceWithNewIntent() {
ToastUtil.getInstance().showShort(PetStoreSearchDetailActivity.this, "收藏");
    // 点击按钮之后修改按钮颜色
    isClickedCollection = true;
mTvPetStoreCollection.setTextColor(getResources().getColor(R.color.Blue_600));
    Log.i(TAG, "begin to create Geofence");
    pendingIntent = getPendingIntent();
    geofenceList = new ArrayList<>();
    double latitude = mPlace.latLng.latitude;
    double longitude = mPlace.latLng.longitude;
    // 围栏半径 1km
    float radius = 1000;
    // 将当前收藏地点的位置下发围栏
geofenceList.add(new Geofence.Builder().setUniqueId(mPlace.getSiteId())
    .setValidContinueTime(1000000)
        // 传入宠物商店信息，圆形地理围栏半径（单位：m）
        .setRoundArea(latitude, longitude, radius)
        // 进入围栏时触发回调
        .setConversions(Geofence.ENTER_GEOFENCE_CONVERSION)
        .build());
geofenceService.createGeofenceList(getAddGeofenceRequest(), pendingIntent)
    .addOnCompleteListener(new OnCompleteListener<Void>() {
        @Override
        public void onComplete(Task<Void> task) {
            if (task.isSuccessful()) {
                Log.i(TAG, "add geofence success！");
            } else {
                Log.w(TAG, "add geofence failed : " + task.getException().
                    getMessage());
            }
        }
    });
}
```

7）地理围栏事件处理。在 App 中，触发地理围栏事件之后，Location Kit 就会通过创

建围栏时的 PendingIntent 函数发送广播，接收广播后对围栏事件进行处理。代码如下：

```
public void onReceive(Context context, Intent intent) {
    if (intent != null) {
        final String action = intent.getAction();
        if (ACTION_PROCESS_LOCATION.equals(action)) {
            GeofenceData geofenceData = GeofenceData.getDataFromIntent(intent);
            if (geofenceData != null) {
                int errorCode = geofenceData.getErrorCode();
                int conversion = geofenceData.getConversion();
                List<Geofence> list = geofenceData.getConvertingGeofenceList();
                Location mLocation = geofenceData.getConvertingLocation();
                boolean status = geofenceData.isSuccess();
                // 打印围栏事件信息
                StringBuilder sb = new StringBuilder();
                String next = "\n";
                sb.append("errorcode: " + errorCode + next);
                sb.append("conversion: " + conversion + next);
                for (int i = 0; i < list.size(); i++) {
                    sb.append("geoFence id :" + list.get(i).getUniqueId() + next);
                }
                sb.append("location is :" + mLocation.getLongitude() + " " +
                    mLocation.getLatitude() + next);
                sb.append("is successful :" + status);
                Log.i(TAG, sb.toString());
                // 在通知栏推送信息
                showNotification(context);
                Toast.makeText(context, "已进入地理围栏" + sb.toString(),
                    Toast.LENGTH_LONG).show();
            }}}}
```

当用户进入围栏范围内时，通知栏会收到一条信息，如图 7-7 所示。

8）当不需要使用地理围栏功能时，需要移除地理围栏请求。

```
private void removeGeoFenceWithID() {
    Log.i(TAG, "have clicked collection button" + isClickedCollection);
    ToastUtil.getInstance().showShort(PetStoreSearchDetailActivity.this, "取消收藏");
    // 取消收藏时，将收藏按钮恢复成正常状态
    mTvPetStoreCollection.setTextColor(getResources().getColor(R.color.Deep_Orange_A700));
    isClickedCollection = false;
    // 移除地理围栏
    idList = new ArrayList<>();
    idList.add(mPlace.getSiteId());
    geofenceService.deleteGeofenceList(idList).addOnCompleteListener
        (new OnCompleteListener<Void>() {
        @Override
        public void onComplete(Task<Void> task) {
            if (task.isSuccessful()) {
                Log.i(TAG, "delete geofence with ID success! ");
            } else {
```

```
                    Log.w(TAG, "delete geofence with ID failed ");
                }
            }
        });
    }
```

图 7-7　围栏事件通知

7.7　小结

　　本章介绍了如何集成 Location Kit，实时获取了用户的地址信息，帮助用户快速输入收货地址，优化了应用的用户体验；同时，通过应用下发地理围栏，为用户设置 PoI，当用户进入围栏区域时，可以为用户提供准确的服务信息。下一章将介绍如何集成 Site Kit，让用户可以搜索和查看宠物商店的位置信息。

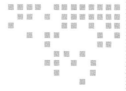

第 8 章 *Chapter 8*

Site Kit 开发详解

当前很多 App 都有搜索周边地点信息的功能，要开发类似功能的 App 不仅需要开发搜索功能，还需要拥有大量的周边地点数据，而获取这些数据对绝大部分开发者来说是非常困难的。为此，HMS 提供了 Site Kit（华为位置服务）能力，来帮助开发者构建地点搜索相关的功能。当用户输入关键字时，Site Kit 能够自动补齐地点名称，并向用户推荐地点。同时，Site Kit 的逆地理编码功能可以通过用户设备的坐标来查询用户所在位置的街道信息，也可以进一步告知其目标地点的地理位置和详细信息（如营业信息、评价等）。当前，Site Kit 在全球拥有 1.3 亿的 PoI 数据，支持 13 种语言，覆盖 200 多个国家或地区，为开发者构建位置服务相关功能提供全球化的支持。本章就来学习 Site Kit。

8.1 功能原理分析

本节主要讲述 Site Kit 的功能原理。

Site Kit 提供 Site SDK 和 RESTful API 两种使用方式，主要为用户提供搜索、地理编码和获取时区服务的能力，其系统架构如图 8-1 所示。

（1）Site SDK

开发者 App 集成 Site SDK 后，通过 SDK 可以获得如下 4 种类型的能力。

1）关键字搜索：根据用户输入的关键字，搜索相关地点。

2）周边搜索：在指定位置搜索周边兴趣点，比如酒店、景点等。

3）地点搜索建议：根据用户输入的信息，实时返回相关联的地点列表。

4）地点详情：查询某个地点详细信息。

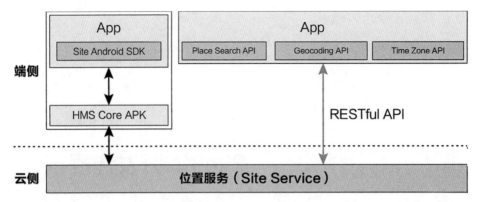

图 8-1　Site Kit 功能原理

提供这样的能力需要 Site SDK、HMS Core APK 和 Huawei Site Server 三部分的协同工作。客户端由 Site SDK 和 HMS Core APK 构成。服务器端为 Huawei Site Server，提供鉴权、获取搜索结果等能力。开发者在 App 中集成 Site SDK 后，SDK 通过 HMS Core APK 与服务端 Huawei Site Server 进行交互，实现位置搜索的功能。

（2）RESTful API

开发者 App 调用 Huawei Site Server 提供的 RESTful API 除了可以获取与 Site SDK 相同效果的位置搜索能力之外，还可以获得如下功能。

1）正地理编码与逆地理编码：地址描述信息和地理坐标（经纬度）的相互转换。

2）获取时区：根据经纬度获取该地点的时区名。

以地理编码为例，完成该功能需要 Geocoding API 和 Huawei Site Server 两部分协同工作。在使用 Geocoding API 时，需要构造合法的 JSON 请求体，发送正确的 Post 请求到 Huawei Site Server，请求经过 Huawei Site Server 的合法校验与处理后，会返回一个 JSON 格式的响应，其中会包含地理编码的结果等信息。

 说明　Site Kit 提供的地理位置编码功能与第 7 章的 Location Kit 使用同样的数据源。不同点在于，Location Kit 使用 Android 系统的原生接口提供服务，Site Kit 使用 RESTful 接口提供服务，开发者可根据实际的业务场景自行选择使用。

8.2　开发准备

在 3.4 节中，我们为宠物商城 App 规划了浏览周边商店、详细位置查看以及搜索周边等功能。本节将介绍如何在宠物商城 App 中集成 Site Kit，并通过 Site Kit 提供的各项能力来实现上述这些功能。在接入 Site Kit 之前，相信读者已通过前面的章节完成了一些准备工作，如注册成为开发者、在 AppGallery Connect 上创建应用和配置应用签名等，除此之外，我们还需要从 AppGallery Connect 上下载 agconnect-services.json 文件，并将该文件放到项目的 app 级目录下，具体方法前面的章节已经介绍过，此处不再赘述。接下来只需要集成 Site SDK 即可。

打开宠物商城 App 项目，在应用级的 build.gradle 中添加对 Site SDK 的依赖，代码如下所示。

```
implementation 'com.huawei.hms:site: 4.0.2.300'
```

这里的版本号选择的是 4.0.2.300，开发者也可以查询华为开发者联盟的官方文档来获取最新的 Site SDK 版本信息。配置完成之后，点击右上角的 Sync Now 按钮，等待同步完成，如图 8-2 所示。

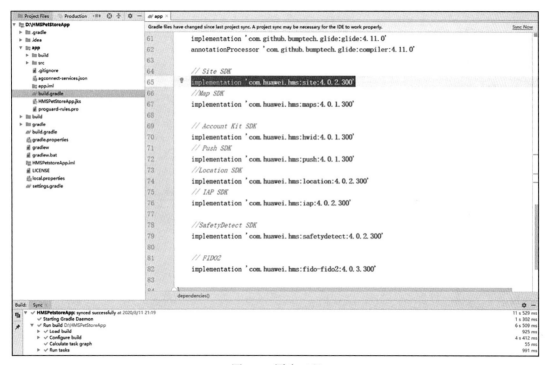

图 8-2　同步工程

如果需要使用 Site Kit 地理编码等功能，那么需要申请一个 API Key。申请 API Key 有两种方式：一种是在 AppGallery Connect 上创建应用的时候自动生成 API Key；另一种是在华为开发者联盟网站上创建凭证获取 API Key。

1. 在 AppGallery Connect 上获取 API Key

应用创建完成后，进入 AppGallery Connect 网站的分发界面，在"我的应用"下拉列表框中选择"我的项目"选项。之后在"常规"标签页下的"应用"选项区域，可以看到 API key 字段，点击该字段值右侧的"复制"按钮即可获得 API Key，如图 8-3 所示。

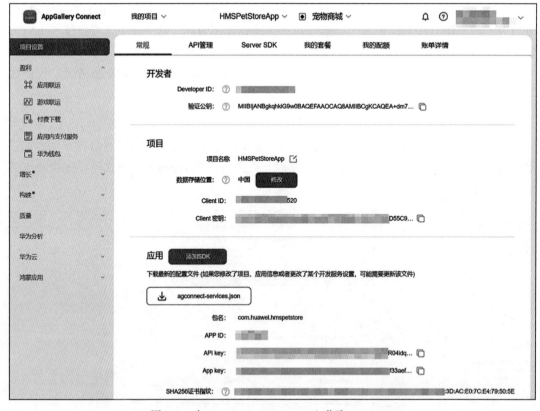

图 8-3　在 AppGallery Connect 上获取 API Key

2. 开发者联盟网站上获取 API Key

登录华为开发者联盟官网，进入"管理中心"，在"管理中心"左边的导航栏中找到"API 库"选项，界面右侧出现"API 库"选项区域，在该选项区域选择"位置服务"选项，点击"启用"按钮，进行服务开通，如图 8-4 所示。

图 8-4　启用位置服务

在如图 8-5 所示界面左边导航栏中，点击"凭证"选项，进入"凭证"选项区域。选择正确的项目信息（本书中的项目名称为 HMSPetStoreApp），点击"创建凭证"按钮，并在下拉列表框中选择"API 密钥"。系统会弹出提示框，即表示密钥已创建完成。开发者可以点击"限制密钥"按钮，参考华为开发者联盟的设置页面来设定具体的限制方式，以便进一步提升 API 密钥的使用安全性。这里需要说明的是，如果开发者只是在网页应用中使用RESTful API 提供的功能，建议开发者在华为开发者联盟上直接申请 API Key，这样可以免于在 AppGallery Connect 上创建 Android 应用。

图 8-5　创建 API 密钥

说明　① 如果 API Key 包含特殊字符，则需要进行 URI 编码。例如，原始 API Key：ABC/DFG+，编码后的结果为：ABC%2FDFG%2B。
② Site Kit 仅面向海外应用的开发者开放，宠物商城 App 中的功能均选取海外的 PoI 数据进行示例。

我们将在 8.4 节介绍如何使用获取到的 API Key。在当前的准备工作中，我们还需要在AppGallery Connect 上为 Site Kit 开通服务、配置混淆脚本，这些步骤在前面的章节已经介绍过了，这里不再重复说明，让我们进入 Site Kit 的功能讲解吧。

8.3　位置搜索

本节主要讲解如何使用位置搜索功能。前面章节已经介绍，Site Kit 提供 Site SDK 和

RESTful API 两种形式来提供位置搜索功能，包括关键字搜索、地点搜索建议、地点详情和周边搜索 4 个子功能。各个子功能的使用方法相似，下面是通过 Site SDK 方式调用的步骤。

1）创建 SearchService 对象，并通过 SearchServiceFactory.create() 方法实例化；

2）创建相应的位置搜索请求对象；

3）创建搜索结果监听器对象 SearchResultListener，其中 onSearchResult 接口会返回搜索结果，onSearchError 接口会返回搜索状态信息；

4）通过 SearchService 发起位置搜索请求。

下面将逐一介绍 4 种功能的详细调用方法。

8.3.1 关键字搜索

开发者可以通过指定的关键字和地理范围，查询诸如旅游景点、企业和学校之类的地点，调用步骤如下。

1）声明 SearchService 对象，并通过 SearchServiceFactory 创建 SearchService 实例。创建 SearchService 实例需要传入 Context 类型参数和 API KEY 参数。

```
// 声明 SearchService 对象
private SearchService searchService;
// 创建 SearchService 实例
searchService = SearchServiceFactory.create(this, SystemUtil.getApiKey());
```

> 📖 说明　建议创建 SearchService 时传入的 Context 为 Activity 类型，以便在 HMS Core APK 版本较低的时候，系统能够自动弹出 HMS Core APK 的升级提示页面。

2）构建 TextSearchRequest 对象，它是关键字查询的请求体。其中 query 是必选参数，其余参数可选。示例代码如下：

```
// 创建请求体
TextSearchRequest request = new TextSearchRequest();
// 名称中含有 Paris
request.setQuery("Paris");
Coordinate location = new Coordinate(48.893478, 2.334595);
request.setLocation(location);
// 半径为 1000m
request.setRadius(1000);
// PoI 类型为 address
request.setPoiType(LocationType.ADDRESS);
request.setCountryCode("FR");
request.setLanguage("fr");
request.setPageIndex(1);
request.setPageSize(5);
```

TextSearchRequest 各个字段的具体含义请参考表 8-1。

表 8-1　TextSearchRequest 各字段含义

字　　段	必选 (M)/ 可选 (O)	类　　型	描　　述
countryCode	O	String	国家码，在指定的国家内搜索，采用 ISO 3166-1 alpha-2
language	O	String	搜索结果返回的语言
location	O	Coordinate	搜索结果偏向的经纬度
pageIndex	O	Integer	当前页数
pageSize	O	Integer	每页的记录数
poiTypes	O	LocationType	指定 PoI 类型的地点
query	M	String	搜索关键字
radius	O	Integer	搜索半径

3）创建 SearchResultListener 对象，该对象用来监听搜索结果，代码如下所示。接口 onSearchResult 会回调关键字搜索的结果 TextSearchResponse，接口 onSearchError 用于对返回状态码进行相关的处理。

```
// 创建搜索结果监听器
SearchResultListener<TextSearchResponse> resultListener = new SearchResultListener
    <TextSearchResponse>() {
    // 正常结果返回
    @Override
    public void onSearchResult(TextSearchResponse results) {
        }
    // 异常结果返回
    @Override
    public void onSearchError(SearchStatus status) {
        }
};
```

4）通过 SearchService 对象调用 textSearch() 接口，传入 TextSearchRequest 对象和 SearchResultListener 对象。

```
// 调用位置搜索接口
searchService.textSearch(request, resultListener);
```

5）通过 SearchResultListener 对象获取搜索结果 TextSearchResponse 对象，并从中获取 Site 列表，解析具体的地址信息。

```
// 创建搜索结果监听器
SearchResultListener<TextSearchResponse> resultListener = new SearchResultListener
    <TextSearchResponse>() {
    // 正常结果返回
    @Override
    public void onSearchResult(TextSearchResponse results) {
        List<Site> sites = results.getSites();
        if (results == null || results.getTotalCount() <= 0 || sites ==
```

```
                null || sites.size() <= 0) {
                return;
            }
            for (Site site : sites) {
                Log.i("TAG", String.format("siteId: '%s', name: %s\r\n",
                    site.getSiteId(), site.getName()));
            }
        }
    // 异常结果返回
    @Override
    public void onSearchError(SearchStatus status) {
        Log.i("TAG", "Error : " + status.getErrorCode() + " " +
            status.getErrorMessage());
    }
};
```

如图 8-6 所示，我们在日志中打出了关键字搜索结果列表中某个地点的信息，包括地点 ID、地点名称、地点格式化地址、地点的 PoI 类型和地点的经纬度信息。

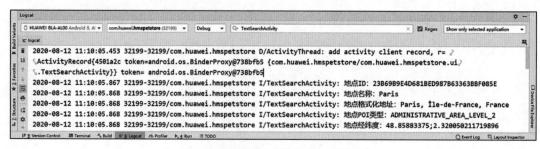

图 8-6　关键字搜索的某个地点信息

8.3.2　地点搜索建议

地点搜索建议用于在用户输入查询内容时，实时返回相关联的地点列表，方便用户进行地址选择，调用步骤如下。

1）声明 SearchService 对象，并通过 SearchServiceFactory 创建 SearchService 实例。创建 SearchService 实例需要传入 Context 和 API KEY 参数。

```
// 声明 SearchService 对象
private SearchService mSearchService;
// 创建 SearchService 实例
mSearchService = SearchServiceFactory.create(this, SystemUtil.getApiKey());
```

2）在 PetStoreSearchActivity.java 中创建地点搜索建议的请求体 QuerySuggestionRequest，搜索字符串设定为 petstore，搜索半径设置为 50km，用户当前位置设置为预置好的经纬度。

```
QuerySuggestionRequest request = new QuerySuggestionRequest();
// 搜索关键字设置为 petstore
request.setQuery("petstore");
```

```
// 设置搜索半径为 50km
request.setRadius(50000);// 搜索半径
// 当前定位位置经纬度
request.setLocation(SPConstants.COORDINATE);
```

QuerySuggestionRequest 各字段含义如表 8-2 所示。

表 8-2　QuerySuggestionRequest 各字段含义

字　　段	必选 (M)/ 可选 (O)	类　　型	描　　述
bounds	O	CoordinateBounds	搜索结果偏向的范围
countryCode	O	String	国家码，在指定的国家内搜索，采用 ISO 3166-1 alpha-2
language	O	String	搜索结果的语种
location	O	Coordinate	搜索结果偏向的经纬度
poiTypes	O	List<LocationType>	指定 PoI 类型的地点
query	M	String	搜索关键字
radius	O	Integer	搜索半径，单位是 m

3）创建 SearchResultListener 对象，该对象用来监听搜索结果，代码如下所示。接口 onSearchResult 会回调关键字搜索的结果 QuerySuggestionResponse，接口 onSearchError 会返回错误信息。

```
private SearchResultListener searchResultListener = new SearchResultListener
    <QuerySuggestionResponse>() {
    @Override
    public void onSearchResult(QuerySuggestionResponse results) {
        }
    }
    @Override
    public void onSearchError(SearchStatus status) {
        }
};
```

4）通过 SearchService 对象调用 querySuggestion()，传入上面创建的搜索建议请求对象 request 和 searchResultListener。

```
mSearchService.querySuggestion(request, searchResultListener);
```

5）获取地点搜索建议结果，并展示在 ListView 中。同时在 Place 对象中保存获取到的 SiteId、Name、FormatAddress、Location 信息，以便在后续的"地点详情"功能中使用。

```
private SearchResultListener searchResultListener = new SearchResultListener
    <QuerySuggestionResponse>() {
    @Override
    public void onSearchResult(QuerySuggestionResponse results) {
        if (results != null) {
            List<Site> sites = results.getSites();
            generatePlaces(sites);
        }
```

```
        }

        @Override
        public void onSearchError(SearchStatus status) {
            LogM.e(TAG, "failed " + status.getErrorCode() + " " +
                status.getErrorMessage());
        }
};
    // 将获取的 Site 对象保存在自定义的 Place 对象中
    private void generatePlaces(List<Site> resultList) {
        mPlaces.clear();
        for (Site bean : resultList) {
            Place place = new Place();
            place.setSiteId(bean.getSiteId());
            place.setName(bean.getName());
            place.setFormatAddress(bean.getFormatAddress());
            Coordinate coordinate = bean.getLocation();
            place.setLatLng(new LatLng(coordinate.getLat(), coordinate.getLng()));
            mPlaces.add(place);
        }

        // 通知主线程更新 UI
        Message message = Message.obtain();
        message.what = GETAUTOCOMPLETE_SUCCESS;
        mHandler.sendMessage(message);
    }
```

地点搜索建议运行结果如图 8-7 所示。

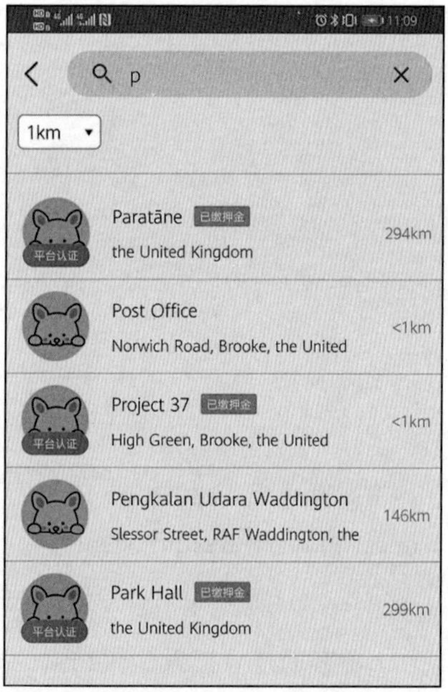

8.3.3 地点详情

地点详情是指通过地点的唯一标识符 SiteID 来
获取该地点的详细信息，如详细地址，地点的 PoI
类型等，具体实现步骤如下。

1）声明 SearchService 对象，并通过 SearchService
Factory 创建 SearchService 实例。创建 SearchService
实例需要传入 Context 和 API KEY 参数。

图 8-7　地点搜索建议运行结果

```
// 声明 SearchService 对象
private SearchService mSearchService;
// 创建 SearchService 实例
mSearchService = SearchServiceFactory.create(this, SystemUtil.getApiKey());
```

2）在 PetStoreSearchDetailActivity.java 中创建"周边搜索"的请求体 DetailSearchRequest，
传入的参数是上一步骤中保存在 Place 对象中的 SiteId。

```
DetailSearchRequest request = new DetailSearchRequest();
request.setSiteId(id);
```

DetailSearchRequest 各字段含义见表 8-3。

表 8-3　DetailSearchRequest 各字段含义

字　　段	必选 (M)/ 可选 (O)	类　　型	描　　述
siteId	M	String	位置 ID
language	O	String	搜索结果的语种

3）创建 SearchResultListener 对象，该对象用来监听搜索结果。接口 onSearchResult 会回调地点详情的结果 DetailSearchResponse，接口 onSearchError 会返回错误信息。在这里我们读取出宠物商店的地点名称和地点的格式化地址，并显示在了宠物商店的介绍页。

```
private SearchResultListener<DetailSearchResponse> resultListener =
    new SearchResultListener<DetailSearchResponse>() {
    @Override
    public void onSearchResult(DetailSearchResponse results) {
        Site site;
        if (results == null || (site = results.getSite()) == null) {
            return;
        }
        mTvPetStoreName.setText(site.getName());
        mTvPetStoreDescription.setText
            (site.getFormatAddress());
    }

    @Override
    public void onSearchError(SearchStatus
        status) {
        LogM.e(TAG, "failed " + status.
            getErrorCode() + " " +
            status.getErrorMessage());
    }
};
```

4）通过 SearchService 对象调用 detailSearch()，传入上面创建的搜索建议请求对象 request 和 search ResultListener。

```
mSearchService.detailSearch(request,
    searchResultListener);
```

地点详情搜索结果如图 8-8 所示。

8.3.4　周边搜索

周边搜索支持根据传入的指定位置，来获得该位置周边地点列表。具体开发步骤如下。

1）声明 SearchService 对象，并通过 SearchService

图 8-8　地点详情结果

Factory 创建 SearchService 实例。创建 SearchService 实例需要传入 Context 和 API KEY 参数。

```
// 声明 SearchService 对象
private SearchService mSearchService;
// 创建 SearchService 实例
mSearchService = SearchServiceFactory.create(this, SystemUtil.getApiKey());
```

2）在 PetStoreNearbySearchActivity.java 中创建周边搜索的请求体 NearbySearchRequest，传入的唯一参数是当前选中宠物商店的经纬度。

```
NearbySearchRequest request = new NearbySearchRequest();
    LatLng latLng = mCurrentPlace.getLatLng();
    double lat = latLng.latitude;
    double lng = latLng.longitude;
    Coordinate location = new Coordinate(lat, lng);
    request.setLocation(location);
```

NearbySearchRequest 各字段含义见表 8-4。

表 8-4　NearbySearchRequest 各字段含义

字　　段	必选 (M)/ 可选 (O)	类　　型	描　　述
language	O	String	搜索结果的语种
location	M	Coordinate	用户当前位置
pageIndex	O	Integer	当前页数
pageSize	O	Integer	每页的记录数
poiTypes	O	List<LocationType>	PoI 类型
query	O	String	搜索关键字
radius	O	Integer	搜索半径

3）创建 SearchResultListener 对象，该对象用来监听搜索结果。接口 onSearchResult 会回调关键字搜索的结果 QuerySuggestionResponse，接口 onSearchError 会返回错误信息。

```
SearchResultListener<NearbySearchResponse> resultListener =
    new SearchResultListener<NearbySearchResponse>() {
// Return search results upon a successful search.
@Override
public void onSearchResult(NearbySearchResponse results) {
}
// Return the result code and description upon a search exception.
@Override
public void onSearchError(SearchStatus status) {
}
};
```

4）通过 SearchService 对象调用 nearbySearch 方法，传入上面创建的搜索建议请求对象 request 和 searchResultListener。

```
searchService.nearbySearch(request, resultListener);
```

5）在 onSearchResult 回调方法中处理返回的搜索结果 NearbySearchResponse，并将处

理结果展示在 BottomSheet 中。

```
@Override
public void onSearchResult(NearbySearchResponse results) {
    if (null != query && (TextUtils.isEmpty(mSearchText)
        || !query.equals(mSearchText))) {
        return;
    }
    List<Site> sites;
    if (null != results && null != (sites = results.getSites()) &&
        sites.size() > 0) {
    // 获取搜索结果并展示
resolveResult(sites, query);
    } else {
        hideBottomSheet();
    }
}
// 异常的错误码处理
@Override
public void onSearchError(SearchStatus status) {
    if (null == query || TextUtils.isEmpty(mSearchText)
        || !query.equals(mSearchText)) {
        return;
    }
    hideBottomSheet();
}
};
```

这里，我们没有指定特定的搜索关键字，直接获取了某一个宠物商店周边的位置信息，运行结果如图 8-9 所示。

8.4　地理编码

在前面的章节中，我们使用了 Location Kit 提供的地理编码功能为宠物商城 App 添加了自动获取收货地址的功能。因为 Location Kit 与 Site Kit 的地理编码相关功能在数据上是同源的，因此我们不再继续为宠物商场 App 集成 Site Kit 的地理编码功能。

与 Location Kit 不同，Site Kit 的地理编码能力通过 RESTful API 进行开放。同样包含两个部分：正地理编码和逆地理编码。正地理编码指由结构化地址转换为经纬度坐标；逆地理编码则相反，是指由经纬度坐标转换为结构化地址。下面将通过 RESTful

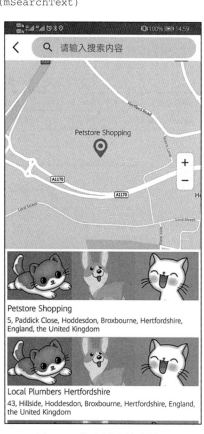

图 8-9　获取周边搜索结果

API 请求与响应的报文样例来讲解正地理编码与逆地理编码的请求与相应使用方式。开发者也可以参考华为开发者联盟官网的 API 文档来了解、使用 RESTful API 的代码细节。

8.4.1 正地理编码

正地理编码是指根据地址信息来获取对应地点的经纬度坐标。Site Kit 当前以 RESTful API 的形式来提供该能力，请求的 URL 形式如下：https://siteapi.cloud.huawei.com/mapApi/v1/siteService/geocode?key=API KEY。

实际编码中，需要把请求 URL 中的 API KEY 替换为实际的值。正地理编码请求的示例如下：

```
https://siteapi.cloud.huawei.com/mapApi/v1/siteService/geocode?key=API KEY
Content-Type: application/json
Accept: application/json
{
    "address": "Cleary Garden,Queen Victoria St,London",
    "language": "en",
}
```

正地理编码请求参数见表 8-5，其中 address 参数表示地点的详细地址，为必选参数，其余为可选参数。

表 8-5 正地理编码请求参数

参数名称	必选 (M)/ 可选 (O)	参数类型	参数说明
address	M	String(<=512)	地点详细地址
bounds	O	CoordinateBounds	查询结果偏向的搜索范围
language	O	String(<=6)	搜索结果的语种。如果不传，则使用地点的当地语言

以 POST 请求的方式来请求该 URL，可以获得类似于以下的响应消息。

```
{
    "returnCode": "0",
    "sites": [
        {
            // 格式化的地点详细地址
        "formatAddress": "Queen Victoria Street,City of London,EC4V 4,City of
            London,London,England,the United Kingdom",
            // 地点的详细信息
        "address": {
                "country": "the United Kingdom",
                "countryCode": "GB",
                "locality": "City of London",
                "adminArea": "England",
                "subAdminArea": "London",
                "thoroughfare": "Queen Victoria Street"
            },
```

```
                "viewport": {},
                // 地点名称
            "name": "Cleary Garden",
                // 地点的唯一主键
            "siteId": "NzNjNTViMjZjN2VjNTY2NzNkZmY0MGZhYzcxOWUyNjdmNjFiYTFjNzA4Yz
                YwNDAwNjBiZjllYzM2MWVjNDIyNQ",
                "location": {
                    "lng": -0.0953,
                    "lat": 51.512
                }
            }
        ],
        "returnDesc": "OK"
}
```

其中 returnCode 为本次调用的返回码，SiteId 为地址的唯一主键信息，location 为地点的经纬度，其他响应报文中的相关字段的详细释义可以参考开发者联盟官网的 API 文档说明。

8.4.2　逆地理编码

逆地理编码指的是根据经纬度坐标来获取对应的地址信息。Site Kit 当前以 RESTful API 的形式来提供该能力，请求的 URL 形式如下，其中 API KEY 需要替换为实际的值：

https://siteapi.cloud.huawei.com/mapApi/v1/siteService/ reverseGeocode?key=API KEY

我们为经纬度坐标 (77.2155, 18.0527) 获取逆地理编码的请求示例如下：

```
POST https://siteapi.cloud.huawei.com/mapApi/v1/siteService/
    reverseGeocode?key=API KEY HTTP/1.1
Content-Type: application/json
Accept: application/json
{
    "location": {
        "lng": 77.2155,
        "lat": 18.0527
    },
    "language": "en",
    "returnPoi": true
}
```

逆地理编码请求参数见表 8-6，其中 location 参数表示地点的经纬度，为必选参数，其余为可选参数。

表 8-6　逆地理编码请求参数

参数名称	必选 (M)/ 可选 (O)	参数类型	参数说明
location	M	Coordinate	经纬度
language	O	String(<=6)	搜索结果的语种。如果不传，使用地点的当地语言
returnPoi	O	Boolean	是否返回 PoI 的地点名称，默认是 true

对逆地理编码的 URL 执行 POST 请求，可以获得类似于以下的响应消息。其中 returnCode 为本地调用的返回码，formatAddress 为地点的地址信息，下面报文中的其他返回参数的含义请参考华为开发者联盟的官网 API 文档说明。

```
{
    "returnCode": "0",
    "sites": [
        {
            "formatAddress": "Bhalki, Bidar, Karnataka, Indian Ocean",
            "address": {
                "country": "India",
                "countryCode": "IN",
                "subLocality": "Bhalki",
                "locality": "Bidar",
                "adminArea": "Karnataka"
            },
            "viewport": {
                "southwest": {
                    "lng": 77.19028253443632,
                    "lat": 18.037237269564656
                },
                "northeast": {
                    "lng": 77.19406155017738,
                    "lat": 18.040830530700358
                }
            },
            "name": "",
            "siteId": "OTU3MjkxMjg5Zjk0MGYzM2RkYjZhNjYxMDU2ZGIwZmFjODEyMDhh
                Mjc4MDFhMzg4N2QzYzkwNzQ5Njc4NjA1Mw",
            "location": {
                "lng": 77.19217202301087,
                "lat": 18.039033909306255
            }
        }
        // 最多返回 11 条记录
    ......
    "returnDesc": "OK"
}
```

8.5 获取时区

开发者 App 在全球化的使用场景下，往往需要根据当前的经纬度信息来获取当前的时区，以便为用户提供定制化的时间服务，如查询当地时间、获取与常驻地的时差等，Site Kit 支持根据经纬度信息来获取对应地点的时区信息。获取时区采用 RESTful API，示例如下所示。

```
https://siteapi.cloud.huawei.com/mapApi/v1/timezoneService/getTimezone?key=API KEY
```

实际编码中，需要把请求 URL 中的 API KEY 替换为实际的值，我们以获取经纬度坐标为 (30.23235, 12.242585) 的时区为例，请求报文示例如下：

```
POST https://siteapi.cloud.huawei.com/mapApi/v1/timezoneService/
    getTimezone?key=API KEY   HTTP/1.1
Content-Type: application/json
Accept: application/json
{
    "location": {
        "lng": "30.23235",
        "lat": "12.242585"
    },
    "timestamp": 1577435043,
    "language": "en"
}
```

获取时区的标准请求参数见表 8-7，其中 location 参数表示地点的经纬度，为必选参数，其余为可选参数。

表 8-7　获取时区请求参数

参数名称	必选 (M)/ 可选 (O)	参数类型	参数说明
location	M	Coordinate	经纬度
timestamp	O	Long	距离 UTC 1970 年 1 月 1 日 0 点 0 分 0 秒的秒数
language	O	String(<=6)	搜索结果的语种。如果不传，则使用地点的当地语言

执行以上的 POST 请求，可以获得如下的响应消息，其中 returnCode 为调用的返回码，timeZoneName 为该地点的时区名，其他相应信息的字段，请参考华为开发者联盟的官网 API 文档说明。

```
{
    "returnCode": "0",
    "timeZoneName": "Eastern African Time",
    "rawOffset": 10800,
    "timeZoneId": "Africa/Khartoum",
    "dstOffset": 0,
    "returnDesc": "OK"
}
```

8.6　小结

通过本章的学习，相信你已经学会了如何在应用中集成 Site Kit，并掌握了 Site Kit 提供的 Android SDK 和 RESTful API 两种使用方式。在编码环节，我们重点讲解关键字搜索、地点搜索建议、地点详情和周边搜索等功能。同时，我们还介绍了 Site Kit 的地理编码和获取时区的功能。下一章会继续介绍华为地图服务，并为我们的 App 添加一系列的地图相关的功能。

Chapter 9 第9章

Map Kit 开发详解

无论开发者的产品是社交、旅游、运动、导航、打车或是其他品类的应用,都需要使用地图功能,从而为用户提供相应的服务,例如为用户提供地图,提供出行的路径规划等。华为 Map Kit(华为地图服务)为开发者提供强大而便捷的地图服务,通过接入 Map Kit,开发者可以快速、低成本地构建应用的地图服务。目前华为地图服务主要提供的功能如下。

- ❑ 地图呈现:呈现内容包含建筑、道路、水系,以及各种兴趣点等。
- ❑ 地图交互:支持 UI 控件和手势控制,以及地图事件等。
- ❑ 地图绘制:支持在地图上添加标记、覆盖物等。
- ❑ 自定义地图样式:支持个性化定制地图样式。
- ❑ 路径规划:支持出发点和目的地之间三种出行方式的路线规划。

9.1 功能原理分析

首先为大家介绍一下华为地图服务的功能原理。华为 Map Kit 提供移动端地图、路径规划、网页端地图等功能,原理如图 9-1 所示。

(1)移动端地图

移动端地图提供地图呈现、地图交互、在地图上绘制与自定义地图样式等功能。移动端地图的客户端由 Map SDK 和 HMS Core APK 构成。服务端为 Huawei Map Server,提供鉴权、取图服务等能力。在应用中集成 Map SDK 后,SDK 通过 HMS Core APK 与服务端 Huawei Map Server 交互,实现移动端地图的功能。

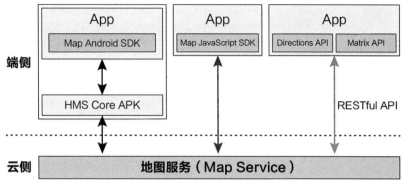

图 9-1　华为地图服务功能原理

（2）路径规划

路径规划能够按照起始地点、途经点以及指定偏好为用户寻找出尽可能优化的路线。路径规划使用的是 RESTful 类型的接口，包含 Directions API 和 Matrix API。如果使用 Directions API，开发者需要构造合法的 JSON 体，发送正确的 Post 请求到 Huawei Map Server ；请求经过 Huawei Map Server 校验之后，会返回一个 JSON 体，其中包含路径规划结果等信息。Matrix API 可以看作 Directions API 的增强版，一次请求可以包含多组起点和目的地，请求经过 Huawei Map Server 校验之后，会返回多组起点和目的地之间的路径规划结果。

（3）网页端地图

华为 Map Kit 还提供网页端地图呈现的能力，包含基础地图呈现、地图控件、地图交互、地图绘制、位置搜索和路径规划等。网页端地图能力的实现由 Map JavaScript SDK 和 Huawei Map Server 两部分协同完成，详细介绍请参考华为开发者联盟网站。

> 📊 说明　华为 Map Kit 是面向后台提供地图服务能力，而不是面向消费者的地图应用。目前华为 Map Kit 仅面向海外应用的开发者开放，后续章节中涉及地图相关的内容全部以海外地图举例。

9.2　开发准备

在前面的需求规划中，我们计划实现宠物商城 App 可以在地图上查看宠物商店的地理位置，帮助用户筛选出当前距离自己最近的宠物商店，以及规划出当前位置到宠物商店的路线等功能。下面将详细介绍如何通过集成华为 Map Kit 来实现这些功能。

在接入华为 Map Kit 之前，还需要完成一些开发准备工作，例如注册成为开发者、在 AppGallery Connect 上创建应用、配置应用签名等，这些步骤在前面的章节已经介绍，此处不再赘述。调用华为 Map Kit，还需要申请以下权限：

```
<uses-permission android:name="android.permission.INTERNET"/>
<uses-permission android:name="android.permission.ACCESS_NETWORK_STATE"/>
<uses-permission android:name="com.huawei.Appmarket.service.commondata.
    permission.GET_COMMON_DATA"/>
```

另外，如果需要获取设备当前位置，还需要在 AndroidMainfest.xml 中增加以下权限
（Android 6.0 以后需动态申请）：

```
<uses-permission android:name="android.permission.ACCESS_COARSE_LOCATION"/>
<uses-permission android:name="android.permission.ACCESS_FINE_LOCATION"/>
```

完成权限申请后，需要在 AppGallery Connect 上开通 Map Kit 服务，方法如下。

打开 AppGallery Connect 网站，点击"我的项目"选项，然后选择"宠物商城"App，
并进入"API 管理"页面，如图 9-2 所示。

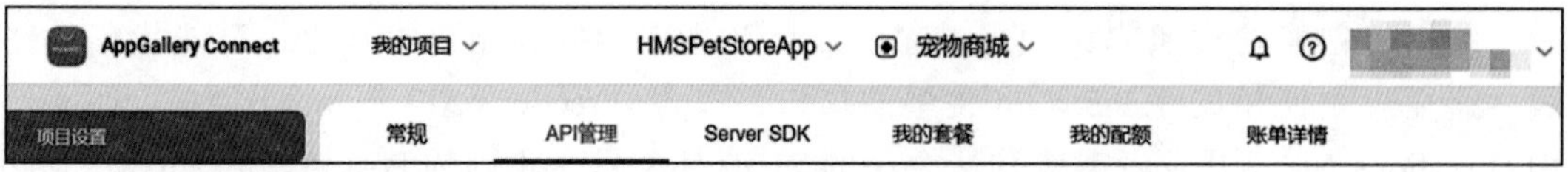

图 9-2　API 管理

在"API 管理"页面开通 Map Kit 服务，如图 9-3 所示。

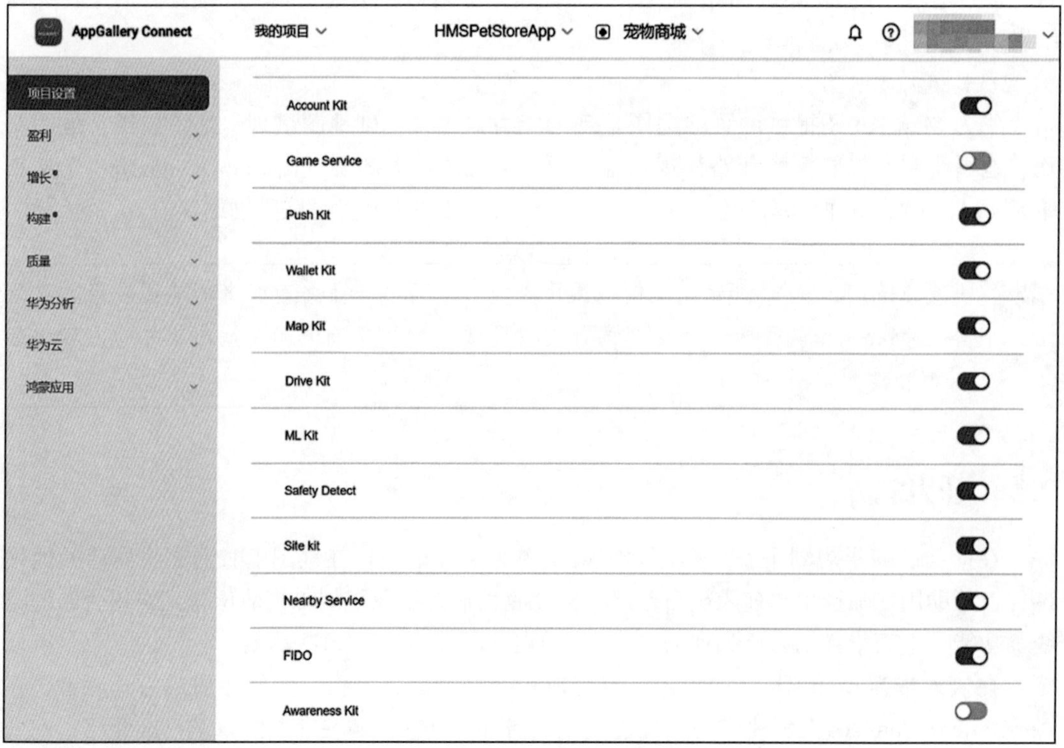

图 9-3　开通 Map Kit 服务

下面接着为大家介绍如何集成 Map SDK。

打开 App 应用级的 build.gradle 文件，在 dependencies 闭包中增加 Map SDK 的依赖，如下所示。

```
implementation 'com.huawei.hms:maps: 4.0.1.300'
```

以上代码以 4.0.1.300 版本为例，最新版本的 Map SDK 请参考华为开发者联盟网站官方文档。配置完成之后，点击右上角的 Sync Now 按钮，等待同步完成，如图 9-4 所示。

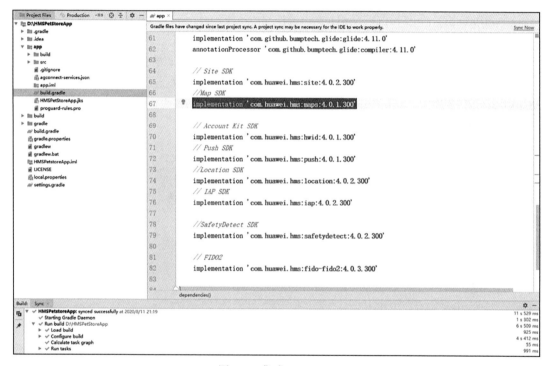

图 9-4　集成 Map SDK

如果需要使用华为 Map Kit 路径规划功能，那么需要申请一个 API Key。申请 API Key 的具体步骤请参考第 8 章。

9.3　创建地图

本节主要介绍如何在宠物商城 App 中使用地图容器加载一张地图，下面为大家介绍创建地图的方式。

9.3.1　创建地图实例

地图容器可以理解为加载地图的控件，就像文字可以通过 TextView 来展示，地图也需要通过一个控件来展示，这样的控件就可以称作地图容器。目前华为地图服务 Android SDK 支持的地图容器有两种：MapFragment 和 MapView。

❑ MapFragment 是 Android Fragment 的子类，可以充当地图的容器，并提供对 HuaweiMap 对象的访问入口。

❑ MapView 是 Android View 类的子类，也可以充当地图的容器，并提供对 HuaweiMap 对象的访问入口。这里需要注意的是，在使用 MapView 方式时，必须在 Activity 的生命周期方法中调用对应的 MapView 的生命周期方法：onCreate()、onStart()、onResume()、onPause()、onStop()、onDestroy()、onSaveInstanceState(Bundle outState) 和 onLowMemory()。

MapView 与 MapFragment 的最大区别在于：MapFragment 继承自 Fragment，Activity 会自动管理 MapFragment 的生命周期；而 MapView 需要绑定 Activity 才能让 Activity 管理 MapView 的生命周期。MapFragment 和 MapView 都支持代码方式或者布局方式创建地图实例，具体步骤将在下面介绍。

1. 通过代码方式创建

下面以 MapFragment 为例介绍如何创建地图。

1）声明 OnMapReadyCallback 接口并实现 OnMapReady 方法，假设我们创建的 Activity 为 MapFragmentCodeActivity，代码如下：

```
public class MapFragmentCodeActivity extends AppCompatActivity implements
    OnMapReadyCallback {

    @Override
    protected void onCreate(Bundle savedInstanceState) {
        super.onCreate(savedInstanceState);
        setContentView(R.layout.activity_map_fragment_code);
    }

    @Override
    public void onMapReady(HuaweiMap huaweiMap) {

    }
}
```

2）调用 MapFragment.newInstance() 方法实例化 MapFragment，并调用 MapFragment. getMapAsync() 来回调 onMapReady 方法，代码如下：

```
private MapFragment mMapFragment;
private HuaweiMap hMap;
@Override
protected void onCreate(Bundle savedInstanceState) {
    super.onCreate(savedInstanceState);
    setContentView(R.layout.activity_map_fragment_code_demo);
    HuaweiMapOptions huaweiMapOptions = new HuaweiMapOptions();
```

```
// 通过 HuaweiOptions 对象获取 MapFragment 对象
mMapFragment = MapFragment.newInstance(huaweiMapOptions);
// 获取 FragmentManager 实例
FragmentManager fragmentManager = getFragmentManager();
// 获取 FragmentTransaction 实例
FragmentTransaction fragmentTransaction = fragmentManager.beginTransaction();
// 将 mMapFragment 添加到布局文件中
fragmentTransaction.add(R.id.frame_mapfragmentcodedemo, mMapFragment);
// 提交修改
fragmentTransaction.commit();

mMapFragment.getMapAsync(this);
}
```

3）onMapReady 方法会回调 HuaweiMap 对象，可以通过该对象操控地图。

```
@Override
public void onMapReady(HuaweiMap map) {
    hMap = map;
    // 设置初始化地图的中心位置
    hMap.moveCamera(CameraUpdateFactory.newLatLngZoom(new LatLng(48.893478,
        2.334595), 10));
}
```

2. 通过布局文件创建

相比较通过代码方式创建地图，使用布局文件方式创建地图可以更方便地在 XML 文件中设置地图属性，有效减少代码量。下面以 MapFragment 为例介绍一下如何通过布局文件创建地图。

1）在 Activity 的布局文件中添加一个 fragment，在 fragment 中添加 map 的命名空间：xmlns:map=http://schemas.android.com/apk/res-auto，然后设置地图的属性，示例代码如下。

```
<fragment xmlns:android="http://schemas.android.com/apk/res/android"
    xmlns:map="http://schemas.android.com/apk/res-auto"
    android:id="@+id/mapfragment_mapfragmentdemo"
    class="com.huawei.hms.maps.MapFragment"
    android:layout_width="match_parent"
    android:layout_height="match_parent"
    map:cameraTargetLat="48.893478"
    map:cameraTargetLng="2.334595"
map:cameraZoom="10" />
```

常用的地图设置属性如下。

❑ mapType：设置地图类型，有效值包括 none 和 normal。

❑ cameraTargetLat，cameraTargetLng：设置地图中心位置的经纬度。

❑ cameraZoom：设置屏幕中心附近地图的缩放级别。

❑ cameraBearing：设置地图的旋转角度，以正北方向为 0 度，顺时针旋转。

❑ cameraTilt：设置相机的倾斜角度，即相机角度与垂直于地球表面直线的夹角。

❑ uiZoomControls：设置缩放功能是否可用，默认可用。

❑ uiCompass：设置指南针是否可用，默认可用。

❑ uiZoomGestures，uiScrollGestures，uiRotateGestures，uiTiltGestures：设置缩放手势、滚动手势、旋转手势、倾斜手势是否可用，默认均可用。

❑ zOrderOnTop：设置地图视图的图层是否放置在所有图层的顶部，默认放置在顶部。

2）声明 OnMapReadyCallback 接口并实现 OnMapReady 方法。onMapReady 方法会回调 HuaweiMap 对象，可以调用该对象操控地图。

```
public class MapFragmentDemoActivity extends AppCompatActivity implements
    OnMapReadyCallback {
        private HuaweiMap hMap;
@Override
protected void onCreate(Bundle savedInstanceState) {
    super.onCreate(savedInstanceState);
    setContentView(R.layout.activity_map_fragment_demo);
}

@Override
public void onMapReady(HuaweiMap map) {
    hMap = map;
    // 设置初始化地图的中心位置
    hMap.moveCamera(CameraUpdateFactory.newLatLngZoom(new LatLng(48.893478,
        2.334595), 10));}
    }
    }
```

3）在 Activity 的 onCreate 方法中加载 MapFragment，并调用 MapFragment 的 getMapAsync() 来回调 onMapReady 方法。

```
public class MapFragmentDemoActivity extends AppCompatActivity implements
    OnMapReadyCallback {
        private Huawei hMap;
    @Override
    protected void onCreate(Bundle savedInstanceState) {
        super.onCreate(savedInstanceState);
        setContentView(R.layout.activity_map_fragment_demo);
        private MapFragment mMapFragment = (MapFragment)
        getFragmentManager().findFragmentById(R.id.mapfragment_mapfragmentdemo);
        mMapFragment.getMapAsync(this);
        }
@Override
public void onMapReady(HuaweiMap map) {
    hMap = map;
    // 设置初始化地图的中心位置
    hMap.moveCamera(CameraUpdateFactory.newLatLngZoom(new LatLng(48.893478,
        2.334595), 10));}

    }
```

9.3.2　设置地图类型

华为 Map Kit 目前支持两种地图类型，可以通过调用 HuaweiMap 对象的 setMapType 方法来设置。

❑ MAP_TYPE_NORMAL：标准地图。展示道路、建筑物以及河流等重要的地物。

❑ MAP_TYPE_NONE：没有加载任何数据的空地图。

其中，默认展示的地图类型是标准地图，可满足大多数场景的地图需求，也是日常生活中经常接触的一种地图。空地图不展示任何地物，适用于不想暴露地理位置信息，而只希望展示地图上绘制的某些标记或者形状的场景。

设置标准地图类型的方法为：调用 HuaweiMap 对象的 setMapType(HuaweiMap.MAP_TYPE_NORMAL)，显示效果如图 9-5 所示。

设置空地图类型的方法为：调用 HuaweiMap 对象的 setMapType(HuaweiMap.MAP_TYPE_NONE)，显示效果如图 9-6 所示。

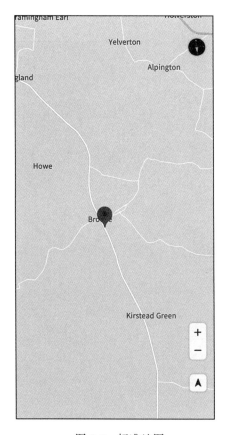

图 9-5　标准地图

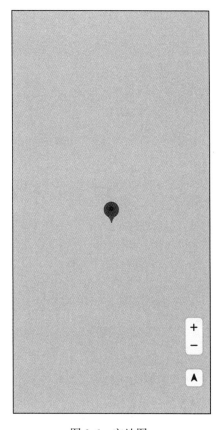

图 9-6　空地图

9.3.3 设置内边距

华为地图是通过模拟相机的方式实现的，地图以目标位置为中心填充整个相机区域，地图控件（如指南针、缩放按钮和"我的位置"按钮等）放置在相机区域的边缘。默认情况下，指南针放置在相机右上角，缩放按钮和"我的位置"按钮放置在相机右下角。在页面布局时，可以通过调整内边距来避免遮挡重要内容。

开发者可以通过 HuaweiMap.setPadding(int left, int top, int right, int bottom) 方法来设置地图控件距离地图容器边缘的距离，相关参数的说明如下。

- ❑ left：无特殊意义，设置为 0 即可。
- ❑ top：设置指南针距离相机上方边缘的填充距离，以像素为单位。
- ❑ right：设置指南针、缩放按钮和"我的位置"按钮距离相机右方边缘的填充距离，以像素为单位。
- ❑ bottom：设置缩放按钮和"我的位置"按钮距离相机下方边缘的填充距离，以像素为单位。

图 9-7 和图 9-8 分别展示了地图默认内边距和自定义内边距的效果。

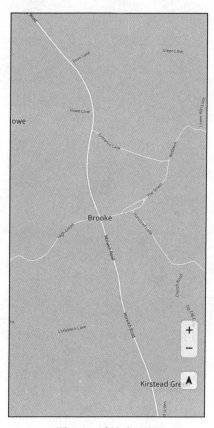
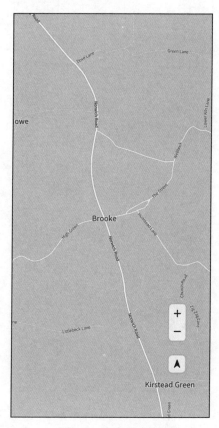

图 9-7　默认内边距　　　　　　　　图 9-8　自定义内边距

需要说明的是，设置地图内边距之后，地图中心点也会做相应偏移，例如设置 Huawei Map.setPadding(0, 0, 100, 100)，地图中心将会向左上角偏移。

9.3.4　实战编码

本节将讲解如何在宠物商城 App 中实现创建地图的功能。在示例中，地图使用布局方式实现，地图容器采用的是 MapView，具体步骤如下。

1）在 PetStoreSearchDetailActivity.java 的布局文件中添加 MapView，如下所示。

```
<com.huawei.hms.maps.MapView
    android:id="@+id/mapview_mapviewdemo"
    android:layout_width="match_parent"
    android:layout_height="match_parent"
<!--设置地图类型为标准类型-->
    map:mapType="normal"
<!--设置指南针可见-->
    map:uiCompass="true"
<!--设置缩放按钮可见-->
    map:uiZoomControls="true"
<!--设置地图图层不置于顶层-->
    map:zOrderOnTop="false" />
```

2）要在应用程序中使用地图，需要实现 OnMapReadyCallback 接口并重写 OnMapReady 方法。

```
public class PetStoreSearchDetailActivity extends AppCompatActivity implements
    OnMapReadyCallback {
@Override
public void onMapReady(HuaweiMap map) {
}
}
```

3）在 Activity 的 onCreate() 方法中加载 MapView，并调用 MapView 的 getMapAsync() 来回调 onMapReady 方法。

```
private HuaweiMap hMap;
private MapView mMapView;
mMapView = findViewById(R.id.mapview_mapviewdemo);
mMapView.onCreate(new Bundle());
mMapView.getMapAsync(this);
```

4）为了让 Activity 管理 MapView 的生命周期，需要在 PetStoreSearchDetailActivity.java 的生命周期方法 onStart()、onResume()、onPause()、onStop()、onDestroy()、onSaveInstance State(Bundle outState) 和 onLowMemory() 中调用 MapView 对应的方法，由 Activity 完成地

图的创建和销毁。

```
@Override
protected void onStart() {
    super.onStart();
    mMapView.onStart();
}
@Override
protected void onResume() {
    super.onResume();
    mMapView.onResume();
}
...
@Override
public void onLowMemory() {
    super.onLowMemory();
    mMapView.onLowMemory();
}
```

完成上述操作后运行 App，可以看到创建的地图效果如图 9-9 所示。

9.4　地图交互

地图交互操作主要是指进入地图页面后，用手指在地图上进行滑动、点击等操作。本节主要介绍如何设置地图交互操作。

> 📊 说明　本节的几个功能配置比较简单，大家参考下面的配置步骤即可完成，因此本章不单独设置"实战编码"章节。

9.4.1　地图相机

华为地图的移动是通过模拟相机拍摄移动的方式实现的，开发者可以通过改变相机的设置，来控制地图的显示区域。例如，通过调整相机的焦距、角度，移动相机的位置来拍摄不同的照片，如图 9-10 所示。

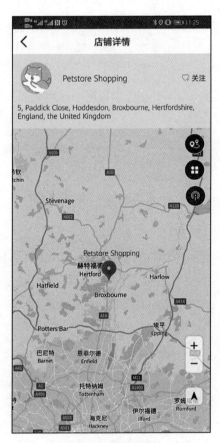

图 9-9　创建地图

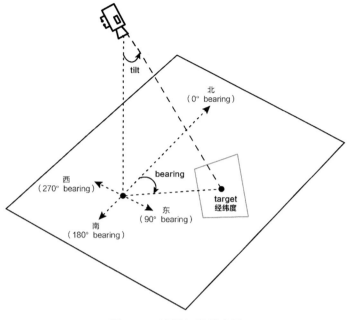

图 9-10　地图相机示意图

地图相机支持设置的属性有经纬度坐标（tartget）、地图旋转角度（bearing）、相机倾斜角度（tilt）和缩放（zoom），如表 9-1 所示。

表 9-1　地图相机属性

属　　性	属性描述
target	地图中心位置的经纬度坐标
bearing	地图以正北方向为 0°，顺时针旋转的角度
tilt	相机的倾斜角度，即相机角度与垂直于地球表面直线的夹角
zoom	屏幕中心附近的缩放级别

假设调整前，相机的视图为：以经纬度为 (0.0, 0.0) 的点为中心，缩放级别为 3，倾斜角度为 0°，地图旋转角度为 0°，如图 9-11 所示。

假设我们要将相机的视图调整为：以经纬度为 (52.541326999999995, 1.3710089999999966) 的点为中心，缩放级别为 14，倾斜角度为 45°，地图旋转角度为 245°，可以通过下列代码实现。

```
CameraPosition build =
    new CameraPosition.Builder().target(new LatLng(52.541326999999995, 1.37100
        89999999966)). zoom(18).tilt(45).bearing(80).build();

CameraUpdate cameraUpdate = CameraUpdateFactory.newCameraPosition(build);
// 以非动画方式移动地图相机
hmap.moveCamera(cameraUpdate);
```

移动后的效果如图 9-12 所示。

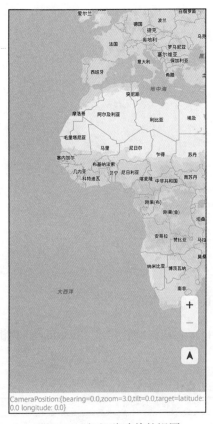

图 9-11　相机移动前的视图　　　　　　图 9-12　相机移动后的视图

9.4.2　UI 控件与手势

华为 Map Kit 支持开发者根据实际需要，通过控制内置 UI 控件的显示以及配置手势来自定义用户与地图交互的方式。下面将分别介绍 UI 控件与手势的设置。

1. UI 控件

UI 控件主要包括：缩放控件、指南针和"我的位置"按钮。可以通过调用 HuaweiMap 类中的 getUiSettings() 方法获取到 UiSettings 对象，从而控制 UI 控件的可见性。地图 UI 控件的分布如图 9-13 所示。

（1）缩放按钮

华为 Map Kit 提供了内置的缩放控件，默认情况下是显示缩放按钮的。若需要改为不显示缩放按钮，可以参考如下代码进行设置。

```
// 不显示缩放按钮
hMap.getUiSettings().setZoomControlsEnabled(false);
```

（2）指南针

华为 Map Kit 提供了指南针功能，默认显示在地图的右上角。如果启用，当地图不是指向正北方向时，地图右上角会显示一个指南针图标，点击指南针可使地图旋转为正北方向；当地图为正北方向时，指南针图标隐藏。如果禁用，将不会显示指南针图标，禁用的代码如下。

```
// 不显示指南针
hMap.getUiSettings().setCompassEnabled(false);
```

（3）"我的位置"按钮

启用"我的位置"按钮前需要先申请位置权限。Android 提供了两种位置权限：ACCESS_COARSE_LOCATION（粗略的位置权限）和 ACCESS_FINE_LOCATION（精确的位置权限）。需要在 Manifest.xml 文件中申请权限，示例如下：

```
<uses-permission android:name="android.permission.ACCESS_COARES_LOCATION"/>
<uses-permission android:name="android.permission.ACCESS_FINE_LOCATION"/>
```

在 Manifest.xml 中添加上述代码后，还需要在代码中动态申请一下权限（Android 6.0 危险权限要求），如下所示：

```
if (Build.VERSION.SDK_INT >= Build.VERSION_CODES.M) {
    Log.i(TAG, "sdk >= 23 M");
    if (ActivityCompat.checkSelfPermission(this,
        Manifest.permission.ACCESS_FINE_LOCATION) != PackageManager.PERMISSION_GRANTED
        || ActivityCompat.checkSelfPermission(this,
            Manifest.permission.ACCESS_COARSE_LOCATION) != PackageManager.
                PERMISSION_GRANTED) {
        String[] strings =
            {Manifest.permission.ACCESS_FINE_LOCATION, Manifest.permission.
                ACCESS_COARSE_LOCATION};
        ActivityCompat.requestPermissions(this, strings, 1);
    }
}
```

完成权限申请之后，在 PetStoreSearchDetailActivity.java 的 onMapReady 中通过下面的示例代码可以开启"我的位置"按钮功能，示例如下：

```
@RequiresPermission(allOf = {ACCESS_FINE_LOCATION, ACCESS_WIFI_STATE})
@Override
public void onMapReady(HuaweiMap map){
    hMap = map;
    hMap.setMyLocationEnabled(true);                        // 启用我的位置图层
    hMap.getUiSettings().setMyLocationButtonEnabled(true);// 启用我的位置按钮
}
```

在开启该功能后，"我的位置"按钮默认显示在地图的右下角，用户的定位会以紫色圆圈的形式呈现。当用户单击该按钮时，如果获取到用户的位置，将会在屏幕中心显示当前定位，如图 9-14 所示。

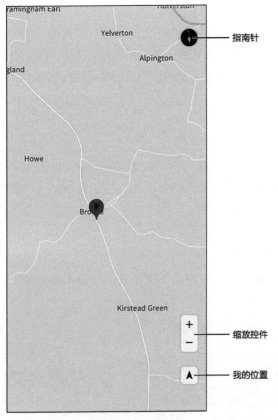

图 9-13 华为地图 UI 控件　　　　　　　图 9-14 点击我的位置后

如果需要隐藏 "我的位置" 按钮，可以通过调用 HuaweiMap 对象的 getUiSettings().set MyLocationButtonEnabled(false) 来隐藏。

2. 地图手势控制

开发者可以使用单指或者双指在地图上实现跟相机移动相同的效果，比如双指向外划开可以放大地图缩放级别，单指滑动可以在地图上漫游等。可以通过 UISettings 对象来启用或禁止地图手势，华为 Map Kit 默认全部地图手势控制是可用的，包括下面介绍的缩放、滚动平移、倾斜和旋转等手势。下面的示例中只说明如何关闭这些功能。

1）关闭缩放手势功能的代码如下：

```
hMap.getUiSettings().setZoomGesturesEnabled(false);
```

2）关闭滚动手势功能的代码如下：

```
hMap.getUiSettings().setScrollGesturesEnabled(false);
```

3）关闭倾斜手势功能的代码如下：

```
hMap.getUiSettings().setTiltGesturesEnabled(false);
```

4）关闭旋转手势功能的代码如下：

```
hMap.getUiSetting.setRotateGesturesEnabled(false);
```

9.4.3　地图事件

华为 Map Kit 支持点击和长按、PoI 点击、相机移动等事件。开发者可以通过设置监听器的方式来获取事件信息。例如，开发者可以对 PoI 点击事件进行监听，回调方法会返回 PoI 的 name（名称）、latLng（经纬度）和 placeId（PoI 的唯一 ID）。监听事件的类型和设置代码如下。

1. 点击事件监听

下面以点击地图来获取相应位置坐标为例，介绍点击事件监听的实现方式。其中，监听的事件为"点击地图"，监听的后续动作为"弹出 Toast 显示单击位置的经纬度"，代码如下：

```
hMap.setOnMapClickListener(new HuaweiMap.OnMapClickListener() {
    @Override
public void onMapClick(LatLng latLng) {
        // 弹出 Toast 显示单击位置的经纬度
        Toast.makeText(getApplicationContext(), "onMapClick: " +
            latLng.toString(), Toast.LENGTH_SHORT).show();
    }
});
```

2. 长按事件监听

下面以长按地图来获取相应位置坐标为例，介绍长按事件监听的实现方式。其中，监听的事件为"长按地图"，监听的后续动作为"弹出 Toast 显示长按位置的经纬度"，代码如下：

```
hMap.setOnMapLongClickListener(new HuaweiMap.OnMapLongClickListener() {
    @Override
public void onMapLongClick(LatLng latLng) {
        // 弹出 Toast 显示长按位置的经纬度
        Toast.makeText(getApplicationContext(), "onMapLongClick: " +
            latLng.toString(), Toast.LENGTH_SHORT).show();
    }
});
```

3. PoI 点击事件监听

如果关注地图上的某个兴趣点，可以使用 PoI 点击事件监听来实现如下功能。本示例中，监听事件为"点击 PoI"，监听的后续动作为"弹出 Toast 显示 PoI 信息"，示例代码如下：

```
hMap.setOnPoiClickListener(new HuaweiMap.OnPoiClickListener() {
```

```
        @Override
        public void onPoiClick(PointOfInterest pointOfInterest) {
            // 弹出 Toast，显示 PoI 信息
            Toast.makeText(getApplication(), "Name:" + pointOfInterest.
                name + "\nPlaceId:" + pointOfInterest.placeId +
                "\nLocation:\n" + pointOfInterest.latLng.toString(),
                Toast.LENGTH_LONG).show();
        }
    });
```

该示例中，将宠物商店设置为兴趣点，点击后的效果如图 9-15 所示。

4. 地图相机移动监听

当地图相机的位置、缩放比例、倾斜角度等发生变化时，称为相机移动。当相机移动时，应用层通过设置监听器，能够对相机移动状态进行监听。具体方法如下：

```
@Override
public void onMapReady(HuaweiMap huaweiMap) {
    Log.i(TAG, "onMapReady: ");
hMap = huaweiMap;
// 设置相机开始移动的监听
hMap.setOnCameraMoveStartedListener(this);
// 设置相机移动结束的监听
hMap.setOnCameraIdleListener(this);
    // 设置相机移动的监听
    hMap.setOnCameraMoveListener(this); }

// 相机开始移动时回调
@Override
public void onCameraMoveStarted(int reason) {
    Log.i(TAG, "onCameraMoveStarted: susccessful");
}

// 相机移动终止时的回调
@Override
public void onCameraIdle() {
    Log.i(TAG, "onCameraIdle: sucessful");
}

// 相机移动过程中的回调
@Override
public void onCameraMove() {
    Log.i(TAG, "onCameraMove: successful");
}
```

假设在相机移动的过程中，我们需要对当前地图的缩放系数进行监听，可以通过以下代码来实现：

```
hMap.setOnCameraMoveListener(new HuaweiMap.OnCameraMoveListener() {
@Override
```

```
// 相机移动过程中的回调
public void onCameraMove() {
Toast.makeText(getApplication(), "Current Zoom is " + hMap.getCameraPosition().zoom,
    Toast.LENGTH_LONG).show();
}
});
```

在该示例中，当相机移动时会弹出一个 Toast 消息，显示监听事件 Current Zoom is 17.092348，效果如图 9-16 所示。

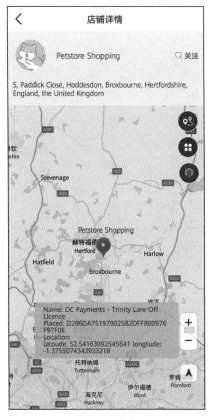

图 9-15　PoI 点击事件监听

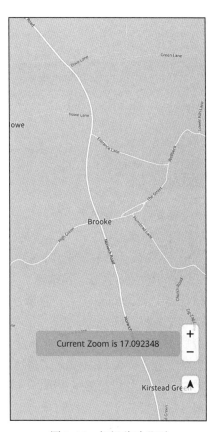

图 9-16　相机移动监听

5. 标记点击事件监听

假设我们已经为某宠物商店添加过标记（即 Marker，9.5 节将详细介绍如何增加标记），通过点击标记并将其移动到地图中心，可通过如下代码实现：

```
hMap.setOnMarkerClickListener(new HuaweiMap.OnMarkerClickListener() {
    @Override
public boolean onMarkerClick(Marker marker) {
        // 将 Marker 移动到地图中心
```

```
                 hMap.moveCamera(CameraUpdateFactory.newLatLng(marker.getPosition))
                 return false;
             }
});
```

6. 信息窗点击事件监听

假设我们已经为某宠物商店添加过信息窗（即 InfoWindow，用于显示 Marker 的相关信息，9.5 节将详细介绍如何增加信息窗），可以通过设置监听来获取 Marker 相关信息，代码如下：

```
hMap.setOnInfoWindowClickListener(new HuaweiMap.OnInfoWindowClickListener() {
    @Override
public void onInfoWindowClick(Marker marker) {
        // 弹出 Toast 显示 Marker 的信息
        Toast.makeText(getApplicationContext(), "onInfoWindowClick: " +
            marker.getTitle(), Toast.LENGTH_SHORT).show();
    }
});
```

9.5 地图绘制

本节主要介绍如何在地图上绘制标记、覆盖物以及形状等内容。华为 Map Kit 支持在地图上绘制的内容如下。

- ❑ 标记（Marker）：是一种用于标识兴趣点的标记。用户可以在地图的指定位置添加标记以标识位置、商家、建筑等。
- ❑ 信息窗（InfoWindow）：信息窗是标记的一部分，默认显示在标记的正上方，用于显示标记的相关信息。
- ❑ 覆盖物（GroundOverlay）：是指叠加在地图底层之上的图片。
- ❑ 形状：包含折线（Polyline）、多边形（Polygon）和圆（Circle）。如果希望在地图上绘制一段时间的运动路线，可以用 Polyline；如果希望在地图上标记一块感兴趣的区域，可以用多边形或者圆。

下面将详细介绍绘制各种内容的方法。

📊 说明　本节的几个功能需要开发者视具体需要配置，相对独立，因此本章不单独提供"实战编码"。

9.5.1 标记

华为 Map Kit 支持在地图上绘制标记，为标记添加信息窗，以及聚合标记，下面将为大家详细介绍实现的方法。

1. 添加标记

使用默认图标在地图上添加一个简单标记的方法如下。

```
// 定义一个 Marer 类型的变量
private Marker mMarker;
// 设置 Marker 的属性
MarkerOptions options = new MarkerOptions()
        .position(new LatLng(48.893478, 2.334595))
        .title("Hello Huawei Map")
        .snippet("This is a snippet!");
    // 在地图上添加 Marker
    mMarker = hMap.addMarker(options);
}
```

其中，开发者可以用自定义图像代替默认图标，还可以设置标记属性来改变图标。支持自定义的属性如表 9-2 所示。

表 9-2　Marker 支持的自定义属性

属　　性	含　　义
Position	标记在地图上的经纬度，这是 Marker 对象唯一必需的属性
Rotation	标记在地图上的旋转角度
Title	用户点按标记时在信息窗口中显示的字符串
Snippet	标题文本框显示的其他文字
Icon	代替默认标记图像
Visible	标记的可见性，默认为可见
Zindex	标记的 Zindex。Zindex 大的标记会绘制在 Zindex 相对于较小的标记之上，默认为 0
Anchor	标记的锚点
Draggable	标记是否可以被图都没回，默认为不可拖动
Alpha	标记的透明度，范围为 [0, 1]，0 表示完全透明，1 表示完全不透明，默认为完全不透明
Flat	标记是否平贴地图
Infowindowanchor	标记信息窗口的锚点坐标

由于宠物商城 App 在地图上标记宠物商店位置的功能需要使用 Marker，下面将以此为例进行介绍。添加 Marker 的功能并在 PetStoreSearchDetailActivity.java 类实现。

1）设置 MarkerOptions，即设置 Marker 的坐标、锚点、图标等属性。

```
/**
    * 获取一个 MarkerOptions
    *
    * @param position Marker 坐标点
    * @param name     店铺名称
    * @return MarkerOptions
    */
    private MarkerOptions getMarkerOptions(LatLng position, String name) {
        MarkerOptions markerOptions = new MarkerOptions().position(position)
            .anchorMarker(0.5f, 0.9f)
            .icon(BitmapDescriptorFactory.fromBitmap(getMarkerBitmap(name)));
```

```
        return markerOptions;
    }
```

2）在地图上添加 Marker。

```
hMap.addMarker(getMarkerOptions(latLng, p.getName())).setTag(p.getSiteId());
```

绘制效果如图 9-17 所示。

图 9-17 空地图添加 Marker

2. 聚合标记

Marker 标记支持标记聚合功能，该功能可以有效地管理地图不同缩放级别下的多个标记。当用户以高缩放级别查看地图时，各个标记会显示在地图上；当用户缩小地图时，标记会聚集成集群，从而使标记的呈现更有序。

实现标记聚合功能的示例代码如下：

```
@Override
    public void onMapReady(HuaweiMap map) {
        hMap = map;
        // 移动相机视图到某位置
```

```
hMap.moveCamera(CameraUpdateFactory.newLatLngZoom(
    new LatLng(48.893478, 2.334595),10));
// 在该位置附近加 6 个 Marker，并将 Marker 的聚合属性设置为 true
hMap.addMarker(new MarkerOptions().position(new LatLng(48.891478,
    2.334595)).title("Marker1").clusterable(true));
hMap.addMarker(new MarkerOptions().position(new LatLng(48.892478,
    2.334595)).title("Marker2").clusterable(true));
hMap.addMarker(new MarkerOptions().position(new LatLng(48.893478,
    2.334595)).title("Marker3").clusterable(true));
hMap.addMarker(new MarkerOptions().position(new LatLng(48.894478,
    2.334595)).title("Marker4").clusterable(true));
hMap.addMarker(new MarkerOptions().position(new LatLng(48.895478,
    2.334595)).title("Marker5").clusterable(true));
hMap.addMarker(new MarkerOptions().position(new LatLng(48.896478,
    2.334595)).title("Marker6").clusterable(true));
hMap.setMarkersClustering(true);
}
```

使用标记聚合的效果如图 9-18 所示。其中，图 9-18a 为高缩放级别下多标记效果，图 9-18b 为低缩放级别下多标记效果。

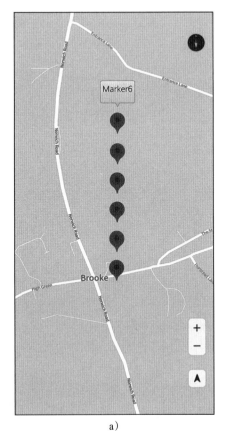
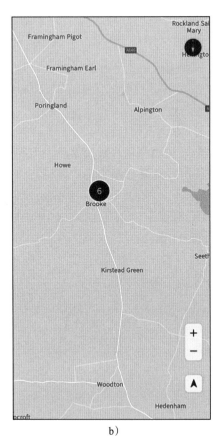

a)　　　　　　　　　　　　　　　　b)

图 9-18　标记聚合功能示例

3. 信息窗

信息窗分为默认样式的信息窗和自定义样式的信息窗。下面介绍绘制信息窗的具体方法。

（1）添加信息窗

添加信息窗的最简单方法是设置相应 Marker 对象的 title(String title) 和 snippet(String snippet) 方法，设置这些属性将可以在单击该标记时显示信息窗。有两种方式可以设置 Marker 对象的 title 和 snippet 属性。

方式 1：通过 MarkerOptions 进行设置。

```
private Marker mMarker;
MarkerOptions options = new MarkerOptions().position(new LatLng(52.541327, 1.371009));
    options.title("Title: PetStore");
    options.snippet("Snippet: This is a petstore.");
    mMarker = hMap.addMarker(options);
```

方式 2：通过 Marker.setTitle(String title) 和 Marker.setSnippet(String snippet) 方法动态设置或修改。

```
mMarker = hMap.addMarker(new MarkerOptions().position(new LatLng(52.541327, 1.371009)));
mMarker.setTitle("Title: PetStore");
mMarker.setSnippet("Snippet: This is a petstore.");
```

以上两种方式可达到相同效果：在地图上添加 Marker 以后对其进行点击操作，即可展示信息窗，如图 9-19 所示。

（2）显示 / 隐藏信息窗

信息窗旨在响应用户触摸事件，当用户触摸地图其他范围时，Marker 会自动隐藏信息窗，当用户点击 Marker 时，它会自动显示信息窗。另外，也可以通过调用 Marker 对象的 showInfoWindow() 显示信息窗，通过调用 Marker 对象的 hideInfoWindow() 隐藏信息窗。

显示信息窗的示例代码如下：

```
private void showInfoWindow() {
    boolean isInfoWindowShown = mMarker.
        isInfoWindowShown();
if (!isInfoWindowShown) {
        //显示信息窗
        mMarker.showInfoWindow();
    }
}
```

隐藏信息窗的示例代码如下：

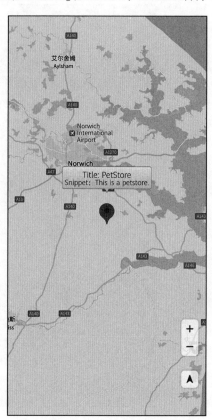

图 9-19　默认样式的信息窗

```
private void hideInfoWindow() {
    boolean isInfoWindowShown = mMarker.isInfoWindowShown();
if (isInfoWindowShown) {
        // 隐藏信息窗
        mMarker.hideInfoWindow();
    }
}
```

（3）自定义信息窗

Marker 支持自定义信息窗，需要自定义 CustomInfoWindowAdapter 类来实现 InfoWindow-Adapter 接口，然后用 HuaweiMap 对象的 setInfoWindowAdapter() 方法调用它。下面介绍实现自定义信息窗的步骤。

1）新建文件 custom_info_window.xml，作为信息窗的自定义布局文件。

```xml
<?xml version="1.0" encoding="utf-8"?>
<LinearLayout xmlns:android="http://schemas.android.com/apk/res/android"
    android:layout_width="wrap_content"
    android:layout_height="wrap_content"
    android:orientation="horizontal">

    <ImageView
        android:id="@+id/img_marker_icon"
        android:layout_width="50dp"
        android:layout_height="50dp"
        android:layout_marginRight="5dp"
        android:adjustViewBounds="true"
        android:src="@mipmap/ic_launcher" />

    <LinearLayout
        android:layout_width="wrap_content"
        android:layout_height="wrap_content"
        android:orientation="vertical">

        <TextView
            android:id="@+id/txtv_titlee"
            android:layout_width="wrap_content"
            android:layout_height="wrap_content"
            android:text="PetStore"
            android:ellipsize="end"
            android:singleLine="true"
            android:textColor="#ff000000"
            android:textSize="14sp"
            android:textStyle="bold" />

        <TextView
            android:id="@+id/txtv_snippett"
            android:layout_width="wrap_content"
            android:layout_height="wrap_content"
            android:text="This is a petstore"
```

```
                android:ellipsize="end"
                android:singleLine="true"
                android:textColor="#ff7f7f7f"
                android:textSize="14sp" />
        </LinearLayout>
</LinearLayout>
```

2）实现 HuaweiMap.InfoWindowAdapter 接口，用于提供自定义标记信息窗口视图的适配器。HuaweiMap.InfoWindowAdapter 接口包含两个方法：getInfoWindow(Marker) 和 getInfoContents(Marker)，getInfoWindow(Marker) 用于自定义信息窗背景，如果返回 nul 将使用默认信息窗背景；getInfoContents(Marker) 用于自定义信息窗内容，同理，返回 null 将使用默认信息窗内容，代码如下。

```
private class CustomInfoWindowAdapter implements HuaweiMap.InfoWindowAdapter {
    private final View mWindow;

CustomInfoWindowAdapter() {
        // 将自定义布局文件转化为 View
        mWindow = getLayoutInflater().inflate(R.layout.custom_info_window, null);
    }
    // 自定义信息窗
    @Override
    public View getInfoWindow(Marker marker) {
        return  null;
    }
    // 自定义信息窗口内容
    @Override
    public View getInfoContents(Marker marker) {
        return mWindow;
    }
}
```

3）为 HuaweiMap 设置自定义信息窗适配器，代码如下。

```
@Override
public void onMapReady(HuaweiMap map) {
    if (map == null) {
        return;
    }
// 设置 Marker 的信息窗为自定义信息窗
hMap.setInfoWindowAdapter(new
    CustomInfoWindowAdapter());
hMap.addMarker(new MarkerOptions().position
    (hMap.getCameraPosition().target));
}
```

完成上述步骤后，自定义信息窗效果如图 9-20 所示。

图 9-20　自定义样式的信息窗

9.5.2　覆盖物

覆盖物是指叠加在地图底层之上的图片，可以通过覆盖物对某个地点进行标注。

1. 添加覆盖物

添加覆盖物的步骤如下。

1）通过 BitmapDescriptorFactory 来创建 BitmapDescriptor 对象，创建方式如下：

```
// 从 asset 目录获取图片
BitmapDescriptor descriptor = BitmapDescriptorFactory.fromAsset("images/
    avocado.jpg");
// 加载 Bitmap 图片
BitmapDescriptor descriptor = BitmapDescriptorFactory.fromBitmap(bitmap);
// 从内部存储中的图片文件名获取图片
BitmapDescriptor descriptor = BitmapDescriptorFactory.fromFile(fileName);
// 从图片资源的绝对路径加载图片
BitmapDescriptor descriptor = BitmapDescriptorFactory.fromPath(path);
// 从资源文件中加载图片
BitmapDescriptor descriptor = BitmapDescriptorFactory.fromResource(R.drawable.
    makalong);
```

2）创建一个 GroundOverlayOptions 对象来确定 GroundOverlay 的 position 和 image 属性：

```
GroundOverlayOptions options = new GroundOverlayOptions().position(new
    LatLng(48.956074, 2.27778), 200, 200).image(descriptor);
```

3）通过 HuaweiMap 对象的 addGroundOverlay(GroundOverlayOptions options) 方法添加地图覆盖物，代码如下所示：

```
private GroundOverlay mGroundOverlay;
// 将 GroundOverlay 添加到地图上
mGroundOverlay = hMap.addGroundOverlay(options);
```

完成上述步骤后，在地图上添加覆盖物的效果如图 9-21 所示。

2. 覆盖物事件

覆盖物也支持点击事件，可使用 HuaweiMap.OnGroundOverlayClickListener 来监听覆盖物上的点击事件，当覆盖物被点击时，onGroundOverlayClick(GroundOverlay) 将回调该覆盖物对象，但是 GroundOverlay 默认是不可点击的，需要通过 GroundOverlay 的 setClickable(boolean)方法来启用 GroundOverlay 的可点击性。

```
// 启用覆盖物的可点击性
mGroundOverlay.setClickable(true);
// 设置覆盖物的点击事件
hMap.setOnGroundOverlayClickListener(new HuaweiMap.OnGroundOverlayClickListener() {
    @Override
    public void onGroundOverlayClick(GroundOverlay groundOverlay) {
        Toast.makeText(getApplicationContext(), "GroundOverlay is clicked.",
```

```
        Toast.LENGTH_LONG).show();
    }
});
```

在该示例中，点击覆盖物的时候会弹出一个 Toast 消息，如图 9-22 所示。

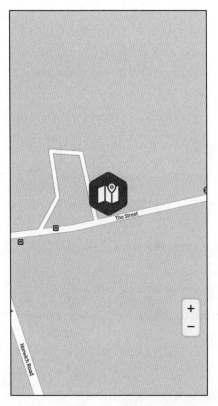

图 9-21　覆盖物

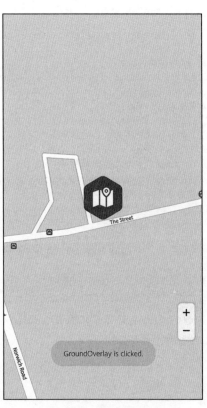

图 9-22　覆盖物点击事件

9.5.3　形状

华为 Map Kit 支持在地图上添加形状，主要包括折线（Polyline）、多边形（Polygon）和圆（Circle）。下面将介绍这些形状的绘制方法。

1. 折线

折线由若干个 LatLng（经纬度）对象连接而形成。折线的属性如表 9-3 所示。

表 9-3　折线属性

属　　　性	描　　　述
Points	由 LatLng 对象定义的折线的顶点
Width	边框宽度，单位为像素

（续）

属　　性	描　　述
Color	由 ARGB 格式定义的边框颜色，默认是黑色
Start/End Cap	折线的起始顶点和末端顶点，默认是 ButtCap 类型
Joint type	起始和结束顶点之外的所有顶点的节点类型
Stroke Pattern	线条样式，默认是实线
Z-Index	Z-Index，指该对象相对于其他 Overlay（GroundOverlay、Circle、Polyline 以及 Polygon）的叠加顺序，Z-Index 较大的 Overlay 会叠加到 Z-Index 较小的 Overlay 之上，默认值是 0
Visbility	可见性，默认是可见
Geodesic	折线的所有线段是否绘制为测地线
Clickability	可点击性，默认不可点击
Tag	标签

下面讲解如何创建折线以及实现折线的点击事件。

（1）创建折线对象

可以用 addPolyline 方法添加折线，如果需要在添加折线后更改折线的形状，可以调用 Polyline 对象的 setPoints() 方法并为折线提供新的点列表。添加折线的代码样例如下：

```
// 定义 Polyline 对象
private Polyline mPolyline;
// 添加折线
    mPolyline = hMap.addPolyline(new PolylineOptions()
            .add(new LatLng(47.1606, 2.4000), new LatLng(47.2006, 2.000),
                new LatLng(47.3000, 2.1000))
            .color(Color.BLUE)
            .width(8));
```

上述代码执行完毕，可以看到有一条折线，效果如图 9-23 所示。

（2）折线的点击事件

可通过调用 Polyline 对象的 setClickable(boolean) 方法来启用或禁用折线的可点击性。如需在地图上设置此监听器，请调用 HuaweiMap 对象的 setOnPolylineClickListener(OnPolylineClickListener) 方法。

```
// 启用折线的可点击性
mPolyline.setClickable(true);
// 设置折线的点击事件
hMap.setOnPolylineClickListener(new HuaweiMap.OnPolylineClickListener() {
    @Override
    public void onPolylineClick(Polyline polyline) {
        Toast.makeText(getApplicationContext(), "Polyline is clicked.",
            Toast.LENGTH_LONG).show();
    }
});
```

如图 9-24 所示，在该示例中点击折线时会弹出一个 Toast 消息。

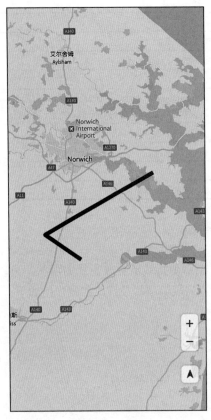

图 9-23　折线

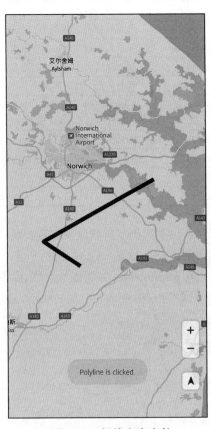

图 9-24　折线点击事件

2. 多边形

多边形与折线类似，都是由一系列有序坐标组成。不同的是，多边形是内部填充的封闭形状。多边形的属性如表 9-4 所示。

表 9-4　多边形属性

属　　性	描　　述
Points	由 LatLng 对象定义的多边形的顶点
Holes	多边形内部没有被填充的区域
Stroke Width	边框宽度，单位为像素
Stroke Color	由 ARGB 格式定义的边框颜色，默认是黑色
Joint type	多边形所有顶点的节点类型
Stroke Pattern	边框样式，默认是实线

（续）

属　　性	描　　述
Fill Color	填充颜色，默认是透明色
Z-Index	Z-Index，指该对象相对于其他 Overlay（GroundOverlay、Circle、Polyline 以及 Polygon）的叠加顺序，Z-Index 较大的 Overlay 会叠加到 Z-Index 较小的 Overlay 之上
Visbility	可见性，默认是可见
Geodesic	多边形的所有线段是否绘制为测地线
Clickability	可点击性，默认不可点击
Tag	标签

下面介绍如何绘制多边形，以及实现多边形的点击事件。

（1）绘制多边形

1）要绘制多边形需要先确定多边形定点的坐标。假如需要绘制一个五边形，首先需要定义五边形的 5 个顶点：

```
public static final LatLng LAT_LNG_1 = new LatLng(47.893478, 2.334595);
public static final LatLng LAT_LNG_2 = new LatLng(47.894478, 2.336595);
public static final LatLng LAT_LNG_3 = new LatLng(47.893478, 2.339595);
public static final LatLng LAT_LNG_4 = new LatLng(47.893278, 2.342595);
public static final LatLng LAT_LNG_5 = new LatLng(47.890078, 2.334595);
```

2）添加多边形并将多边形置于地图的中央：

```
hMap.addPolygon(
new PolygonOptions().add(LAT_LNG_1, LAT_LNG_2, LAT_LNG_3, LAT_LNG_4,
    LAT_LNG_5).fillColor(Color.GREEN));
hMap.moveCamera(CameraUpdateFactory.newLatLngZoom(LAT_LNG_3, 15));
```

创建的多边形如图 9-25 所示。

如需在添加了多边形之后更改多边形的形状，可以调用 Polygon 对象的 setPoints() 方法并为多边形的轮廓提供新的点列表。

（2）多边形点击事件

默认情况下，多边形不可点击。可以通过调用 Polygon 对象的 setClickable(boolean) 方法来启用和禁用可点击性。要在地图上设置此监听器，需调用 HuaweiMap 对象的 setOnPolygonClickListener(OnPolygonClickListener) 方法。示例代码如下所示：

```
// 启用多边形的可点击性
mPolygon.setClickable(true);
// 设置多边形的点击事件
hMap.setOnPolygonClickListener(new HuaweiMap.OnPolygonClickListener() {
    @Override
    public void onPolygonClick(Polygon polygon) {
```

```
        Toast.makeText(getApplicationContext(), "Polygon is clicked.",
            Toast.LENGTH_LONG).show();
    }
});
```

如图 9-26 所示，在该示例中点击多边形时会弹出一个 Toast 消息。

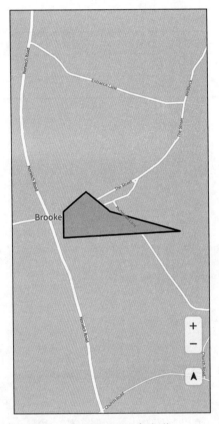

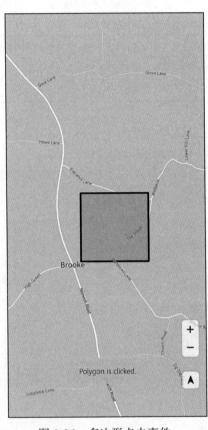

图 9-25 多边形　　　　　　　　图 9-26 多边形点击事件

3. 圆

圆可以分为实心圆和空心圆。华为 Map Kit 默认绘制的是实心圆，可以用 Circle 属性进行控制。Circle 的属性见表 9-5。

表 9-5 Circle 的属性

属　　性	描　　述
Center	由 LatLng 对象定义的圆心，是圆的必选属性
Radius	圆的半径，单位是米
Stroke Width	边框宽度，单位为像素

（续）

属　　　性	描　　　述
Stroke Color	由 ARGB 格式定义的边框颜色，默认是黑色
Stroke Pattern	边框样式，默认是实线
Fill Color	填充颜色，默认是透明色
Z-Index	Z-Index，指该对象相对于其他 Overlay（GroundOverlay、Circle、Polyline 以及 Polygon）的叠加顺序，Z-Index 较大的 Overlay 会叠加到 Z-Index 较小的 Overlay 之上
Visbility	可见性，默认是可见
Tag	标签

下面介绍如何绘制圆，以及实现圆的点击事件。

1）创建圆对象，必须设置圆的圆心坐标和半径两个属性，示例代码所示。

```
private Circle mCircle;
mCircle = hMap.addCircle(new CircleOptions()
        .center(new LatLng(31.97846, 118.76454))
        .radius(500)
        .fillColor(Color.GREEN));
```

绘制效果如图 9-27 所示。

添加完成后如果需要修改，可以调用 Circle 对象的 setCenter()、setRadius() 等方法进行重新设置。

2）圆点击事件。

默认情况下，Circle 不可点击，可以通过调用 Circle.setClickable(boolean) 来启用或禁用圆的可点击性。调用 HuaweiMap 对象的 setOnCircleClickListener (Huaweimap.OnCircleClickListener) 方法设置圆的点击事件。当圆被点击时，onCircleClick(Circle) 方法会回调被点击的 Circle 对象，示例代码如下所示：

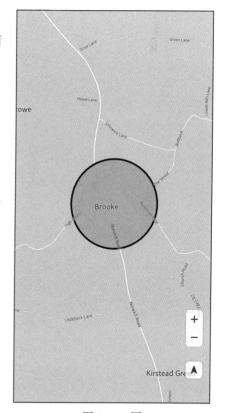

图 9-27　圆

```
//启用圆的可点击性
    mCircle.setClickable(true);
    //设置圆的点击事件
    hMap.setOnCircleClickListener(new HuaweiMap.OnCircleClickListener() {
        @Override
        public void onCircleClick(Circle circle) {
                Toast.makeText(getApplicationContext(), "Circle is clicked.",
                    Toast.LENGTH_LONG).show();
        }
    });
```

在该示例中点击圆时会弹出一个 Toast 消息，如图 9-28 所示。

3）设置空心圆的方法如下：

```
mCircle.setFillColor(Color.TRANSPARENT);    // 将圆的填充颜色设置为透明
mCircle.setStrokeColor(int strokeColor);    // 设置圆的轮廓颜色
mCircle.setStrokeWidth(float strokeWidth);  // 设置圆的轮廓宽度
```

绘制效果如图 9-29 所示。

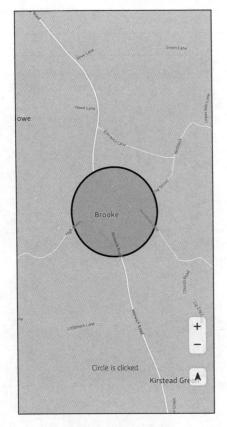

图 9-28　圆点击事件

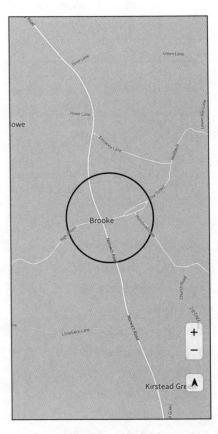

图 9-29　空心圆

9.5.4　瓦片图层

瓦片图层是显示在地图上方的图像集合，相当于一个大的覆盖物，可以覆盖整个地图，由一组以网格排列的正方形地图瓦片（Tile）组成。当地图移动到新位置或缩放级别发生变化时，华为地图服务会随之确定需要展示哪些瓦片。

Tile 的数量由当前地图的 zoom（缩放级别）决定；Tile 的唯一标识由 Tile 位置标记（x，y）和缩放级别共同决定。标识为（0，0）的 Tile 始终位于地图的西北角，x 值从西向东递增，y 值从北向南递增。使用该原点的 x，y 坐标对 Tile 进行索引。下面通过几个示例进一步说明。

　　zoom 为 0 时，整个世界将显示在单个 Tile 中，Tile 数量为 1，标记为 (0, 0)，如图 9-30 所示。

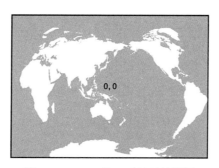

图 9-30　zoom 为 0 时的瓦片图层

　　每个缩放级别将放大倍数增加两倍，因此，在 zoom 为 1 的情况下，地图将渲染为 2×2 的 Tile 网格，如图 9-31 所示。每个 Tile 都可以通过 (x, y) 和 zoom 的唯一组合来引用。

　　当 zoom 为 2 时，地球被分为 16 个 Tile，如图 9-32 所示。

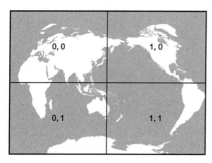

图 9-31　zoom 为 1 时的瓦片图层

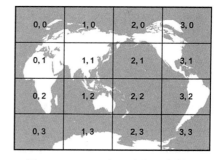

图 9-32　zoom 为 2 时的瓦片图层

　　当 zoom 为 3 时，世界地图变为 8×8 网格，依此类推。请注意，实际上华为 Map Kit 支持的 zoom 范围为 3 ～ 20，上述 zoom 为 0、1、2 时的示例图仅用于说明瓦片图层的原理。

1. 添加瓦片图层

　　Tile 为瓦片图层的最小组成单位，可以使用 TileProvider（本地）方法或者 UrlTileProvider（网页）方法获取瓦片图像；然后创建 TileOverlayOptions 对象用以设置淡入、透明度、叠加顺序等属性；最后使用 addTileOverlay 方法，完成瓦片图层 TileOverlay 的创建。

下面以创建 TileProvider 方法为例，介绍如何生成瓦片图层。

1）创建 TileProvider 对象并重写 getTile() 方法以构造瓦片图层。

```
// 设置瓦片的大小为 256*256
int mTileSize = 256;
final int mScale = 1;
final int mDimension = mScale * mTileSize;

// 创建 TileProvider 对象，以本地生成瓦片为例
TileProvider mTileProvider = new TileProvider() {
    @Override
    public Tile getTile(int x, int y, int zoom) {
            Matrix matrix = new Matrix();
            float scale = (float) Math.pow(2, zoom) * mScale;
            matrix.postScale(scale, scale);
            matrix.postTranslate(-x * mDimension, -y * mDimension);

            // 生成 Bitmap 图片
        final Bitmap bitmap = Bitmap.createBitmap(mDimension, mDimension,
            Bitmap.Config.RGB_565);
            bitmap.eraseColor(Color.parseColor("#024CFF"));
            ByteArrayOutputStream stream = new ByteArrayOutputStream();
            bitmap.compress(Bitmap.CompressFormat.PNG, 100, stream);
            return new Tile(mDimension, mDimension, stream.toByteArray());
            } };
```

2）创建 TileOverlayOptions 来确定瓦片图层、透明度，以及透明度更改时淡入淡出动画等属性。

```
TileOverlayOptions options = new TileOverlayOptions().tileProvider(mTileProvider).
    transparency(0.5f).fadeIn(true);
```

瓦片图层属性，即 TileOverlay 属性，可通过下列接口进行设置，如表 9-6 所示。

表 9-6　TileOverlay 的属性 & 设置接口

属　　性	接口名称	功能描述
Tile Provider	tileProvider(TileProvider tileProvider)	设置瓦片图层的提供者
FadeIn	fadeIn(boolean fadeIn)	设置瓦片的是否淡入，默认为淡入
Z-Index	zIndex(float zIndex)	设置瓦片图层的 Z-Index，默认为 0
Transparency	transparency(float transparency)	设置瓦片图层的透明度，默认为不透明
Visibility	visible(boolean visible)	设置瓦片图层的可见性，默认为可见

3）通过 HuaweiMap 对象的 addTileOverlay(TileOverlayOptions options) 方法添加瓦片图层，该方法将返回 TileOverlay 对象。

```
mTileOverlay = hMap.addTileOverlay(options);
```

返回的 TileOverlay 对象即为瓦片图层，效果如图 9-33 所示。

2. 修改瓦片图层

华为 Map Kit 支持在添加瓦片图层之后，修改已经设置的瓦片图层属性，方法如下。

```
// 修改瓦片图层的透明度
if (null != mTileOverlay) {
    mTileOverlay.setTransparency(0.3f);
}
// 修改淡入选项为 false
if (null != mTileOverlay) {
    mTileOverlay.setFadeIn(false);
}
// 设置瓦片图层不可见
if (null != mTileOverlay) {
    mTileOverlay.setVisible(false);
}
```

3. 移除瓦片图层

当不需要瓦片图层时，可以调用以下方法移除图层。

```
if (null != mTileOverlay) {
    mTileOverlay.remove();
}
```

如果瓦片图层指示的图块变得"陈旧"，例如图块改变，可以调用 clearTileCache() 强制刷新，重新加载此瓦片图层上的所有图块。

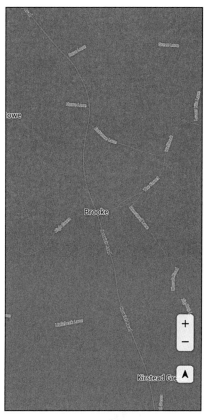

图 9-33　瓦片图层

```
if (null != mTileOverlay) {
    mTileOverlay.clearTileCache();
}
```

9.6　自定义地图样式

本节将介绍如何在应用中添加自定义风格的地图，通过样式选项，开发者可以自定义华为地图的样式，更改道路、公园、企业和其他兴趣点的可视化显示。

9.6.1　使用样例

下面通过一个简单的例子来介绍实现自定义地图样式的步骤。

1）在 res/raw 目录下定义一个 JSON 文件 mapstyle_simple.json，其中有两个字符串 landcover.natural 和 water，分别表示陆地和水系。这个样式文件将会把地图上的陆地变成绿色，水系变成深蓝色。

```
[
    {
        "mapFeature": "landcover.natural",
        "options": "geometry.fill",
        "paint": {
            "color": "#8FBC8F"
        }
    },
    {
        "mapFeature": "water",
        "options": "geometry.fill",
        "paint": {
            "color": "#4682B4"
        }
    }
]
```

2）使用 loadRawResourceStyle() 方法，将上一步中的文件加载为 MapStyleOptions 对象，再将该对象传递给 HuaweiMap.setMapStyle() 方法：

```
HuaweiMap hMap;
MapStyleOptions style;
style = MapStyleOptions.loadRawResourceStyle
    (this, R.raw.mapstyle_simple);
hMap.setMapStyle(style);
```

3）通过这个简单的样式文件的定义，我们可以看到如下自定义样式的地图，如图 9-34 所示。

9.6.2 样式参考

自定义地图样式 JSON 文件通过 4 个元素来定义地图样式：地图要素、元素选项、绘制属性和可见属性，如下所示。

1）mapFeature：地图要素，表示需要修改样式的要素，例如建筑物、水系、道路等，如果该字段的值设为 all，表示对全部地图要素进行统一修改。

2）options：元素选项，表示某要素的指定元素，例如指定建筑物的边框还是内部填充，指定 PoI 的图标还是文本样式。如果未指定该字段的值，则默认包括所有元素，包含以下选项。

❑ geometry.fill：几何填充。

❑ geometry.stroke：几何边框。

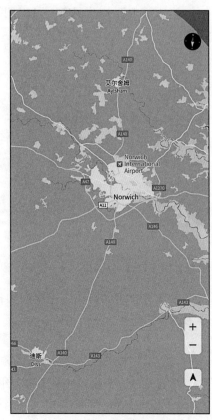

图 9-34 自定义地图样式

❑ geometry.icon：几何图标。

❑ labels.text.fill：文本填充。

❑ labels.text.stroke：文本。

3）paint：绘制属性，包含以下选项。

❑ color：颜色，十六进制颜色，例如 "#FFFF00"（黄色）。

❑ weight：线条宽度。整型值，0 ～ 8，默认为 0，大于 0 表示加宽。

❑ saturation：饱和度。整型值，–100 ～ 100，默认为 0。

❑ lightness：亮度。整型值，–100 ～ 100，默认为 0。

❑ icon-type：图标类型，目前支持 night/simple。

4）visibility：可见属性，表示需要修改样式的要素的可见性，默认为可见。

❑ true：可见。

❑ false：不可见。

具体支持修改的地图元素请参考开发者联盟网站文档。

9.6.3　实战编码

假设我们已经定义好了两个样式文件：mapstyle_simple.json 和 mapstyle_night.json，分别表示简单模式和夜间模式。

📖说明　mapstyle_simple.json 和 mapstyle_night.json 文件可通过如下地址获取，此处不再展开详细说明。

❑ mapstyle_simple.json：https://github.com/HMS-Core/hms-mapkit-demo-java/blob/master/mapsample/app/src/main/res/raw/mapstyle_simple.json

❑ mapstyle_night.json：https://github.com/HMS-Core/hms-mapkit-demo-java/blob/master/mapsample/app/src/main/res/raw/mapstyle_night.json

---

自定义地图的代码如下。

```
// 加载简单模式文件
MapStyleOptions styleSimple = MapStyleOptions.loadRawResourceStyle(this,
    R.raw.mapstyle_simple);
// 设置地图样式
hMap.setMapStyle(styleSimple);
// 加载简单模式文件
MapStyleOptions styleNight = MapStyleOptions.loadRawResourceStyle(this,
    R.raw.mapstyle_simple);
// 设置地图样式
hMap.setMapStyle(styleNight);
```

通过上述代码进行设置之后，简单地图样式如图 9-35 所示，夜间地图样式如图 9-36所示。

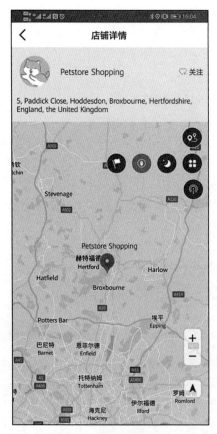
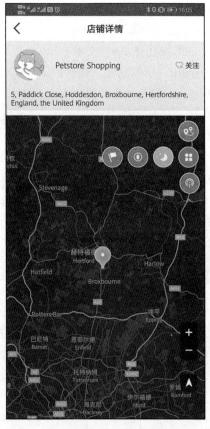

图 9-35　简单模式地图　　　　　　　图 9-36　夜间模式地图

9.7　路径规划

本节介绍如何使用华为 Map Kit 提供的路径规划功能。在路径规划中，路线所花费的时间是路线规划时优先考虑的要素，此外出行偏好也会影响路线规划的结果。例如，用户偏好不走高速道路，那么内部规划算法会在规划过程中将高速路段的权重降低，由此达到选出较少高速路线的目的。另外，规划服务还可以提供多条路线以供用户选择。

9.7.1　功能介绍

在路径规划服务中，可以通过两种 API 来进行路径规划：Directions API，提供两点之间的路径规划；Matrix API，提供多组起点和目的地的路径规划。下面以 Directions API 为例介绍华为 Map Kit 的路径规划功能。

路径规划 API 以 RESTful 形式提供路径查询及行驶距离计算功能，通过 JSON 格式返回路径查询结果，用于提供路径规划能力的开发；支持步行、骑行、驾车 3 种出行方式。

1）步行路径规划：步行路径规划 API 提供 100km 以内的步行路径规划能力。

2）骑行路径规划：骑行路径规划 API 提供 100km 以内的骑行路径规划能力。

3）驾车路径规划：驾车路径规划 API 提供驾车路径规划能力，支持以下功能。

❑ 支持一次请求返回多条路线，最多支持 3 条路线；

❑ 最多支持 5 个途经点；

❑ 支持未来出行规划；

❑ 支持根据实时路况进行合理路线规划。

9.7.2　实战编码

如图 9-37 所示，路径规划功能的开发流程可分为设置请求参数、发送请求、接收数据、路径绘制 4 个步骤，下面将详细介绍。

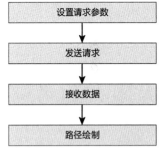

图 9-37　路径规划开发流程

1. 设置请求参数

设置请求参数代码如下：

```
JSONObject json = new JSONObject();
try {
// 设置起点经纬度
    origin.put("lat", latLngOrigin.latitude);
origin.put("lng", latLngOrigin.longitude);
// 设置起点经纬度
    destination.put("lat", latLngDestination.latitude);
    destination.put("lng", latLngDestination.longitude);
    json.put("origin", origin);
    json.put("destination", destination);
} catch (JSONException e) {
    e.printStackTrace();
}
```

其中，需要提供路径规划的起点、终点信息（如果使用驾车路径规划，还可以提供途经点信息，及选择是否返回多条路线等信息）。其中，起点位置为用户当前的位置，终点位置为目标宠物商店的位置。将这些信息构造为 JSON 格式的请求体，代码如下所示：

```
{
    "origin": {
        "lng": -4.66529,
        "lat": 54.216608
    },
    "destination": {
        "lng": -4.66552,
        "lat": 54.2166
    }
}
```

路径规划请求体各个参数的详细含义可参见表 9-7。

表 9-7　路径规划请求体参数

参数名称	参数类型	参数说明
origin	Coordinate	起点经纬度
destination	Coordinate	终点经纬度
waypoints	Coordinate[]	途经点，最多可以输入 5 个途经点
viaType	Boolean	途经点类型，是 via（路过）类型还是 stopover（经停）类型 ❑ false：stopover 类型（默认） ❑ true：via 类型
optimize	Boolean	是否对途经点进行优化 ❑ false：不进行途经点优化（默认） ❑ true：进行途经点优化
alternatives	Boolean	如果设置为 true，可以返回多条规划路线结果。取值包括： ❑ true ❑ false（默认） 注意，如果设置了途经点，则不能使用多路线功能
avoid	Int[]	表示计算出的路径应避免所指示的特性，包括以下取值： ❑ 1：避免经过收费的公路 ❑ 2：避开高速公路 如果不传，默认就是按时间最短返回
departAt	Long	预计出发时间。以自 UTC 1970 年 1 月 1 日午夜以来的秒数为单位。必须是当前或者未来时间，不能是过去时间
trafficMode	Int	时间预估模型。包括以下取值。 ❑ 0：best guess（默认） ❑ 1：路况差于历史平均水平 ❑ 2：路况优于历史平均水平

2. 发送请求

在完成上一步构建 JSON 请求体之后，需要发送携带 API_KEY 的 Post 请求。这里的 API KEY 需要在开发者联盟网站申请，详细步骤请见 9.2 节。

如果 API KEY 中含有特殊字符，需要对 API KEY 进行 URL 编码。三种路径规划方式使用了不同的请求接口，分别如下所示。

❑ 驾车：https://mapapi.cloud.huawei.com/mapApi/v1/routeService/driving?key=API KEY。

❑ 步行：https://mapapi.cloud.huawei.com/mapApi/v1/routeService/walking?key=API KEY。

❑ 骑行：https://mapapi.cloud.huawei.com/mapApi/v1/routeService/bicycling?key=API KEY。

下面以驾车路径规划为例发送请求：

```
String url = https://mapapi.cloud.huawei.com/mapApi/v1/routeService/driving?key=
    API KEY;
```

```
RequestBody requestBody = RequestBody.create(MediaType.parse("Application/
    json; charset=utf-8"), String.valueOf(json));
Request request = new Request.Builder().url(url).post(requestBody).build();
Response response = getNetClient().initOkHttpClient().newCall(request).execute();
```

3. 接收数据

获取的数据是一个 JSON 体，路径由 steps 的多个 polyline 组成，获取方法如下：

```
String result = response.body().string()
```

数据获取如下：

```
{
    "routes": [
        {
            "paths": [
                {
                    "duration": 9,
                    "durationInTraffic": 0,
                    "distance": 9,
                    "startLocation": {
                        "lng": -4.665290197110473,
                        "lat": 54.21660781838372
                    },
                    "steps": [
                        {
                            "duration": 0,
                            "orientation": 1,
                            "distance": 0,
                            "startLocation": {
                                "lng": -4.665290197110473,
                                "lat": 54.21660781838372
                            },
                            "action": "straight",
                            "endLocation": {
                                "lng": -4.665290833333334,
                                "lat": 54.216608055555554
                            },
                            "polyline": [
                                {
                                    "lng": -4.66529,
                                    "lat": 54.216608
                                },
                                {
                                    "lng": -4.665291,
                                    "lat": 54.216608
                                }
                            ],
                            "roadName": "Poortown Road"
                        },
```

```
                    {
                        "duration": 9,
                        "orientation": 1,
                        "distance": 9,
                        "startLocation": {
                            "lng": -4.665290833333334,
                            "lat": 54.216608055555554
                        },
                        "action": "unknown",
                        "endLocation": {
                            "lng": -4.6654460345493955,
                            "lat": 54.21666592137546
                        },
                        "polyline": [
                            {
                                "lng": -4.665291,
                                "lat": 54.216608
                            },
                            {
                                "lng": -4.665405,
                                "lat": 54.21665
                            },
                            {
                                "lng": -4.665446,
                                "lat": 54.216666
                            }
                        ],
                        "roadName": "Poortown Road"
                    }
                ],
                "endLocation": {
                    "lng": -4.6654460345493955,
                    "lat": 54.21666592137546
                }
            }
        ],
        "bounds": {
            "southwest": {
                "lng": -4.6655219444444445,
                "lat": 54.21584277777778
            },
            "northeast": {
                "lng": -4.662165833333333,
                "lat": 54.21669555555555
            }
        }
    }
    ],
    "returnCode": "0",
    "returnDesc": "OK"
}
```

4. 路径绘制

(1) 清空旧轨迹

```java
private void removePolylines() {
    for (Polyline polyline : mPolylines) {
        polyline.remove();
    }
    mPolylines.clear();
    mPaths.clear();
    mLatLngBounds = null;
}
```

(2) 请求数据预处理

```java
private void generateRoute(String json) {
    try {
        JSONObject jsonObject = new JSONObject(json);
        JSONArray routes = jsonObject.optJSONArray("routes");
        if (null == routes || routes.length() == 0) {
            return;
        }
        JSONObject route = routes.getJSONObject(0);
        // 获取路径所在的 bounds
        JSONObject bounds = route.optJSONObject("bounds");
        if (null != bounds && bounds.has("southwest") && bounds.has("northeast")) {
            JSONObject southwest = bounds.optJSONObject("southwest");
            JSONObject northeast = bounds.optJSONObject("northeast");
            LatLng sw = new LatLng(southwest.optDouble("lat"),
                southwest.optDouble("lng"));
            LatLng ne = new LatLng(northeast.optDouble("lat"),
                northeast.optDouble("lng"));
            mLatLngBounds = new LatLngBounds(sw, ne);
        }
        // 获取路径
        JSONArray paths = route.optJSONArray("paths");
        for (int i = 0; i < paths.length(); i++) {
            JSONObject path = paths.optJSONObject(i);
            List<LatLng> mPath = new ArrayList<>();
            JSONArray steps = path.optJSONArray("steps");
            for (int j = 0; j < steps.length(); j++) {
                JSONObject step = steps.optJSONObject(j);
                JSONArray polyline = step.optJSONArray("polyline");
                for (int k = 0; k < polyline.length(); k++) {
                    if (j > 0 && k == 0) {
                        continue;
                    }
                    JSONObject line = polyline.getJSONObject(k);
                    double lat = line.optDouble("lat");
                    double lng = line.optDouble("lng");
                    LatLng latLng = new LatLng(lat, lng);
```

```
                    mPath.add(latLng);
                }
            }
            mPaths.add(i, mPath);
        }
        mHandler.sendEmptyMessage(ROUTE_PLANNING_COMPLETE_SUCCESS);
    } catch (JSONException e) {
        log.e(TAG, "JSONException" + e.toString());
    }
}
```

（3）开始绘制路径

```
private void renderRoute(List<List<LatLng>> paths, LatLngBounds latLngBounds) {
    if (null == paths || paths.size() <= 0 || paths.get(0).size() <= 0) {
        return;
    }
    // 将路径用折线绘制在地图上
    for (int i = 0; i < paths.size(); i++) {
        List<LatLng> path = paths.get(i);
        PolylineOptions options = new PolylineOptions().color(Color.BLUE).width(5);
        for (LatLng latLng : path) {
            options.add(latLng);
        }
        Polyline polyline = hMap.addPolyline(options);
        mPolylines.add(i, polyline);
    }
    // 绘制起点 Marker
    addOriginMarker(paths.get(0).get(0));
    if (null != latLngBounds) {
        CameraUpdate cameraUpdate = CameraUpdateFactory.
            newLatLngBounds(latLngBounds, 80);
        hMap.moveCamera(cameraUpdate);
    } else {
        LatLngBounds.Builder boundsBuilder = new LatLngBounds.Builder();
        // 存放起点和终点的经纬度
        boundsBuilder.include(latLngOrigin);       // include 起点
        boundsBuilder.include(latLngDestination);// include 终点
        hMap.moveCamera(CameraUpdateFactory.newLatLngBounds(boundsBuilder.build(),
            SystemUtil.dp2px(PetStoreSearchDetailActivity.this, 80)));
    }
}
```

（4）绘制起点坐标 Marker

```
private void addOriginMarker(LatLng latLng) {
    if (null != mMarkerOrigin) {
        mMarkerOrigin.remove();
    }
    mMarkerOrigin = hMap.addMarker(new MarkerOptions().position(latLng)
            .anchor(0.5f, 0.9f)
```

```
        .anchorMarker(0.5f, 0.9f));
}
```

路径规划效果如图 9-38 所示。

图 9-38　路径规划结果

9.8　小结

学习完本章以后，相信你已经掌握：① 如何在应用中集成华为 Map Kit，完成地图实例的创建及地图类型的选择，并展示自己的位置；② 如何与地图进行交互：可以轻松地移动地图相机，对地图的可视区域进行任意更改，并对地图事件进行监听；③ 在地图上绘制各种标记、信息窗、覆盖物、形状等的方法，以及自定义地图样式的方法；④ 如何获取路径规划的便捷能力，可以为步行、骑行、驾车规划合理的路线。至此，相信你已经对华为 Map Kit 有了深入的了解，可以快速、低成本地构建应用的地图服务体验。

Safety Detect 开发详解

今天，App 的安全变得越来越重要，保护 App 的安全可以保护用户的数据和隐私。如何更好地做好应用的安全防护，已经成为开发者必须要考虑的因素。为此，华为推出了 Safety Detect（华为安全检测服务），从系统完整性、应用安全、恶意 URL 检测和虚假用户检测等维度帮助开发者构建安全的应用。

此次构建的宠物商城 App，在安全性要求较高的会员购买环节中使用系统完整性检测，以评估应用运行的设备环境是否安全；在用户登录环节使用虚假用户检测功能，通过环境风险识别、行为风险识别和基于语义的图案点选验证码等多层次安全验证手段，识别和拦截垃圾流量，从而提升 App 的安全体验。下面先来看下 Safety Detect 的关键功能与使用场景。

10.1 功能原理

本节主要介绍 Safety Detect 的 4 个关键功能和应用场景，Safety Detect 功能全景如图 10-1 所示。

Safety Detect 提供系统完整性检测（SysIntegrity）、应用安全检测（AppsCheck）、恶意 URL 检测（URLCheck）、虚假用户检测（UserDetect）来保护应用程序免受安全威胁，如图 10-2 所示。

1）SysIntegrity：用于检查应用运

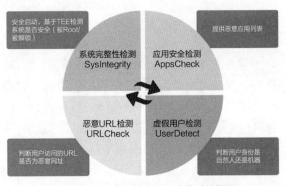

图 10-1　Safety Detect 功能全景图

行的设备环境是否安全，如设备是否被 root、被解锁等；以金融支付场景为例，在应用发起支付前，可以通过 SysIntegrity API 获得系统完整性检测结果，如果手机被 root，则由 App 给出安全提示或拦截用户的访问行为，以规避用户遭受恶意攻击的风险。

2）AppsCheck：用于获取设备上的恶意应用列表，以便 App 可以基于风险（如风险应用 / 病毒应用）来提示或者拦截用户的访问行为，从而规避 App 被恶意攻击的风险。

3）URLCheck：用于检测 App 所访问的 URL 是否安全，如该 URL 是否为网络钓鱼站点的页面，由 App 对用户访问恶意 URL 的行为进行提示或者拦截。

4）UserDetect：用于判断当前与 App 的交互对象是否为虚假用户。帮助开发者防范批量注册、撞库攻击、活动"薅羊毛"、内容爬虫等恶意行为。

图 10-2　Safety Detect 安全防护场景

10.2　开发准备

在之前的业务设计中，我们在宠物商城 App 的会员购买环节使用 Safety Detect 的系统完整性检测功能。在用户登录环节使用了虚假用户检测功能，在正式进行实战编码之前，让我们来先完成一些准备工作。通过前面的章节，相信你已经成为华为开发者，并在开发者联盟官方网站创建了宠物商城 App 并为其配置了证书指纹，因此只需要为 Safety Detect 开通安全检测服务、集成 Safety Detect SDK、配置混淆脚本即可完成相应准备工作。

1. 开通安全检测服务

打开 AppGallery Connect 网站"我的应用"中的宠物商城 App 页面，在"我的应用"下拉列表框中选择"我的项目"选项，点击"API 管理"标签页，如图 10-3 所示。

图 10-3 "API 管理"标签页

在"API 管理"标签页打开 Safety Detect 服务开关，如图 10-4 所示。

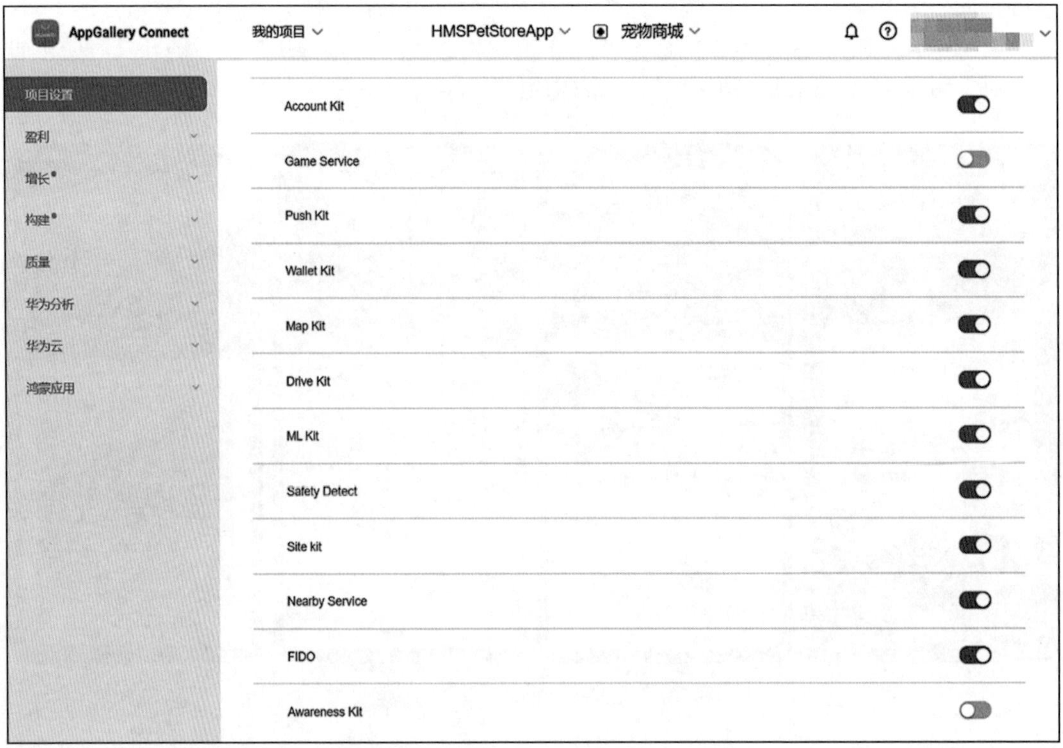

图 10-4 开通 Safety Detect 服务

2. 集成 Safety Detect SDK

在集成 Safety Detect SDK 之前，需要从 AppGallery Connect 上下载 agconnect-services. json 文件，并将该文件放到项目的 app 级目录下，具体方法前面的章节已经介绍过，此处不再赘述。完成这一步骤后，接下来配置对 Safety Detect SDK 的依赖。打开项目的 app 级目录下的 build.gradle 文件，找到 dependencies 闭包，在该闭包内添加如下代码：

```
implementation 'com.huawei.hms:safetydetect:{version}'
```

其中 {version} 是 Safety Detect SDK 的版本号，这里使用的版本号是 4.0.2.300，开发者也可以查询开发者联盟的官方文档来获取最新的版本信息，代码如下所示。

```
dependencies {
    //集成 Safety Detect SDK
    implementation 'com.huawei.hms:safetydetect:4.0.2.300'
}
```

配置完成之后，点击 Android Studio 项目右上角的 Sync Now 按钮，等待同步完成。至此，安全检测服务的开发准备工作就已经全部做完了，下面进行正式的功能开发。

10.3　系统完整性检测

在宠物商城 App 中，我们通过集成系统完整性检测能力来对用户的支付环节进行安全保护，在用户进行支付操作时，检测 API 会检查设备的运行环境是否安全。例如，如果手机被 root，App 用户将收到风险提示。本节将详细讲解具体的业务流程和开发步骤。

10.3.1　功能原理

系统完整性检测能力广泛支持各类手机。在 EMUI 9.1 及以上版本的华为设备上，SysIntegrity 是基于 TEE（可信执行环境）来提供检测结果。当 SysIntegrity 服务启动时，会基于 TEE 开始检测手机的环境，并把检测结果在 TEE 中安全存储起来；在低于 EMUI 9.1 版本的华为设备或者非华为的手机上，检测结果由服务器端保存，并使用数字证书签名的方式来保证检测结果的安全可信。系统完整性检测业务流程图如图 10-5 所示。

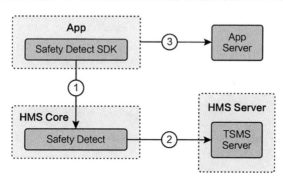

图 10-5　SysIntegrity 业务流程

具体各流程分析如下。

① 开发者的应用集成 Safety Detect SDK，并调用 Safety Detect 中的 SysIntegrity API，请求获取系统完整性检测结果。

② Safety Detect 检测系统环境安全，并将检测结果发送至 TSMS Server，TSMS（Trusted Security Management Service）使用 X.509 数字证书对系统完整性检测结果签名后，使用 JWS（JSON Web Signature）字符串将结果返回给开发者的 App。

③ 开发者的应用将携带签名的检测结果发送给 App Server 服务器进行检测。

10.3.2 实战编码

在了解 SysIntegrity 的功能原理后，让我们进入实战编码环节。系统完整性检测的实现步骤如图 10-6 所示。

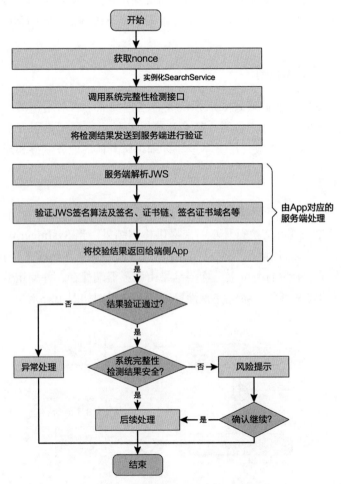

图 10-6 系统完整性检测实现流程图

1. 获取 nonce

在调用 Safety Detect 的 SysIntegrity API 时，需要先传入一个 nonce 值（请求的临时标志）。在检测结果中会包含这个 nonce 值，开发者可以通过校验这个 nonce 值来确定返回结果是否能够对应本次请求，以免应用遭受到重放攻击。

这里需要说明的是，一个 nonce 值只能被使用一次，且 nonce 值的长度至少为 16 字节。这里推荐的做法是从发送到 App Server 服务器的数据中派生 nonce 值。比如，使用用户名加当前时间戳作为 nonce 值，示例如下：

```
byte[] nonce = (name+ System.currentTimeMillis()).getBytes();
```

2. 请求系统完整性检测接口

SysIntegrity API 有两个参数：第 1 个参数是 nonce 值，可以从上一步骤获取；第 2 个参数是 appid，可以从项目的 app 级目录下的 agconnect-services.json 文件中读取。

在宠物商城 App 购买会员时，调用了系统完整性检测接口，以检测支付环境是否存在风险。在实际编码中，我们在 MemberCenterAct.java 类中的列表点击事件处理方法调用 SafetyDetectUtil 类的 detectSysIntegrity 的接口，具体代码如下：

```
private void onAdapterItemClick(int position) {
    // 调用系统完整性检测接口以检测支付环境风险
    SafetyDetectUtil.detectSysIntegrity(this, new ICallBack<Boolean>() {
        @Override
        public void onSuccess(Boolean baseIntegrity) {
            if (baseIntegrity) {
                // 系统完整性未遭到破坏，可以继续购买
                buy(productInfo);
            } else {
                // 系统完整性遭到破坏，弹出提示框来提醒用户，并让用户选择是否继续
                showRootTipDialog(productInfo);
            }
        }
        ...
    });
}
```

在宠物商场 App 中，我们把系统完整性检测的功能放到 SafetyDetectUtil.java 这个工具类中来实现，这个类的关键检测逻辑封装在 detectSysIntegrity 方法中，具体示例代码如下：

```
public static void detectSysIntegrity(final Activity activity, final ICallBack
    <? super Boolean> callBack) {
    // 生成 nonce 值
    byte[] nonce = ("Sample" + System.currentTimeMillis()).
        getBytes(StandardCharsets.UTF_8);
    // 从 app 目录下的 agconnect-services.json 文件中读取 app_id 字段
    String appId = AGConnectServicesConfig.fromContext(activity).
        getString("client/app_id");
    // 获取 Safety Detect 服务客户端，调用 sysIntegrity API，并添加监听事件
    SafetyDetect.getClient(activity)
        .sysIntegrity(nonce, appId)
        .addOnSuccessListener(new OnSuccessListener<SysIntegrityResp>() {
            @Override
            public void onSuccess(SysIntegrityResp response) {
                // Safety Detect 服务接口成功响应。可以通过 SysIntegrityResp 类的
                // getResult 方法来获取检测结果
                String jwsStr = response.getResult();
```

```
                        VerifyResultHandler verifyResultHandler =
                            new VerifyResultHandler(jwsStr, callBack);
                        // 将检测结果发送至开发者的服务器进行验证
                        verifyJws(activity, jwsStr, verifyResultHandler);
                }
            });
    }
```

这里通过在 verifyJws 方法中请求 App Server 的相关接口，来对检测结果进行验证。这个方法的第 3 个参数是一个 VerifyResultHandler 类对象，它实现了一个回调接口，以便在服务器验证结束后，对返回的结果进行后续的处理。接下来介绍如何在 App Server 中验证检测结果。

3. 在 App Server 中验证检测结果

App 在获得 TSMS Server 返回的检测结果后，会将其发送到 App Server，由 App Server 使用 HUAWEI CBG 根证书（由开发者预置在服务器的某个目录下）来对检测结果中的签名和证书链进行校验，从而确认本次系统完整性检测结果是否有效。

App Server 侧读取证书并验证 JWS 字符串的示例代码如下。

1）解析 JWS 字符串，获取其中的 header、payload 和 signature。

```
public JwsVerifyResp verifyJws(JwsVerifyReq jwsVerifyReq) {
    // 获取端侧发送到服务器侧的 JWS 信息
    String jwsStr = jwsVerifyReq.getJws();
    // 解析 JWS 分段，该 JWS 固定为三段，使用 "." 号分隔
    String[] jwsSplit = jwsStr.split("\\.");
    try {
        // 将每段进行 Base64 解码，并构造 JWSObject
        JWSObject jwsObject = new JWSObject(new Base64URL(jwsSplit[0]),
            new Base64URL(jwsSplit[1]), new Base64URL(jwsSplit[2]));
        // 验证 JWS 并设置验证结果
        boolean result = VerifySignatureUtil.verifySignature(jwsObject);
        // 服务器端检测结果验证响应消息体
        JwsVerifyResp jwsVerifyResp = new JwsVerifyResp();
        jwsVerifyResp.setResult(result);
    } catch (ParseException | NoSuchAlgorithmException e) {
        RUN_LOG.catching(e);
    }
    return jwsVerifyResp;
}
```

📖 说明 HUAWEI CBG 根证书可以从开发者联盟网站 Safety Detect 开发指南页面的附件中下载。

2）这里使用 VerifySignatureUtil 工具类中的 verifySignature 方法完成相关信息的验证，

包括 JWS 签名算法、证书链、签名证书主机名、JWS 签名等，示例代码如下：

```
public static boolean verifySignature(JWSObject jws) throws NoSuchAlgorithmException {
    JWSAlgorithm jwsAlgorithm = jws.getHeader().getAlgorithm();
    //1. 验证 JWS 签名算法
    if ("RS256".equals(jwsAlgorithm.getName())) {
        // 进行证书链校验，并根据签名算法获取 Signature 类实例，用来验证签名
        return verify(Signature.getInstance("SHA256withRSA"), jws);
    }
    return false;
}
private static boolean verify(Signature signature, JWSObject jws) {
    // 提取 JWS 头部证书链信息，并转换为合适的类型，以便进行后续操作
    X509Certificate[] certs = extractX509CertChain(jws);
    //2. 校验证书链
    try {
        verifyCertChain(certs);
    } catch (Exception e) {
        return false;
    }
    //3. 校验签名证书（叶子证书）域名信息，该域名固定为 sysintegrity.platform.hicloud.com
    try {
        new DefaultHostnameVerifier().verify("sysintegrity.platform.hicloud.com", certs[0]);
    } catch (SSLException e) {
        return false;
    }
    //4. 验证 JWS 签名信息，使用签名证书里的公钥来验证
    PublicKey pubKey = certs[0].getPublicKey();
    try {
        // 使用签名证书里的公钥初始化 Signature 实例
        signature.initVerify(pubKey);
        // 从 JWS 提取签名输入，并输入到 Signature 实例
        signature.update(jws.getSigningInput());
        // 使用 Signature 实例来验证签名信息
        return signature.verify(jws.getSignature().decode());
    } catch (InvalidKeyException | SignatureException e) {
        return false;
    }
}
```

这里的 extractX509CertChain 方法，实现了从 JWS Header 中提取证书链的过程，详细代码如下：

```
private static X509Certificate[] extractX509CertChain(JWSObject jws) {
    List<X509Certificate> certs = new ArrayList<>();
    List<com.nimbusds.jose.util.Base64> x509CertChain = jws.getHeader().getX509CertChain();
    try {
        CertificateFactory certFactory = CertificateFactory.getInstance("X.509");
        certs.addAll(x509CertChain.stream().map(cert -> {
```

```
            try {
            return (X509Certificate) certFactory.generateCertificate(new
                ByteArrayInputStream(cert.decode()));
            } catch (CertificateException e) {
                RUN_LOG.error("X5c extract failed!");
            }
            return null;
        }).filter(Objects::nonNull).collect(Collectors.toList()));
    } catch (CertificateException e) {
        RUN_LOG.error("X5c extract failed!");
    }
    return (X509Certificate[]) certs.toArray();
}
```

这里的 verifyCertChain 方法，实现了证书链校验的过程，具体实现如下：

```
private static void verifyCertChain(X509Certificate[] certs) throws CertificateException,
    NoSuchAlgorithmException,
    InvalidKeyException, NoSuchProviderException, SignatureException {
    // 逐一验证证书有效期及证书的签发关系
    for (int i = 0; i < certs.length - 1; ++i) {
        certs[i].checkValidity();
        PublicKey pubKey = certs[i + 1].getPublicKey();
        certs[i].verify(pubKey);
    }
    // 使用预置的 HUAWEI CBG 根证书，来验证证书链中的最后一张证书
    PublicKey caPubKey = huaweiCbgRootCaCert.getPublicKey();
    certs[certs.length - 1].verify(caPubKey);
}
```

华为根证书的加载是在 VerifySignatureUtil 工具类的静态代码段中实现的，示例代码如下：

```
static {
    // 加载预置的 HUAWEI CBG 根证书
    File filepath = "~/certs/Huawei_cbg_root.cer";
    try (FileInputStream in = new FileInputStream(filepath)) {
        CertificateFactory cf = CertificateFactory.getInstance("X.509");
        huaweiCbgRootCaCert = (X509Certificate) cf.generateCertificate(in);
    } catch (IOException | CertificateException e) {
        RUN_LOG.error("HUAWEI CBG root cert load failed!");
    }
}
```

至此，我们已经在 App Server 侧完成了对完整性检测结果的各项验证，并将通过验证的结果返回给端侧进行后续业务处理。需要说明的是，示例展示的仅为部分关键代码，开发者可以从本书提供的下载链接上获得完整的代码进行深入学习。

4. 获取系统完整性检测结果

在上一步骤完成后，App 就可以从 payload 中获取可信的系统完整性检测结果了。我们在前述的 VerifyResultHandler 类的回调接口中解析系统完整性检测结果，示例代码如下：

```java
private static final class VerifyResultHandler implements ICallBack<Boolean> {
    private final String jwsStr;
    private final ICallBack<? super Boolean> callBack;
    private VerifyResultHandler(String jwsStr, ICallBack<? super Boolean> callBack) {
        this.jwsStr = jwsStr;
        this.callBack = callBack;
    }

    @Override
    public void onSuccess(Boolean verified) {
        if (verified) {
            //服务器侧验证通过，提取系统完整性检测结果
            String payloadDetail = new String(Base64.decode(jwsStr.split("\\.")
                [1].getBytes(StandardCharsets.UTF_8), Base64.URL_SAFE),
                StandardCharsets.UTF_8);
            try {
                final boolean basicIntegrity = new JSONObject(payloadDetail).
                    getBoolean("basicIntegrity");
                //通过回调返回系统完整性检测结果
                callBack.onSuccess(basicIntegrity);
            } catch (JSONException e) {
                ...
            }
        }
        ...
    }
}
```

具体检测报文的样例如下：

```json
{
    "advice":"RESTORE_TO_FACTORY_ROM",
    "apkCertificateDigestSha256":[
        "yT5JtXRgeIgXssx1gQTsMA9GzM9ER4xAgCsCC69Fz3I="
    ],
    "apkDigestSha256":"6Ihk8Wcv1MLm0O5KUCEVYCI/0KWzAHn9DyN38R3WYu8=",
    "apkPackageName":"com.huawei.hms.safetydetectsample",
    "basicIntegrity":false,
    "nonce":"R2Rra24fVm5xa2Mg",
    "timestampMs":1571708929141
}
```

当检测结果中 basicIntegrity 字段为 false 时，表示系统完整性存在风险，App 可根据自己业务的实际需求进行风险提示。

我们在宠物商城 App 购买会员的接口调用了系统完整性检测，以检测支付环境风险，并在有风险的情况下提示用户，让用户确认风险并选择是否继续进行支付行为，如图 10-7 所示。

至此，我们已经完成了在宠物商城 App 中集成系统完整性检测接口的编码工作，下面继续讲解 Safety Detect 提供的应用安全检测能力。

10.4 应用安全检测

本节主要讲述 AppsCheck 的功能和开发步骤。通过本节，你将了解 AppsCheck 的基本原理，掌握如何集成 AppsCheck，并通过调用 AppsCheck 的 API 获取用户设备上已安装的恶意、风险应用列表，从而确定当前用户设备是否存在安全风险。

需要说明的是，我们在宠物商城的 App 中实际并未集成安全检测这一功能，但是该功能在安全防护要求较高的金融类、银行类等 App 中是非常有必要集成的。它可以在用户进行敏感操作时，如输入密码、转账或者支付行为等，提前识别设备可能存在的安全风险，进而保护用户的隐私，降低 App 的运行风险。

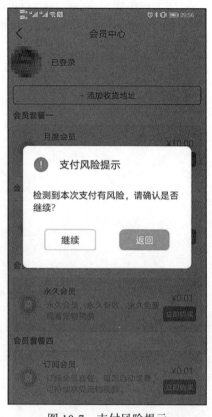

图 10-7　支付风险提示

> 说明　宠物商城的 App 中并未集成 AppsCheck 能力，因此本书将在实战讲解的环节挑选集成 AppsCheck 的通用的代码片段来进行讲解。

10.4.1 功能原理

应用安全检测帮助开发者的 App 获取安装在设备上的恶意应用列表，这样 App 就可以基于风险（风险应用/病毒应用）来评估是否限制 App 的某些行为。当前 AppsCheck 已支持多达 10 余种类型的恶意 App 检测和未知威胁检测能力。应用安全检测无须将检测结果上报到 TSMS Server 进行签名，也不需要开发者做复杂的验签工作，业务流程如图 10-8 所示。

具体流程分析如下。

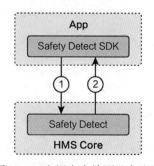

图 10-8　应用安全检测业务流程

① App 集成 Safety Detect SDK 并调用 AppsCheck 接口，请求获取恶意应用列表。

② AppsCheck 返回风险 / 病毒应用的列表。若列表为空，则表示无风险 / 病毒应用。

10.4.2　实战编码

首先调用 SafetyDetectClient 的 getClient 方法来初始化 SafetyDetect，然后调用 getMaliciousAppsList() 来获取设备上包含的恶意应用列表：

```
private void invokeGetMaliciousApps() {
    SafetyDetectClient AppsCheckClient = SafetyDetect.getClient(MainAct.this);
    // 调用 SafetyDetectClient 的 getMaliciousAppsList() 方法
    Task task = AppsCheckClient.getMaliciousAppsList();
    task.addOnSuccessListener(new OnSuccessListener<MaliciousAppsListResp>() {
        @Override
        public void onSuccess(MaliciousAppsListResp resp) {
            // 应用安全检测响应成功
            if (resp.getRtnCode() == CommonCode.OK) {
                List<MaliciousAppsData> appsDataList = resp.getMaliciousAppsList();
                if (!appsDataList.isEmpty()) {
                    // 存在恶意应用，获取恶意应用的详细信息
                    getMaliciousAppInfo(appsDataList);
                }
            } else {
                // 应用安全检测响应失败，获取具体失败信息
                Log.e(TAG, "Failed: " + resp.getErrorReason());
            }
        }
    }).addOnFailureListener(new OnFailureListener() {
        @Override
        public void onFailure(Exception e) {
            // Safety Detect 响应失败，可能为 ApiException
            if (e instanceof ApiException) {
                ApiException apiException = (ApiException) e;
                // 获取异常码和异常描述信息
                Log.e(TAG, "Error: " + SafetyDetectStatusCodes.getStatusCodeString
                    (apiException.getStatusCode()) + ": " + apiException.getMessage());
            } else {
                // 抛出未知异常，通过 getMessage() 获取异常信息
                Log.e(TAG, "ERROR: " + e.getMessage());
            }
        }
    });
}
```

通过 MaliciousAppsData 提供的方法来获取恶意应用列表中每个恶意应用的详细信息，包括恶意应用的包名、恶意应用的类型以及恶意应用的 SHA256 值，代码如下：

```
private void getMaliciousAppInfo(List<MaliciousAppsData> appsDataList) {
    Log.i(TAG, "Potentially malicious apps are installed!");
    // 可读取恶意应用列表中每一个恶意应用的具体信息
```

```
for (MaliciousAppsData maliciousApp : appsDataList) {
    Log.i(TAG, "Information about a malicious app:");
    // 调用 getApkPackageName() 获得恶意应用的包名
    Log.i(TAG, "APK: " + maliciousApp.getApkPackageName());
    // 调用 getApkSha256() 获得恶意应用的 SHA256 值
    Log.i(TAG, "SHA-256: " + maliciousApp.getApkSha256());
    // 调用 getApkCategory() 获取恶意应用的类型（病毒应用或风险应用）
    if (AppsCheckConstants.VIRUS_LEVEL_VIRUS == maliciousApp.getApkCategory()) {
        // 恶意应用为病毒应用
    } else {
        // 恶意应用为风险应用
    }
}
```

应用安全检测的功能比较简单，其检测结果也无须上报到 TSMS Server 进行签名。开发者只需调用 SDK 提供的接口，即可获取恶意应用的列表及详细信息，下面继续介绍恶意网址的检测功能。

10.5　恶意网址检测

本节主要讲述 URLCheck 的主要功能和开发步骤。通过本节，你将了解 URLCheck 的基本原理，掌握如何调用 URLCheck 的 API 来识别恶意 URL 网址。

📊说明　宠物商城的 App 中并未集成 URLCheck 能力，因此本书将在实战讲解的环节挑选集成 URLCheck 的通用的代码片段来进行讲解。

10.5.1　功能原理

URLCheck 为开发者提供恶意 URL 检测的能力，支持检测网络钓鱼、欺诈、网页挂马等类型的恶意 URL。URLCheck 支持根据指定的威胁类型来进行检测，并返回对应的检测结果。具体的网址检测业务流程如图 10-9 所示。

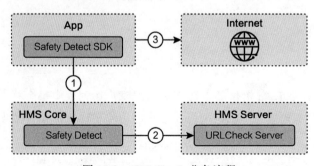

图 10-9　URLCheck 业务流程

具体业务流程分析如下。

① App 集成 Safety Detect SDK，调用 URLCheck API，检测指定 URL。

② Safety Detect SDK 将请求发送给 URLCheck Server，并对 URL 进行检测。URLCheck Server 完成检测后将结果返回给 App。

③ App 获取检测结果，并基于检测结果，选择放通、提示或者拦截恶意 URL 的访问请求。

10.5.2　实战编码

在使用 URLCheck 前，需调用 initUrlCheck() 方法完成初始化，示例代码如下：

```
SafetyDetectClient client = SafetyDetect.getClient(getActivity());
client.initUrlCheck();
```

在发起检测前，可以将关注的威胁类型作为检测参数，当前支持的参数类型包括：恶意应用下载网址、网络钓鱼、欺诈网址等，相关威胁类型常量定义在 SDK 中的 UrlCheckThreat 类中，如表 10-1 所示。

表 10-1　威胁类型常量含义

字　　　段	必选 (M)/ 可选 (O)	类　　　型	描　　　述
Type	M	int	威胁类型。 1：Malware 恶意应用下载 3：Phishing 钓鱼、欺诈

在完成初始化后，即可发起 URL 网址检测请求。待检测的 URL 包含协议、主机、路径、查询参数名称，但不包含查询参数值。如下 URL 示例：http://www.example.com/query?id=123&name=bob 需修改为 http://www.example.com/query?id=&name=，调用的示例代码如下：

```
// 待检测网址
String url = "https://developer.huawei.com/consumer/cn/";
// 调用网址检测 API，传入待检测网址、appid 和关注的检测类型，并添加回调
SafetyDetect.getClient(this).urlCheck(url, appid, UrlCheckThreat.MALWARE,
    UrlCheckThreat.PHISHING)
.addOnSuccessListener(this, new OnSuccessListener<UrlCheckResponse>() {
    @Override
    public void onSuccess(UrlCheckResponse urlResponse) {
        if (urlResponse.getUrlCheckResponse().isEmpty()) {
            // 无威胁的处理逻辑
        } else {
            // 存在威胁的处理逻辑
        }
    }
```

```
    })
    .addOnFailureListener(this, new OnFailureListener() {
        @Override
        public void onFailure(@NonNull Exception e) {
            // 与服务通信发生错误
            if (e instanceof ApiException) {
                // HMS 发生错误的状态码及对应的错误详情
                ApiException apiException = (ApiException) e;
                Log.d(TAG, "Error: " + CommonStatusCodes
                    .getStatusCodeString(apiException.getStatusCode()));
            } else {
                // 发生未知类型的异常
                Log.d(TAG, "Error: " + e.getMessage());
            }
        }
    });
```

这里要注意，如果返回的状态码是 SafetyDetectStatusCode.CHECK_WITHOUT_INIT，则意味着程序未调用 initUrlCheck() 方法，或者在初始化过程中发生了内部错误，此时 App 需要重新调用 initUrlCheck() 完成初始化。

在获取到网址检测的响应时，需要对返回对象 URLCheckResponse 进行处理，具体代码如下：

```
List<UrlCheckThreat> list = urlCheckResponse.getUrlCheckResponse();
if (list.isEmpty()) {
    // 若 list 为空，则代表未检测到威胁
} else {
for (UrlCheckThreat threat : list) {
    // type 为检测到的威胁类型
    .   int type = threat.getUrlCheckResult();
    // 根据威胁类型，做进一步的处理
    }
}
```

最后，在完成业务处理逻辑后，如果 App 长时间不再调用网址检测接口，则需要调用 shutdownUrlCheck() 方法关闭会话，释放资源，代码如下：

```
SafetyDetect.getClient(this).shitdownUrlCheck();
```

恶意网址检查中，常见的错误码如表 10-2 所示。

表 10-2　恶意网址检测错误码

错误码	错误名	错误描述
19401	APPS_CHECK_INTERNAL_ERROR	应用安全检测内部错误
19601	CHECK_WITHOUT_INIT	在调用 URLCheck 接口前未调用 initUrlCheck 接口，初始化失败

（续）

错误码	错误名	错误描述
19602	URL_CHECK_THREAT_TYPE_INVALID	调用 urlCheck 传入了不支持的网址检测 / 分类类型。Safety Detect 当前仅支持 Phishing 和 Malware 的检测
19603	URL_CHECK_REQUEST_PARAM_INVALID	调用 urlCheck 接口传入参数错误
19604	URL_CHECK_REQUEST_APPID_INVALID	调用 urlCheck 接口时没有传入正确的 appid

10.6　虚假用户检测

区别于传统验证码的单点防御，UserDetect（虚假用户检测）可以基于图片和语义的验证码识别来阻止恶意的批量注册、撞库攻击、"薅羊毛"和内容爬虫等行为。同时，UserDetect 具备基于风险的识别能力，包括环境风险识别、行为风险识别。这些识别的风险会提交给云端的风险分析引擎，从而识别出疑似和恶意用户，进而为用户提供不同的验证等级。通过集成 UserDetect 功能，App 可有效识别和拦截垃圾流量，提高恶意流量的通过门槛，提升用户的安全体验。UserDetect 提供能力如下。

❑ 环境风险识别：基于设备签名识别伪造设备，以及识别 root、模拟器、改机工具、匿名 IP 等。

❑ 行为风险识别：基于触屏、运动传感器行为识别自动化操控行为。

❑ 图文点选验证码：为图片验证码中增加语义理解的因素，让机器更难识别。

本节主要讲述 UserDetect 的主要功能和开发步骤。通过本节，你将了解 UserDetect 的基本原理，掌握如何集成 UserDetect 来完成虚假用户检测。

 说明　虚假用户检测功能在中国大陆地区不提供验证码服务。

10.6.1　功能原理

UserDetect 的业务流程如图 10-10 所示。

具体业务流程分析如下。

① App 通过 Safety Detect SDK 调用 HMS Core 的 Safety Detect 服务发起检测。

② Safety Detect 与 HMS Server 中的 User Detect 交互，评估设备运行环境风险。如果风险等级为中或高，弹出验证码进行验证，并将 responseToken 返回至 App。

③ App 提交 responseToken 至 App Server。

④ App Server 发送 responseToken 至 Safety Detect 服务端获取检测结果。

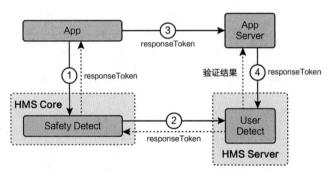

图 10-10　UserDetect 业务流程

10.6.2　实战编码

我们在宠物商场 App 的登录环节来集成 UserDetect 的能力，通过具体的实战编码来了解 UserDetect API 的开发细节，从而进一步帮助开发者加深对 UserDetect 的理解。

1. 初始化虚假用户行为检测

在使用该能力前，需要先通过 initUserDetect 接口完成初始化工作。我们在宠物商城 App 的 LoginAct.java 类的 onResume 方法中调用初始化接口，示例代码如下：

```
@Override
protected void onResume() {
    super.onResume();
    // 初始化虚假用户检测 API
    SafetyDetect.getClient(this).initUserDetect();
}
```

2. 发起检测请求

检测请求通常在用户执行某个业务或者点击某个 UI 组件后触发，这个业务可以是登录、注册、抢购或者抽奖。检测请求执行成功之后，App 将会得到 responseToken 信息。

我们在 LoginAct.java 中的 onLogin 方法中调用 SafetyDetectUtil 的 callUserDetect 方法来发起检测。具体的业务逻辑是：宠物商场 App 在判断用户名和密码是否正确之前发起虚假用户检测，然后通过回调方法来获取检测结果，并做相应的处理。若检测结果为真实用户，则允许该用户登录，否则不允许其登录操作。具体示例代码如下：

```
private void onLogin() {
    final String name = ...
    final String password = ...
    new Thread(new Runnable() {
        @Override
        public void run() {
            // 调用经过封装后的虚假用户检测接口，此处需要传入当前的 Activity 或上下文并添加回调处理
            SafetyDetectUtil.callUserDetect(LoginAct.this, new ICallBack<Boolean>() {
                @Override
```

```
            public void onSuccess(Boolean userVerified) {
                // 虚假用户检测成功
                if (userVerified){
                    // 检测结果为成功，继续登录
                    loginWithLocalUser(name, password);
                } else {
                    // 检测结果为失败，登录失败
                    ToastUtil.getInstance().showShort(LoginAct.this,
                        R.string.toast_userdetect_error);
                }
            }
        });
    }
}).start();
}
```

SafetyDetectUtil.java 中的 callUserDetect 方法封装了虚假用户检测中的关键流程，如 App ID 的获取、responseToken 的获取以及向 App Server 发送 responseToken 等，详见如下示例代码：

```
public static void callUserDetect(final Activity activity, final ICallBack
    <? super Boolean> callBack) {
    Log.i(TAG, "User detection start.");
    // 从 app 目录下的 agconnect-services.json 文件中读取 app_id 字段
    String appid = AGConnectServicesConfig.fromContext(activity).
        getString("client/app_id");
    // 调用虚假用户检测 API，并添加回调来做后续的异步处理
    SafetyDetect.getClient(activity)
        .userDetection(appid)
        .addOnSuccessListener(new OnSuccessListener<UserDetectResponse>() {
            @Override
            public void onSuccess(UserDetectResponse userDetectResponse) {
                // 虚假用户检测成功，通过 getResponseToken 方法来获取 responseToken
                String responseToken =userDetectResponse.getResponseToken();
                // 将该 responseToken 发送到 App Server
                boolean verifyResult = verifyUserRisks(activity, responseToken);
                callBack.onSuccess(verifyResult);
                Log.i(TAG, "User detection onSuccess.");
            }
        })
}
```

现在我们已经通过 Safety Detect 的虚假用户检测接口拿到了 responseToken。接下来，我们把 responseToken 发送到 App Server，并在 App Server 调用 User Detect 的 API 来获取检测结果。

3. 获取检测结果

首先打开 AppGallery Connect 网站，点击"我的应用"选项卡，并选择 HMSPetStoreApp

应用，点击"分发"标签页，选择左侧的"应用信息"选项，在右侧的"应用信息"选项区域里查看并获取 SecretKey，如图 10-11 所示。

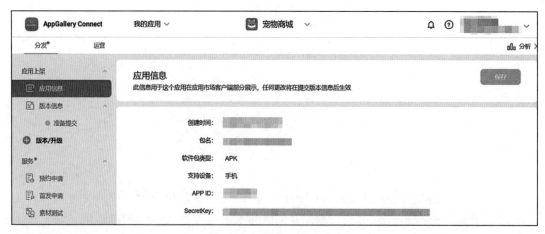

图 10-11　获取 SecretKey

我们将获取到的 SecretKey、App ID 和 Response Token 进行封装后，发起检测结果查询请求，相关代码如下：

```
public class UserRisksVerifyHandler {
    private static final String APP_ID = "101778417";
    private static final String SECRET_KEY =
        "79d84ac5ac404a88**********83b5b494fa3df03cf33aefd12e693da9";
    public String handle(UserRisksVerifyReq userRisksVerifyReq) {
    // 将虚假用户检测结果发送到 User Detect 服务端，以获取检测结果
        return HttpsUtil.sendRmsMessage(APP_ID, SECRET_KEY,
            userRisksVerifyReq.getResponse());
    }
}
```

HttpsUtil.java 中的 sendRmsMessage 方法调用了华为认证服务器以获取 Access Token。随后，根据获取到的 Access Token 调用 User Detect 的检测结果查询接口。接下来，分别介绍这两个接口的详细调用方法。

（1）获取 Access Token

使用 APP ID 和 SecretKey 请求华为认证服务获取 Access Token 的示例代码如下：

```
private static String applyAccessToken(String appid, String secretKey) {
    // 构造 HttpPost 请求对象
    HttpPost httpPostRequest = new HttpPost("https://oauth-login.cloud.huawei.
        com/oauth2/v2/token");
    // 设置内容类型
    httpPostRequest.setHeader("content-type", "application/x-www-form-urlencoded");
    // 填充消息体
```

```
    List<NameValuePair> entityData = new ArrayList<>();
    entityData.add(new BasicNameValuePair("grant_type", "client_credentials"));
    entityData.add(new BasicNameValuePair("client_id", appid));
    entityData.add(new BasicNameValuePair("client_secret", secretKey));
    UrlEncodedFormEntity urlEncodedFormEntity = new UrlEncodedFormEntity(entityData,
        StandardCharsets.UTF_8);
    httpPostRequest.setEntity(urlEncodedFormEntity);
    // 执行 http post 请求
    String response = execute(httpPostRequest);
    // 返回从响应消息体里提取的 Access Token
    return JSON.parseObject(response).get("access_token").toString();
}
```

请求报文示例如下：

```
POST /oauth2/v2/token HTTP/1.1
Host: oauth-login.cloud.huawei.com
Content-Type: application/x-www-form-urlencoded
grant_type=client_credentials&client_id=12345&client_secret=bKaZ0VE3EYrXaXCdCe3d2k9few
```

（2）调用 User Detect 服务的 API 获取检测结果

使用 APP ID、Access Token 以及 Response Token 组装成请求消息体后，并向 User Detect 服务器发起查询，示例代码如下：

```
public static String sendRmsMessage(String appid, String appSecret, String
    responseToken) {
    // 1. 构造 HttpPost 请求对象
    HttpPost httpPostRequest;
    // 1.1 拼接 HMS User Detect Server 服务端接口相关的 URI
    URI uri = buildUri(appid);
    httpPostRequest = new HttpPost(uri);
    httpPostRequest.addHeader("content-type", "application/json");
    StringEntity entityData;
    try {
        // 1.2 填充消息体
        JSONObject messageObject = new JSONObject();
        // 1.2.1 获取 Access Token，并填充到消息体里
        messageObject.put("accessToken", applyAccessToken(appid, appSecret));
        // 1.2.2 填充 responseToken 到消息体里
        messageObject.put("response", responseToken);
        entityData = new StringEntity(messageObject.toString());
    } catch (UnsupportedEncodingException e) {
        Log.catching(e);
        return "";
    }
    httpPostRequest.setEntity(entityData);
    // 2. 执行 http post 请求
    return execute(httpPostRequest);
}
// 构造 URL 方法
```

```
private static URI buildUri(String appid) {
    URIBuilder uriBuilder;
    URI uri = null;
    try {
        // User Detect 服务端接口相关的 URL
        uriBuilder = new URIBuilder("https://rms-drcn.platform.dbankcloud.com/
            rms/v1/userRisks/verify");
        // 添加参数 APP ID
        uriBuilder.addParameter("appid", appid);
        uri = uriBuilder.build();
    } catch (URISyntaxException e) {
        Log.catching(e);
    }
    return uri;
}
```

请求检测结果的示例报文如下：

```
POST https://hirms.cloud.huawei.com/rms/v1/userRisks/verify?appId=101294943
{
"accessToken":"CV7Qxu7U0aqtFYxj9FIw2LcOaFpjsHBSHUz8lrGuTipIB2VJNUkBK630+WMCLxzti5xL
PxjYB6slP49sbc3vPY53XjM5",
"response":"1_76deea6daf1ce20995e2b55e4651a8d6f2ffa8a7a6dfe5ce_15907"
}
```

User Detect 服务器返回的响应示例报文如下：

```
Content-Type: application/json
{
"success": true,
"challenge_ts":" 2020-05-29T15:32:53+0800"
"apk_package_name":"com.example.mockthirdapp"
}
```

这里获取的检测结果可以通过 App Server 直接返回给 App。其中 True 代表真实用户，False 代表虚假用户，App 可以根据实际业务场景来完成对应的防护处理。需要说明的是，虚假用户检测在 App 与 App Server 侧都与 HMS 的部件进行了交互，本节中只给出了交互过程的关键代码片段，开发者可以根据书中提供的代码路径获取完整代码来了解具体的实现细节。

4. 关闭虚假用户行为检测

在完成虚假用户检测后，需要及时关闭检测服务，释放资源。我们在 App 的 LoginAct.java 类的 onPause 方法中调用关闭接口，示例代码如下：

```
@Override
protected void onPause() {
    super.onPause();
    // 关闭虚假用户检测 API
    SafetyDetect.getClient(this).shutdownUserDetect();
}
```

　　至此，在宠物商场 App 中，我们实现了虚假用户检测的完整流程，并成功地拿到了检测结果，结果日志如图 10-12 所示。

```
2020-08-10 21:47:22.468 6391-6681/com.huawei.hmspetstore I/SafetyDetectUtil: User detection start.
2020-08-10 21:47:46.163 6391-6391/com.huawei.hmspetstore I/SafetyDetectUtil: User detection succeed,
response=7_a060fc7f86374fd090caca88cc2e43bb51df508b61dfd152_1597067241697
2020-08-10 21:47:46.873 6391-6759/com.huawei.hmspetstore I/SafetyDetectUtil: verifyUserRisks:
result={"error-codes":"missing-input-response","success":false},
response=7_a060fc7f86374fd090caca88cc2e43bb51df508b61dfd152_1597067241697
```

图 10-12　从服务器侧获取到检测结果

10.7　小结

　　本章我们重点介绍了 Safety Detect 的功能原理与业务场景，并对系统完整性检测、应用安全检测、恶意网址检测、虚假用户检测 4 个功能的使用方法做了详细的介绍。在宠物商城 App 的支付环节，我们集成了系统完整性检测能力来让用户的支付行为更加安全；在用户的登录环节，我们使用了虚假用户检测接口来防范恶意流量的入侵。相信学习完本章以后，你已经掌握了如何在应用中集成 Safety Detect 相应的能力来对应用做好安全防护。下一章会进一步介绍 FIDO 服务，来给宠物商场 App 添加线上快速身份验证的功能。

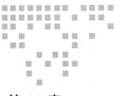

FIDO Kit 开发详解

在 App 的使用过程中，大多数 App 都需要验证用户的身份，以确保用户数据安全。而烦琐地输入密码和进行账号认证，既存在密码泄露风险，又给用户带来很大的不便。华为 FIDO Kit（线上快速身份验证服务），为开发者提供更加安全的 FIDO2 和 BioAuthn（本地生物特征认证）能力，在确保安全的同时，还能提升使用体验，帮助开发者有效解决上述问题。

11.1　功能原理分析

华为线上快速身份认证服务提供基于 WebAuthn[⊖]标准的 FIDO2 线上快速身份验证客户端功能，支持使用 USB、NFC、蓝牙漫游认证器，以及指纹和 3D 面容的平台认证器，进行安全认证；另外还提供 BioAuthn 本地生物特征认证能力，包括指纹认证和 3D 面容认证。

FIDO2 主要适用于在线服务需要进行在线用户身份验证的场景，示例如下所示。

❑ 指纹登录 /3D 面容登录：在应用内登录账号时，不需要用户输密码，通过验证指纹或 3D 面容即完成登录。

❑ 指纹登录 /3D 面容转账 / 支付：在应用内进行转账 / 支付时，通过验证指纹或 3D 面容代替支付密码完成支付。

❑ 双因子转账 / 支付：在应用内进行转账 / 支付时，可以通过支付密码配合安全密钥硬件的双因子认证方式来确保转账 / 支付的安全性；此时集成了 FIDO 功能的华为手机可以作为安全密钥，代替安全密钥硬件，完成身份验证。

BioAuthn 适用于不需要结合服务端完成用户身份验证，而只需要在手机上完成机主身

⊖　想了解 WebAuthn 标准的详情，请参考 https://www.w3.org/TR/webauthn/#webauthn-client。

份验证的场景。最常见的应用场景是使用指纹 / 面容解锁手机。另外，针对某些隐私应用或应用中的隐私功能也可以使用 BioAuthn；比如打开应用或使用应用中的某些功能时，需要完成指纹 / 面容认证，以确保是机主本人。

下面将为大家分别介绍 FIDO2 和 BioAuthn 的功能原理。

11.1.1　线上快速身份验证原理

FIDO 规范定义了一套在线身份认证的技术架构，FIDO2 是 FIDO 系列规范的第 2 版。其中，除了应用和应用服务器以外，还包括 3 个组件：FIDO 认证器、FIDO 客户端和 FIDO 服务器。图 11-1 是 FIDO 规范的认证过程。

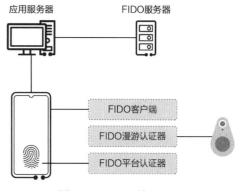

图 11-1　FIDO 认证过程

1）FIDO 认证器：用来进行本地认证的机制或设备，分为平台认证器和漫游认证器。在面向最终用户时，认证器通常被称为**安全密钥**。

❑ 平台认证器：集成在使用 FIDO 的设备上的认证器，比如手机或笔记本电脑上基于指纹识别硬件的认证器。

❑ 漫游认证器：游离于使用 FIDO 的设备，通过蓝牙、NFC 或 USB 连接的认证器，比如形状类似于 U 盾或动态令牌的认证器。

2）FIDO 客户端：集成在平台（如 Windows、MacOS 和 HMS Core）中，提供 SDK 给应用集成；或集成在浏览器中（如 Chrome、Firefox 和华为浏览器），提供 JavaScript API 给服务集成。FIDO 客户端是应用调用 FIDO 服务器和 FIDO 认证器完成认证的桥梁。

3）FIDO 服务器：在应用服务器需要发起 FIDO 认证时，生成符合 FIDO 规范的认证请求，发送给应用服务器；在 FIDO 认证器完成本地认证后，接收应用服务器返回的 FIDO 认证响应，并进行校验。

FIDO 规范有两个主要流程，即注册和认证。以用户登录这个场景为例，注册流程对应开通指纹 /3D 面容登录的过程，认证流程对应使用指纹 /3D 面容完成登录的过程。

注册流程如图 11-2 所示。

如图 11-2 所示，具体流程分析如下。

① 应用程序集成 FIDO2 客户端 SDK，向 FIDO 服务器发起注册请求。

② FIDO 服务器将随机生成的挑战值返回给应用程序，应用程序将挑战值发给 FIDO2 客户端，FIDO2 客户端连接认证器，发起注册。

③ 认证器验证通过，生成一对用户公钥 / 私钥，并将私钥保存在本地。然后用其预置的私钥为生成的公钥及挑战值签名。

④ 认证器返回签名给 FIDO2 客户端及应用程序。应用程序发给 FIDO 服务器进行注册。

⑤ FIDO 服务器验证签名，保存公钥，并将处理结果返回给应用程序。

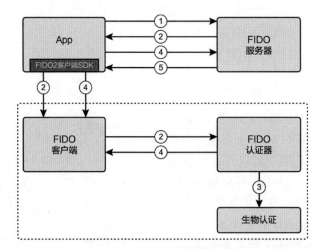

图 11-2　注册业务整体流程

认证流程如图 11-3 所示（认证业务流程图和注册业务流程图一致，但是具体步骤不同）。

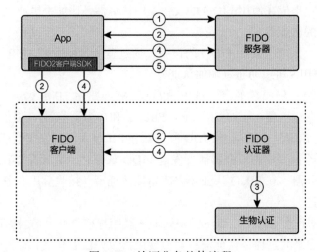

图 11-3　认证业务整体流程

具体流程分析如下。

① 应用程序集成 FIDO2 客户端 SDK，并向 FIDO 服务器发起认证请求。

② FIDO 服务器将随机生成挑战值返回给应用程序，应用程序将挑战值发给 FIDO2 客户端，FIDO2 客户端连接认证器，发起认证。

③ 认证器验证通过，用其保存的私钥对挑战值进行签名。

④ 认证器将签名返回 FIDO2 客户端及应用程序。应用程序发给 FIDO 服务器进行认证。

⑤ FIDO 服务器验证签名，并将处理结果返回给应用程序。

11.1.2　本地生物特征认证原理

BioAuthn 在 Android 原生的本地指纹认证、生物认证能力基础上，进行了安全增强，主要包含以下两个方面。

1）将系统完整性检测结果作为使用本地生物特征认证的前置条件。当用户在不安全的设备上使用 BioAuthn 时，在进行生物认证前就可以识别出设备不安全并禁用生物特征认证功能。关于系统完整性检测的详细介绍，可以参考第 10 章中的相关介绍。

2）对认证结果使用密钥校验机制进行验证。在进行生物特征认证时，可以关联一个密钥对象。该密钥对象可以被设置为仅在生物特征认证后才可以使用。在使用 EMUI 9.1 及以上版本的华为手机上，密钥的存储和使用都在 TEE 中实现，无法被篡改。因此，在进行生物特征认证后，使用关联的密钥进行数据加密操作，只有在真正完成生物特征认证后，加密才能成功；即使认证失败，在 REE 中被篡改为成功，在 TEE 中的密钥操作也会失败。

基于以上两个安全增强手段，可以确保本地生物特征认证结果的安全可信。

本地生物特征认证的整体流程如图 11-4 所示。

具体流程分析如下。

① App 集成 FIDO SDK 调用 BioAuthn API。

② BioAuthn 调用 Safety Detect 服务进行系统完整性检测。

③ App 提示用户进行生物特征认证。

④ BioAuthn 校验认证结果。

⑤ BioAuthn 返回认证结果给 App。

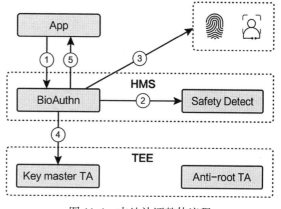

图 11-4　本地认证整体流程

11.2　开发准备

本节主要介绍线上快速身份验证服务在正式接入前的一些准备操作，相信你在阅读前述章节时已经注册成为华为开发者，并在 AppGallery Connect 创建了宠物商城 App 并为其配置了证书指纹，因此只需要为其开通 FIDO 服务、集成 FIDO SDK 即可。

（1）开通 FIDO 服务

1）打开 AppGallery Connect 网站，点击"我的项目"选项，然后选择"宠物商城"App，如图 11-5 所示。

图 11-5　选择"宠物商城"App

2）在"API 管理"标签页打开 FIDO 服务开关，如图 11-6 所示。

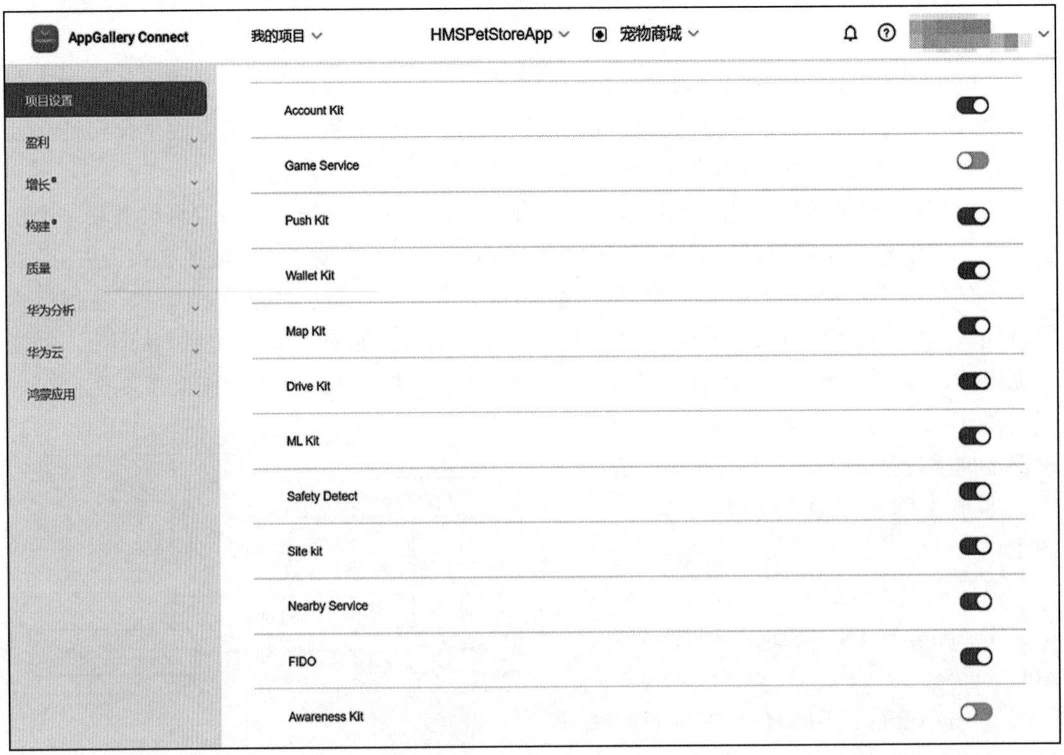

图 11-6　开通 FIDO 服务

（2）集成 FIDO SDK

在开始集成 FIDO SDK 之前，需要先将 agconnect-services.json 文件从 AppGallery Connect 下载并放到项目的 app 目录下。然后，打开 app 应用级的 build.gradle 文件，在 dependencies 闭包中增加 FIDO SDK 的依赖，如下所示。

```
dependencies {
    implementation 'com.huawei.hms:fido-fido2:4.0.3.300'
    implementation 'com.huawei.hms:fido-bioauthn-androidx:4.0.3.300'
    implementation 'com.huawei.hms:fido-bioauthn:4.0.3.300'
    // fido-bioauthn-androidx 和 fido-bioauthn 根据实际需要选择一个即可，使用场景请参考 11.4 节
}
```

以上代码以 4.0.3.300 版本为例，最新版本的 FIDO SDK 请参考华为开发者联盟网站官方文档。配置完成之后，点击右上角的 Sync Now 按钮，等待同步完成。至此，线上快速身份验证服务的开发准备工作就已经全部完成了，下面将介绍如何集成 FIDO2 客户端功能。

11.3　线上快速身份认证

在前面的规划中，宠物商城 App 将通过集成 FIDO SDK 来实现指纹登录，指纹登录开关位于应用设置页面，如图 11-7 所示，打开开关会调用 FIDO2 注册接口，引导用户开通指纹登录。

需要说明的是，宠物商城 App 未对接三方 FIDO 服务器，仅在本地模拟了相关的服务器接口。

注册流程完成之后在登录页面点击登录按钮，如图 11-8 所示，会调用 FIDO2 指纹认证接口，引导用户完成指纹登录。

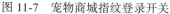

图 11-7　宠物商城指纹登录开关

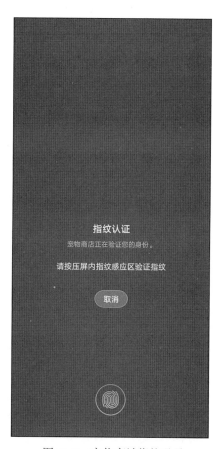

图 11-8　宠物商城指纹登录

宠物商城 App 项目已经将 FIDO2 的相关处理封装在 Fido2Handler.java 文件中。在宠物商城 App 设置页面打开指纹登录开关时，会调用 Fido2Handler 类的 onRegistration 方法，完成 FIDO 注册。注册成功后，"登录"按钮的点击事件响应方法会调用 Fido2Handler 类的 onAuthentication 方法，完成登录认证。

因此，在本节的示例代码中，将重点介绍核心代码 Fido2Handler.java 中的逻辑处理，以及通过重写 Activity 的 onActivityResult 方法来实现接收 FIDO 客户端返回的注册 / 认证结果，并进行后续的处理流程。

另外需要说明的是，在示例中，宠物商城 App 没有部署 FIDO 服务器，仅在本地模拟了一套符合 FIDO2 规范的 FIDO 服务器接口，对应的示例代码仅供参考和效果演示。在实际应用中，App 涉及与 FIDO 服务器的交互，请参考相关规范，并联系 FIDO 服务器供应商获取相关接口说明。

下面将详细介绍宠物商城 App 集成 FIDO2 客户端的示例代码。

11.3.1　初始化 FIDO2 客户端

在发起注册前，我们需要先初始化 FIDO2 客户端。步骤如下。

1）在 Fido2Handler.java 文件中实现一个单参数的构造函数，调用 FIDO SDK 中提供的工厂方法 getFido2Client，传入一个 Activity 实例，来初始化和获取 Fido2Client 对象。后续可以在传入的 Activity 的 onActivityResult 方法中接收 FIDO2 客户端返回的结果并进行处理。示例代码如下：

```
public class Fido2Handler {
    public Fido2Handler(Activity activity) {
        // 初始化 FIDO 客户端
        fido2Client = Fido2.getFido2Client(activity);
    }
}
```

2）在 SettingAct.java 和 LoginAct.java 文件中增加 Fido2Handler 对象，并进行初始化，示例代码如下：

```
public class SettingAct extends AppCompatActivity {
    // FIDO2 相关处理
    private Fido2Handler fido2Handler;

    @Override
    protected void onCreate(@Nullable Bundle savedInstanceState) {
        ...
        fido2Handler = new Fido2Handler(SettingAct.this);
    }
}
```

11.3.2　发起注册流程

在 SettingAct.java 文件中增加一个开关组件 SwitchCompat，并添加状态变化监听器，来调用 Fido2Handler 对象的 onRegistration 方法。这样，在宠物商城 App 的设置页面打开指纹登录开关时，就能发起 FIDO2 注册流程了。示例代码如下：

```java
public class SettingAct extends AppCompatActivity {
    // 指纹登录开关
    private SwitchCompat mSwitchCompatFingerPrintLogin;
    @Override
    protected void onCreate(@Nullable Bundle savedInstanceState) {
        ...
        // 初始化 View
        initView();
    }

    private void initFido() {
        mSwitchCompatFingerPrintLogin = findViewById(R.id.setting_fingerprint);
        mSwitchCompatFingerPrintLogin.setOnCheckedChangeListener(new
            CompoundButton.OnCheckedChangeListener() {
            @Override
            public void onCheckedChanged(CompoundButton buttonView, boolean
                isChecked) {
                if (isChecked) {
                    String username = ...
                    fido2Handler.onRegistration(username, new ICallBack() {
                        @Override
                        public void onSuccess(Object bean) {
                            // 记录注册结果
                            ...
                        }
                    });
                }
            }
        });
    }
}
```

下面重点介绍 Fido2Handler.java 文件中的 onRegistration 方法及其调用的其他相关代码的处理逻辑。

1）判断是否支持 FIDO2。在 Fido2Handler.java 文件的 onRegistration 方法中，调用 FIDO2 客户端的兼容性支持判断方法 isSupported 来判断当前设备是否支持。示例代码如下：

```java
if (!fido2Client.isSupported()) {
    callBack.onError("onRegistration:FIDO2is not supported.");
    return;
}
```

2）从 FIDO 服务器获取挑战值及相关策略，示例代码如下：

```java
// 组装 FIDO 服务器请求消息
ServerPublicKeyCredentialCreationOptionsRequest request = …
// 从 FIDO 服务器获取挑战值和相关策略
ServerCreationOptionsResp response = fidoServerClient.getAttestationOptions(request);
if (!ServerStatus.OK.equals(response.getStatus())) {
    callBack.onError("onRegistration: get attestation options fail.");
```

```
        return;
    }
```

3）基于 FIDO 服务器返回的挑战值等数据，使用 getCreationOptions 方法组装注册请求消息，示例代码如下：

```
public static PublicKeyCredentialCreationOptions
getCreationOptions(ServerCreationOptionsResp resp) {
    PublicKeyCredentialCreationOptions.Builder builder =
        new PublicKeyCredentialCreationOptions.Builder();
    // 设置 PublicKeyCredentialRpEntity
    setPublicKeyCredentialRp(resp, builder);
    // 设置 PublicKeyCredentialUserEntity
    setPublicKeyCredentialUser(resp, builder);
    // 设置挑战值
    setChallenge(resp, builder);
    // 设置支持的算法
    setPublicKeyCredParams(resp, builder);
    // 设置排除列表
    setExcludeList(resp, builder);
    // 设置认证器选择标准
    setAuthenticatorSelection(resp, builder);
    // 设置凭据偏好
    setAttestation(resp, builder);
    setExtensions(resp, builder);
    builder.setTimeoutSeconds(resp.getTimeout());
    return builder.build();
}
```

4）使用 reg2Fido2Client 方法向 FIDO2 客户端发送注册请求。该方法的处理逻辑是：首先，调用 FIDO2 客户端的 getRegistrationIntent 方法，来获得 Fido2Intent 实例。然后，调用 Fido2Intent 对象的 launchFido2Activity 方法，并传入父 Activity 以及注册请求码 Fido2Client. REGISTRATION_REQUEST，来启动 FIDO2 客户端注册 Activity。这里的注册请求码是由 FIDO SDK 约定的。详细示例代码如下：

```
private void reg2Fido2Client(PublicKeyCredentialCreationOptions
    publicKeyCredentialCreationOptions,
                        final ICallBack callBack) {
    NativeFido2RegistrationOptions registrationOptions =
        NativeFido2RegistrationOptions.DEFAULT_OPTIONS;
    Fido2RegistrationRequest registrationRequest =
        new Fido2RegistrationRequest(publicKeyCredentialCreationOptions, null);

    // 调用 Fido2Client.getRegistrationIntent 获取 Fido2Intent，并启动 FIDO2 客户端注册流程
    fido2Client.getRegistrationIntent(registrationRequest,
        registrationOptions, new Fido2IntentCallback() {
        @Override
        public void onSuccess(Fido2Intent fido2Intent) {
            // 通过 Fido2Client.REGISTRATION_REQUEST 启动 FIDO2 客户端注册流程
```

```
        fido2Intent.launchFido2Activity(Fido2Handler.this.activity,
            Fido2Client.REGISTRATION_REQUEST);
    }
    ...
});
}
```

11.3.3　接收注册处理结果

接收注册处理结果主要包含以下两个步骤。

1）在 SettingAct.java 文件的 onActivityResult 方法中接收注册处理结果，当请求码为 FIDO SDK 约定的注册请求码 Fido2Client.REGISTRATION_REQUEST 时，调用 Fido2Handler 类的 onRegisterToServer 方法完成处理结果的解析，并到 FIDO 服务器进行注册校验，示例代码如下：

```
@Override
protected void onActivityResult(int requestCode, int resultCode, @Nullable
        Intent data) {
    super.onActivityResult(requestCode, resultCode, data);
    ...
    if (requestCode == Fido2Client.REGISTRATION_REQUEST) {
        // 到 FIDO 服务器校验注册结果
        final boolean registerResult = fido2Handler.onRegisterToServer(data);
        // 设置开关状态
        mSwitchCompatFingerPrintLogin.setChecked(registerResult);
        SPUtil.put(SettingAct.this, SPConstants.FINGER_PRINT_LOGIN_SWITCH,
            registerResult);
    }
}
```

2）完成注册结果解析，并到 FIDO 服务器校验注册结果。在 Fido2Handler.java 文件的 onRegisterToServer 方法中，先调用 FIDO2 客户端的 getFido2RegistrationResponse 方法，完成注册结果的解析，然后向 FIDO 服务器发起注册结果校验，校验成功则完成注册流程。示例代码如下：

```
public boolean onRegisterToServer(Intent data) {
    // 解析注册结果
    Fido2RegistrationResponse fido2RegistrationResponse =
        fido2Client.getFido2RegistrationResponse(data);

    // 访问 FIDO 服务器，校验注册结果
    return reg2Server(fido2RegistrationResponse);
}
```

11.3.4　发起认证流程

上面我们完成了注册流程的设置，下面将继续介绍认证流程的设置。在 LoginAct.java

文件中，"登录"按钮的点击事件响应方法调用 Fido2Handler 类的 onAuthentication 方法。这样，在宠物商城 App 登录页面点击"登录"按钮时就能发起登录认证流程了。代码如下：

```
private void onLogin() {
    String username = ...
    fido2Handler.onAuthentication(username, new ICallBack<Object>() {
        @Override
        public void onSuccess(Object bean) {
            // 指纹登录成功，记录登录状态
        }
        @Override
        public void onError(String errorMsg) {
            // 指纹登录失败，尝试使用密码登录
            loginUseNameAndPasswordWithUserDetect();
        }
    });
}
```

FIDO2 认证处理流程封装在 Fido2Handler.java 文件的 onAuthentication 方法中。下面介绍 onAuthentication 方法的处理逻辑。

1）判断是否支持 FIDO2。同注册流程，调用 FIDO2 客户端的方法即可。

```
if (!fido2Client.isSupported()) {
    callBack.onError("onClickAuthentication:FIDO2is not supported.");
    return;
}
```

2）从 FIDO 服务器获取挑战值及相关策略，示例代码如下。

```
// 组装 FIDO 服务器请求消息
ServerPublicKeyCredentialCreationOptionsRequest request =
    getAuthnServerPublicKeyCredentialCreationOptionsRequest(username);

// 从 FIDO 服务器获取挑战值和相关策略
ServerCreationOptionsResp response = fidoServerClient.getAssertionOptions(request);
if (!ServerStatus.OK.equals(response.getStatus())) {
    callBack.onError("auth fail");
    return;
}
```

3）基于 FIDO 服务器返回挑战值等数据，使用 getCredentialRequestOptions 方法组装认证请求消息，示例代码如下。

```
public static PublicKeyCredentialRequestOptions
getCredentialRequestOptions(ServerCreationOptionsResp response) {
    PublicKeyCredentialRequestOptions.Builder builder =
        new PublicKeyCredentialRequestOptions.Builder();
    // 设置 RP ID
    builder.setRpId(response.getRpId());
```

```
// 设置挑战值
builder.setChallenge(ByteUtils.base642Byte(response.getChallenge()));
// 设置允许列表
ServerPublicKeyCredentialDescriptor[] descriptors = response.getAllowCredentials();
if (descriptors != null) {
    List<PublicKeyCredentialDescriptor> descriptorList = new ArrayList<>();
    for (ServerPublicKeyCredentialDescriptor descriptor : descriptors) {
        ArrayList<AuthenticatorTransport> transports = new ArrayList<>();
        if (descriptor.getTransports() != null) {
            try {

                transports.add(AuthenticatorTransport.fromValue(descriptor.
                    getTransports()));
            } catch (Exception e) {
                Log.e(TAG, e.getMessage(), e);
            }
        }
        PublicKeyCredentialDescriptor desc = new PublicKeyCredentialDescriptor(
            PublicKeyCredentialType.PUBLIC_KEY, ByteUtils.
                base642Byte(descriptor.getId()), transports);
        descriptorList.add(desc);
    }
    builder.setAllowList(descriptorList);
}
// 设置扩展参数
if (response.getExtensions() != null) {
    builder.setExtensions(response.getExtensions());
}
// 设置超时时间
builder.setTimeoutSeconds(response.getTimeout());
return builder.build();
}
```

4）向 FIDO2 客户端发送认证请求。注册到 FIDO2 客户端的处理，封装在 Fido2Handler.java 文件中的 authn2Fido2Client 方法中。该方法的处理逻辑是：首先，调用 FIDO2 客户端的 getAuthenticationIntent 方法，来获得 Fido2Intent 实例。然后，调用 Fido2Intent 对象的 launchFido2Activity 方法，并传入父 Activity 以及注册请求码 AUTHENTICATION_REQUEST，来启动 FIDO2 客户端认证流程。这里的认证请求码是由 FIDO SDK 约定的。详细示例代码如下。

```
private void authn2Fido2Client(PublicKeyCredentialRequestOptions
    publicKeyCredentialCreationOptions, final ICallBack callBack) {
    NativeFido2AuthenticationOptions authenticationOptions =
        NativeFido2AuthenticationOptions.DEFAULT_OPTIONS;
    Fido2AuthenticationRequest authenticationRequest =
        new Fido2AuthenticationRequest(publicKeyCredentialCreationOptions, null);

    // 调用 Fido2Client.getAuthenticationIntent 获取 Fido2Intent，并启动
    // FIDO2 客户端认证流程
    fido2Client.getAuthenticationIntent(authenticationRequest, authenticationOptions,
```

```
                new Fido2IntentCallback() {
                    @Override
                    public void onSuccess(Fido2Intent fido2Intent) {
                        // 通过 Fido2Client.AUTHENTICATION_REQUEST 启动 FIDO2 客户端
                        // 认证流程
                        fido2Intent.launchFido2Activity(Fido2Handler.this.activity,
                            Fido2Client.AUTHENTICATION_REQUEST);
                    }
                    ...
                });
        }
```

11.3.5 接收认证处理结果

接收认证处理结果的主要步骤如下。

1）在 onActivityResult 中接收认证处理结果。在 LoginAct.java 文件的 onActivityResult 方法中接收认证处理结果，当请求码为 Fido2Client.AUTHENTICATION_REQUEST 时，调用 Fido2Handler 类的 onAuthToServer 方法完成处理结果的解析，最后到 FIDO 服务器进行认证结果校验，示例代码如下。

```
protected void onActivityResult(int requestCode, int resultCode, @Nullable
    Intent data) {
    super.onActivityResult(requestCode, resultCode, data);
    if (requestCode == Fido2Client.AUTHENTICATION_REQUEST) {
        // 到 FIDO 服务器校验认证结果
        final boolean authToServerResult = fido2Handler.onAuthToServer(data);
        if(authToServerResult){
            ...
        } ...
    }
}
```

2）完成认证结果解析，并到 FIDO 服务器校验认证结果。在 Fido2Handler.java 的 onAuthToServer 方法中，先调用 FIDO2 客户端的 getFido2AuthenticationResponse 方法，完成认证结果解析，然后向 FIDO 服务器发起认证结果校验，校验成功则完成认证流程。示例代码如下。

```
public boolean onAuthToServer(Intent data) {
    // 解析认证结果
    Fido2AuthenticationResponse fido2AuthenticationResponse =
        fido2Client.getFido2AuthenticationResponse(data);

    // 访问 FIDO 服务器，校验认证结果
    return auth2Server(fido2AuthenticationResponse);
}
```

至此，我们已经在宠物商城 App 中集成了 FIDO2 客户端的功能，能够使用 FIDO2 的能力来实现指纹登录。下面将为大家介绍本地生物认证的集成方法。

11.4 本地生物特征认证

本节主要介绍如何使用 BioAuthn-AndroidX SDK 完成指纹认证和面容认证。需要说明的是，宠物商城 App 中并未集成本地生物特性认证功能，但是当需要在手机上完成机主身份验证时，通过指纹或者面容来完成认证是一个很常用的功能。下面的示例代码仅供开发者参考。

BioAuthn-AndroidX SDK 提供了安全的指纹认证能力和面容认证能力。其中指纹认证部分基于 androidx.biometric:biometric:1.0.0 开发，如果项目中已经使用了 Android Support 库，请使用 BioAuthn SDK 进行指纹认证和面容认证，否则会有兼容性问题。下面以 BioAuthn-AndroidX SDK 为例，介绍指纹认证和 3D 面容认证的集成方法。

11.4.1 指纹认证示例

配置指纹认证示例的主要步骤和代码说明如下。

1）在 Activity 中初始化 BioAuthnManager，调用 canAuth() 检测是否支持指纹认证。

```
// 是否支持指纹认证
BioAuthnManager bioAuthnManager = new BioAuthnManager(this);
int errorCode = bioAuthnManager.canAuth();
if (errorCode != 0) {
    // 不支持指纹认证，返回
    return;
}
```

> 📓 说明 Android API Level 23 及以上版本才支持指纹认证，另外请确保手机硬件支持指纹认证。

2）构造回调方法 BioAuthnCallback，用于处理认证成功、失败等事件。

```
// 回调
BioAuthnCallback callback = new BioAuthnCallback() {
    @Override
    public void onAuthError(int errMsgId, CharSequence errString) {
        // 认证错误
    }

    @Override
    public void onAuthSucceeded(BioAuthnResult result) {
        // 认证成功
    }

    @Override
    public void onAuthFailed() {
        // 认证失败
    }
};
```

华为提供安全的指纹认证能力，如果系统存在安全问题，会在回调方法 BioAuthn
Callback.onAuthError() 中返回错误码；如果设备运行环境安全，则继续执行指纹认证。指
纹认证的错误码详情，请参考华为开发者联盟网站。

3）构造指纹认证的提示信息 BioAuthnPrompt，代码如下。

```
// 构建提示信息
BioAuthnPrompt.PromptInfo.Builder builder = new BioAuthnPrompt.PromptInfo.Builder()
.setTitle("This is the title.")
.setSubtitle("This is the subtitle")
.setDescription("This is the description");
// 首先会提示用户使用指纹认证，但是也提供选项，可以使用 PIN 码、图形解锁或锁屏密码进行认证
// 如果这里设置为 true，则不能设置 setNegativeButtonText(CharSequence)
builder.setDeviceCredentialAllowed(true);

// 设置取消按钮标题。如果设置了该值，则不能设置 setDeviceCredentialAllowed(true)
builder.setNegativeButtonText("This is the 'Cancel' button.");

BioAuthnPrompt.PromptInfo info = builder.build();
```

利用 PromptInfo.Builder 创建 PromptInfo 时，开发者可以在 setDeviceCredentialAllowed(true)
和 setNegativeButtonText() 中二选一。其中 setDeviceCredentialAllowed(true) 允许在指纹认
证页面切换到其他认证方式，如锁屏密码认证等方式。

需要注意的是，BioAuthnPrompt.PromptInfo.Builder.setDeviceCredentialAllowed(true) 不
支持具有屏下指纹且运行 EMUI 9.x 系统的设备，例如 Mate 20 Pro、P30、P30 Pro、Magic2，
在这些设备上切换锁屏密码认证会立刻导致认证失败。在 EMUI 9.x 及以下版本可能会出现
仅能开启一次指纹认证的问题，解决措施如下（选择一种即可）。

❑ Activity 不重复创建 BioAuthnPrompt 对象。

❑ 认证完成后，调用 Activity.recreate() 方法重绘界面。

❑ 关闭 Activity，再重新打开。

4）调用 auth() 方法进行认证：

```
BioAuthnPrompt bioAuthnPrompt = new BioAuthnPrompt(this,
    ContextCompat.getMainExecutor(this), callback);
bioAuthnPrompt.auth(info);
```

至此，指纹认证的功能就设置完成了。下面将继续介绍 3D 面容认证功能。

11.4.2　3D 面容认证示例

华为提供安全的 3D 面容认证能力。如果系统存在安全问题，会在回调方法 BioAuthn
Callback.onAuthError() 中返回错误码；如果设备运行环境安全，则继续执行 3D 面容认证。
3D 面容认证的错误码详情，请参考华为开发者联盟网站。

3D 面容认证功能的集成步骤如下。

1）在 Activity 中初始化 FaceManager，调用 canAuth() 检测是否支持面容认证。

```
FaceManager faceManager = new FaceManager(this);
        int errorCode = faceManager.canAuth();
        if (errorCode != 0) {          // 不支持认证
            return;          }
```

2）构造回调结构 BioAuthnCallback，用于处理认证成功、失败等事件。

```
BioAuthnCallback callback = new BioAuthnCallback() {
        @Override
        public void onAuthError(int errMsgId, CharSequence errString)
            {              // 认证错误              }
        @Override
        public void onAuthHelp(int helpMsgId, CharSequence helpString)
            {              // 帮助              }
@Override
        public void onAuthSucceeded(BioAuthnResult result) {
// 认证成功
            }
        @Override
        public void onAuthFailed() {   // 认证失败
            }
    };
```

3）调用 auth() 方法，进行认证。

```
// 取消信号
CancellationSignal cancellationSignal = new CancellationSignal();
FaceManager faceManager = new FaceManager(this);
// Flags.
int flags = 0;
// 认证消息处理器
Handler handler = null;
// KeyGenParameterSpec.Builder.setUserAuthenticationRequired() 必须设置为 false
// 推荐 CryptoObject 传 null
CryptoObject crypto = null;
// 进行面容认证
faceManager.auth(crypto, cancellationSignal, flags, callback, handler);
```

至此，3D 面容认证功能就设置完成了。该功能的设置还是比较简单的，通过上述的几个步骤就可以快速集成。

11.5　小结

通过本章的学习，我们了解了线上快速身份验证服务为开发者提供了两个主要特性，分别是线上快速身份验证（FIDO2）和本地生物特征认证（BioAuthn）。通过示例代码，我们学习了 FIDO2 客户端和 BioAuthn 集成的开发步骤，并在宠物商城 App 中使用了

FIDO2 的指纹验证功能。学习完本章以后，相信你已经掌握了如何在应用中集成 FIDO2 和 BioAuthn 功能。

至此，宠物商城 App 规划的所有功能都开发完成了。通过第 4 ～ 11 章的学习，我们已经集成了 HMS 为大家开放的 Account Kit、IAP Kit、Push Kit、Location Kit、Site Kit、Map Kit、Safety Detect 和 FIDO Kit 等能力。我们为宠物商城 App 实现了账号注册、系统登录和个人中心设置等基础功能；此外，我们实现了浏览附近宠物商店和消息推送功能，帮助宠物商店增加客流量；最后我们还设置了会员商品，用户可以购买会员资格来观看宠物视频，开发者可以直接从此功能中获得收益。

开发工作至此将告一段落，最后我们将介绍如何调测上架宠物商城 App。

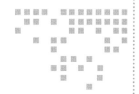

第 12 章 Chapter 12

测试及上架

本章将以宠物商城 App 为例，讲解如何使用华为云测试服务对应用进行测试。测试完成以后，将会讲解如何将应用发布到华为应用市场，方便更多的用户下载使用。

12.1 华为云测试服务

云测试服务是华为针对开发者打造的 App 测试平台，包含了**云测试**和**云调试**两项服务，可以帮助开发者方便、高效地集成华为开放能力，实现快速验证和交付。

云测试提供了兼容性、稳定性、性能和功耗测试，能够检测出应用在华为手机上的安装、启动、卸载以及运行过程中的崩溃、闪退、黑白边等异常，同时还能够收集 App 运行中性能及功耗的关键指标数据，帮助开发者提前发现并精确定位以解决各种问题。云调试提供了最新、最热的华为机型，让开发者可随时随地了解 App 在华为手机上的运行情况。

云测试服务通过华为开发者联盟对外开放，开发者在开发者联盟管理中心可以方便地找到云测试服务的入口。使用 3.1 节注册的账号登录华为开发者联盟，进入管理中心，单击右上角"自定义桌面"按钮，如图 12-1 所示。

在测试服务中找到"云测试"和"云调试"并选中，如图 12-2 所示。

关闭自定义桌面，返回管理中心。单击左侧导航栏的"应用服务"选项，在测试服务中可以看到"云测试"和"云调试"选项，如图 12-3 所示。单击相应选项，即可进入系统。下面以宠物商城 App 为例，详细介绍如何使用云测试和云调试。

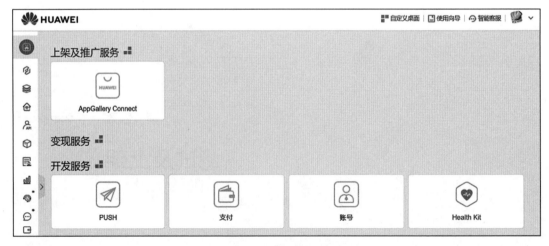

图 12-1　管理中心

图 12-2　管理中心自定义桌面

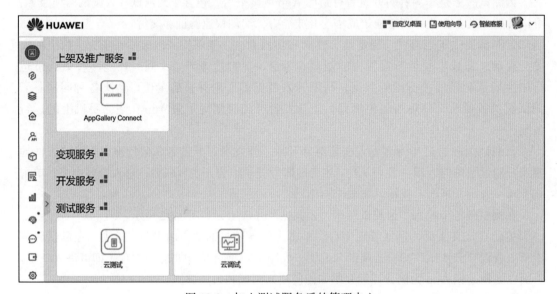

图 12-3　加入测试服务后的管理中心

12.1.1　云测试

云测试致力于为移动应用开发者提供便捷的一站式移动应用测试服务，解决广大开发者在移动应用开发、测试过程中面临的成本、技术和效率问题。

📊 **说明**　云测试指导文档：https://developer.huawei.com/consumer/cn/doc/development/Tools-Guides/CloudTesting-introduction。

在管理中心单击左侧导航栏的"应用服务"选项，下拉页面滚动条，在测试服务处找到"云测试"选项，点击并进入"云测试"页面后即可创建不同的测试任务。若之前未创建过云测试任务，则会直接打开"创建云测试任务"页面；若之前已创建过测试任务，单击右上角的"创建测试"按钮即可打开"创建云测试任务"页面，如图 12-4 所示。

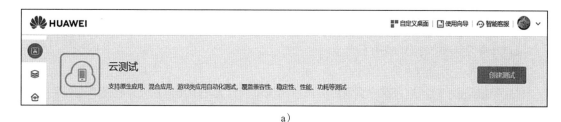

a)

b)

图 12-4　创建云测试任务

📋 **注意**　云测试当前版本暂不支持测试 App 的账号登录功能。

下面将详细介绍如何使用云测试服务对 App 进行兼容性、稳定性、性能和功耗测试。

1. 兼容性测试

兼容性测试可快速在真机上验证应用的兼容性，包含首次安装、再次安装、启动、崩溃、无响应、闪退、运行错误、UI 异常、黑白屏、无法回退、卸载等检查项，各项检测定义如下。

- ❑ 首次安装：应用下载后首次不能正常安装。
- ❑ 再次安装：应用卸载后，不能再次正常安装。
- ❑ 启动：启动后无响应，不能进入应用首页。
- ❑ 崩溃：运行过程中出现类似"×× 应用已停止运行"弹窗。
- ❑ 无响应：运行过程中出现"×× 应用无响应"弹窗。
- ❑ 闪退：运行过程中某个操作导致非正常退出到桌面。
- ❑ 运行错误：运行过程中某个操作产生了不符合预期的结果，可能是应用界面或后台逻辑不符合预期。
- ❑ UI 异常：页面控件显示不完全。
- ❑ 黑白屏：页面存在非设计的黑屏、白屏。
- ❑ 无法回退：应用进入某个页面后无法退出该页面且无法退出应用（只能强杀进程关闭）。
- ❑ 卸载：应用无法卸载或卸载出现残留。

下面将介绍如何创建"兼容性测试"任务，对 App 进行兼容性测试。

1）在创建云测试任务页面中单击"兼容性测试"标签页，单击"本地上传"选项，上传宠物商城 APK，如图 12-5 所示。

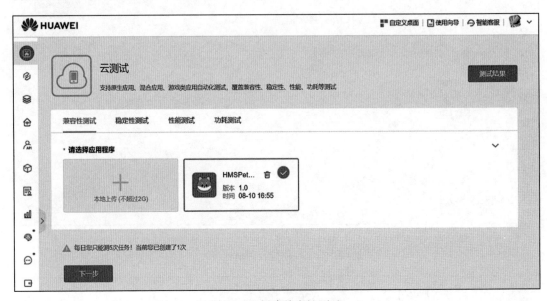

图 12-5　创建兼容性测试

2）单击"下一步"按钮，进入选择机型页面，可按照手机品牌和 Android 版本过滤测试机型，如图 12-6 所示。

图 12-6　选择测试机型

3）选择完测试机型以后，单击"确定"按钮，提交测试任务。测试任务提交成功以后，会弹出提示提交成功的对话框，如图 12-7 所示。

4）单击"前往测试报告"按钮，进入测试报告查看页面，如图 12-8 所示。

5）等待测试完成，单击"查看"按钮，即可查看详细的测试报告。兼容性测试报告中呈现了应用在华为手机上运行中出现的首次、再次安装及卸载失败的问题，以及检测出的启动失败、崩溃、无响应、闪退等问题，如图 12-9 所示。

图 12-7　测试任务提交成功对话框

图 12-8　测试报告查看页面

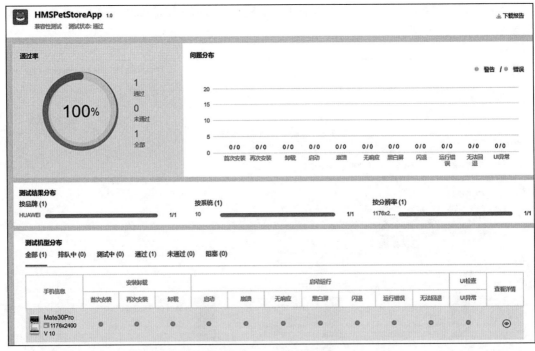

图 12-9　测试报告详情页面

6）如果想查看某款机型的详细报告，单击该款手机右侧的◎图标，进入测试报告详情页面，查看测试过程的截图如图 12-10 所示。

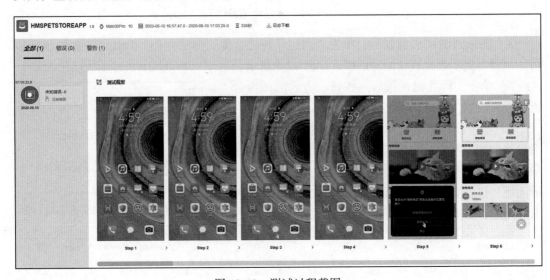

图 12-10　测试过程截图

还可以获取性能数据及 Logcat 日志，包括启动耗时、CPU 占用率、内存占用率、流量消耗、电量消耗等。异常描述和异常信息为空则表示测试通过，如图 12-11 所示。

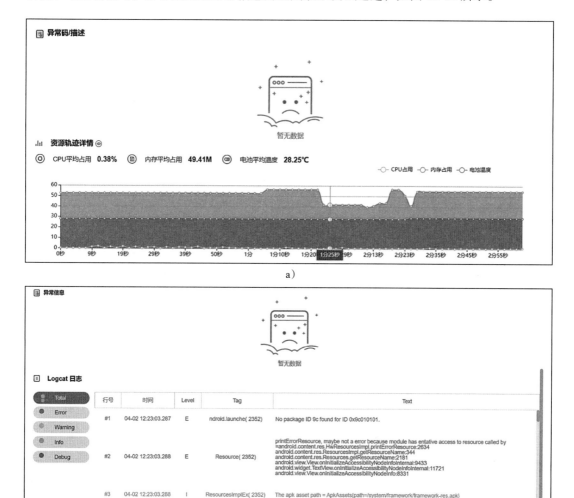

a)

b)

图 12-11　性能数据和 Logcat 日志

2. 稳定性测试

稳定性测试提供了遍历测试和随机测试，能够测试应用在华为手机上的内存泄漏、内存越界、冻屏、崩溃等稳定性问题。稳定性测试的创建步骤和兼容性测试类似，这里不再详细阐述。不同点是在创建稳定性测试任务时，需要指定测试时长，如图 12-12 所示。

稳定性测试报告中列出了测试过程中采集到的 Crash（崩溃）、ANR（无响应）、Native crash（错误数）以及 Leak（资源泄漏数），如图 12-13 所示。如果单个检测项的问题数量超过 10 个，稳定性测试就不会通过。

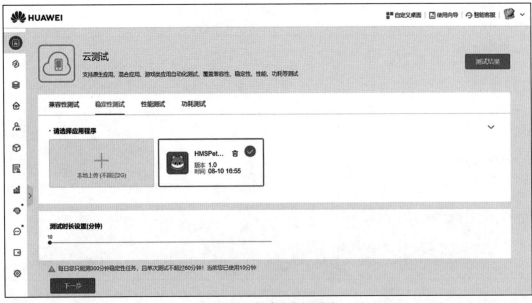

图 12-12　创建稳定性测试

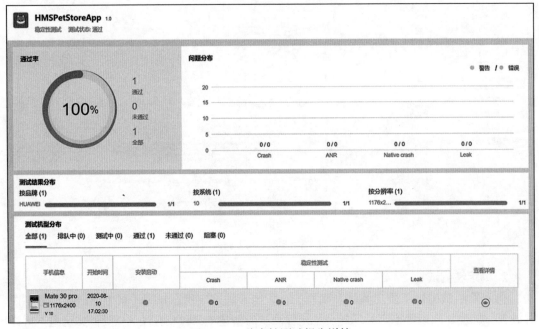

图 12-13　稳定性测试报告详情

3. 性能测试

性能测试会采集应用的性能数据，如 CPU、内存、耗电量、流量等关键指标。性能测试的创建步骤和兼容性测试类似，不同点是在创建性能测试任务时，需要指定应用的分类，如图 12-14 所示。应用的分类对某些检测项的评估结果有影响，比如帧率，游戏应用与非游戏应用的帧率评估标准不同。

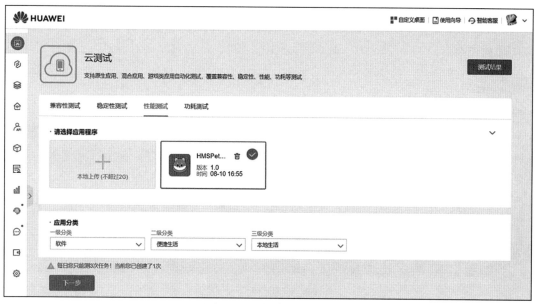

图 12-14　创建性能测试

性能测试报告中呈现了测试过程中收集到的冷热启动时长、帧率以及 App 对内存和 CPU 的占用数据，如图 12-15 所示。

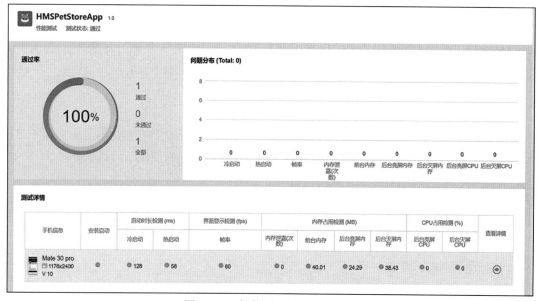

图 12-15　性能测试报告详情页面

4. 功耗测试

功耗测试会检测功耗的各项关键指标。功耗测试的创建步骤和兼容性测试类似，这里不再详细阐述。不同点是在创建功耗测试任务时需要选择应用的分类，如图 12-16 所示。因为应用分类会影响某些检测项的评估结果，如音频占用检测对音频、视频类应用的评估标准与其他应用不同。

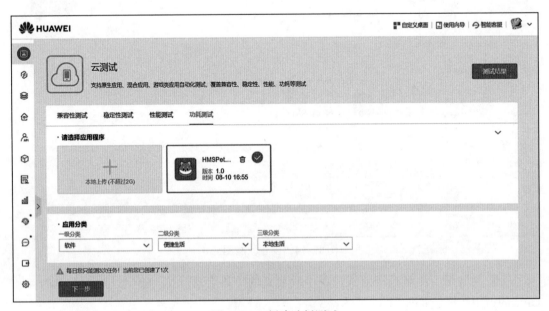

图 12-16　创建功耗测试

通过采集 App 运行过程中的耗电数据进行检测，包含 wakelock、占用时长、屏幕占用、WLAN 占用、音频占用等资源占用检测，以及 Alarm 占用等行为检测。开发者通过功耗测试报告可以清晰地了解 App 的功耗情况，功耗测试报告如图 12-17 所示。

12.1.2　云调试

云调试致力于为开发者提供高效的云端设备调试解决方案，旨在解决开发者机型不足、设备管理困难等问题。下面以宠物商城 App 为例，详细介绍如何使用云调试服务。

 说明　云调试服务指导文档：https://developer.huawei.com/consumer/cn/doc/development/Tools-Guides/CloudDebugging-introduction。

1. 远程调测实时真机

1）在管理中心单击左侧导航栏的"应用服务"选项，下拉页面滚动条，在测试服务中找到"云调试"选项。单击"云调试"选项，进入云调试，如图 12-18 所示。

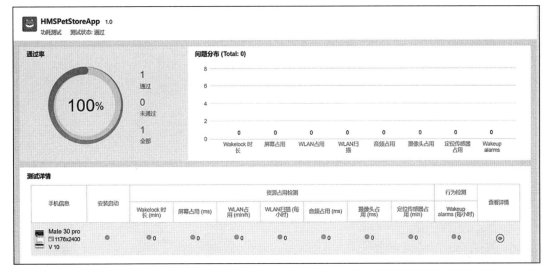

图 12-17　功耗测试报告详情页面

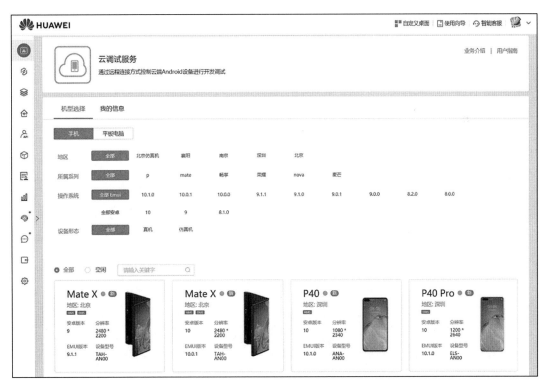

图 12-18　云调试页面

2）根据地区、所属系列、操作系统、设备形态等条件筛选出需要使用的手机。鼠标放置在状态为空闲的手机上方，单击"开始测试"按钮，如图 12-19 所示。

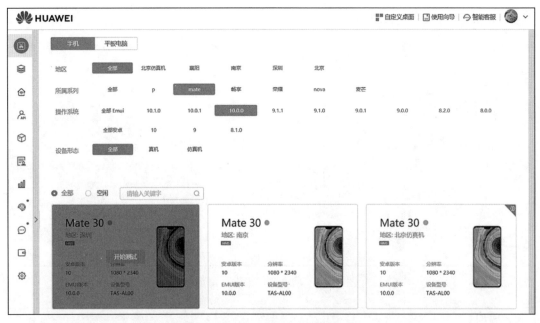

图 12-19　筛选使用的华为手机

3）选择申请使用的时长，系统提供了 30 分钟、1 小时和 2 小时 3 种可选时长。本书以申请 30 分钟使用时长为例，单击"确定"按钮，如图 12-20 所示。

图 12-20　申请真机使用时长

4）对手机进行初始化，初始化需要一定的时间，请耐心等待。

5）进入"正在使用的机型"页面。左侧为远程真机页面，其中包含手机屏幕、手机界面功能（电源键、主页键、菜单键和返回键）、横竖屏操作、清晰度切换；右侧为功能操作页面，如上传、安装 App，右上角从进入真机页面开始便进行 30 分钟倒计时，如图 12-21 所示。

图 12-21　"正在使用的机型"页面

6）单击"本地上传（不超过 2G）"选项，上传 APK，如图 12-22 所示。

7）进度条显示 APK 的上传进度，上传完成以后，会自动进行安装。

8）安装成功以后，会弹框提示，同时应用信息页面出现 App 的版本号等信息，如图 12-23 所示。

9）如果存在历史上传的 APK，可以直接单击右侧应用信息列表中的 ⟳ 图标进行安装。

10）安装完成后，可在手机区域通过鼠标滑动、点击等实现远程操作，同时可单击"电源""主页""菜单"和"返回"等按键，实际操作与真机操作完全一致。

11）进入"我的信息"页面，可查看真机的相关信息，如图 12-24 所示。

2. 远程查看系统日志

在"正在使用的机型"页面，选择"日志"标签页，单击"获取日志"按钮，"获取日志"按钮会变成"停止"按钮，同时可在日志界面查看调试过程中的日志信息，如图 12-25 所示。日志信息可以按照日志级别分为 verbose、debug、info、warn、error 和 assert。同时还支持日志导出功能，导出的日志按 Level、Time、PID、Tag 和 Text 分列显示。

图 12-22　上传 APK

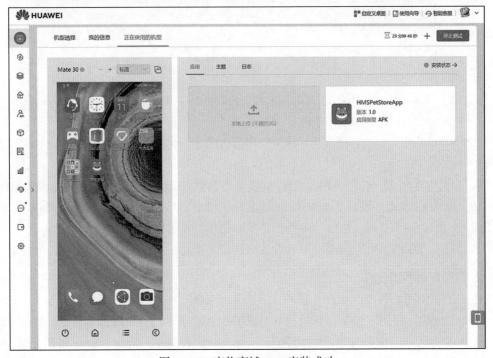

图 12-23　宠物商城 App 安装成功

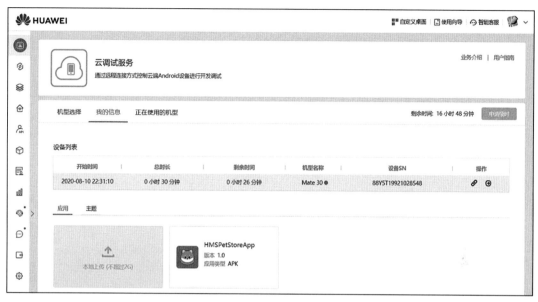

图 12-24　"我的信息"页面

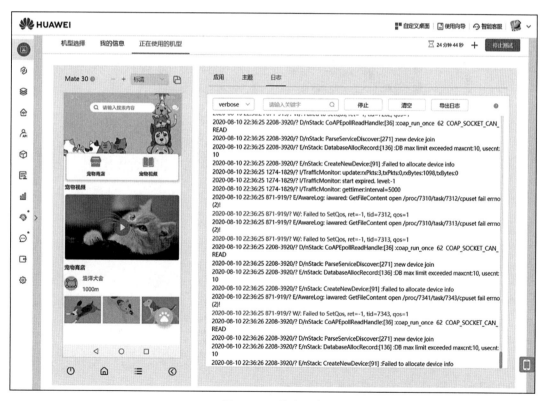

图 12-25　获取日志

说明 页面显示的日志略有筛选，并非全部日志，若要查看全部日志，请单击"导出日志"，将日志下载到本地查看。

3. 真机横屏设置

在"正在使用的机型"页面，单击⬚图标可以进行横竖屏切换，如图 12-26 所示。若手机显示的当前页面不支持横屏显示，则在选择横屏切换后，页面会弹出相关提示，手机转为竖屏显示。

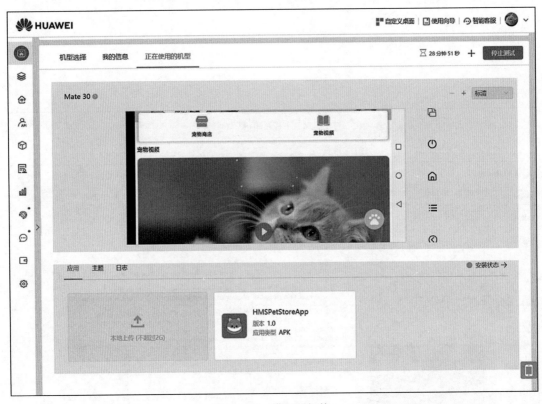

图 12-26　横竖屏切换

4. 查看设备详情

为了让开发者了解当前使用手机设备情况，更好地对应用进行调试和适配，我们提供了查看设备详情的功能。在"正在使用的机型"页面（见图 12-21），单击机型旁的❓图标即可查看设备详情，如图 12-27 所示。

设备型号	TAS-AL00
系统版本	TAS-AL00 10.0.0.133(C00E132R5P3)
安卓版本	10
设备制造商	huawei
屏幕宽度	1080
屏幕高度	2340
emui版本	10.0.0
cpu版本	arm64-v8a

图 12-27　设备详情查看页面

12.2　提交应用上架

测试完成以后，就可以将应用发布到华为应用市场了。接下来将以宠物商城 App 为例，详细介绍如何将应用发布到华为应用市场。华为应用市场是华为官方的应用分发平台，通过开发者实名认证、四重安全检测等机制保障应用安全。发布 App 到华为应用市场，主要分为 4 个步骤，如图 12-28 所示。

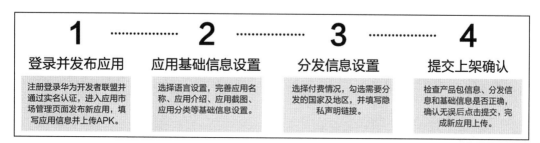

图 12-28　发布 App 到华为应用市场流程图

12.2.1　登录并发布应用

在第 4 章中已经讲解过如何创建应用了，这里不再赘述，而是重点介绍如何完善应用信息并发布上架。

12.2.2　应用基础信息设置

应用基础信息设置包含应用介绍、应用图标等，设置方法如下。

1）登录华为开发者联盟，并进入 AppGallery Connect 页面（具体方法参见 4.2.2 节）。

2）单击"我的应用"按钮，在应用列表中找到宠物商城 App，单击应用名称，进入"应用信息"页面，选择兼容的设备，如图 12-29 所示。

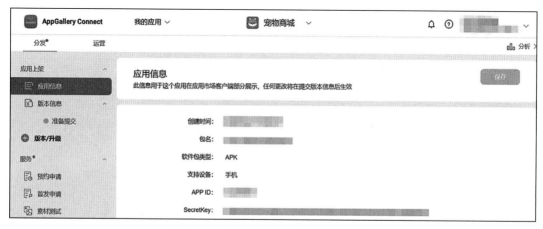

图 12-29　宠物商城 App 版本信息页面

3）单击"语言"选项区域的"管理语言列表"按钮，选择语言。当前系统支持中文、英文、日语等 78 种语言，如图 12-30 所示。

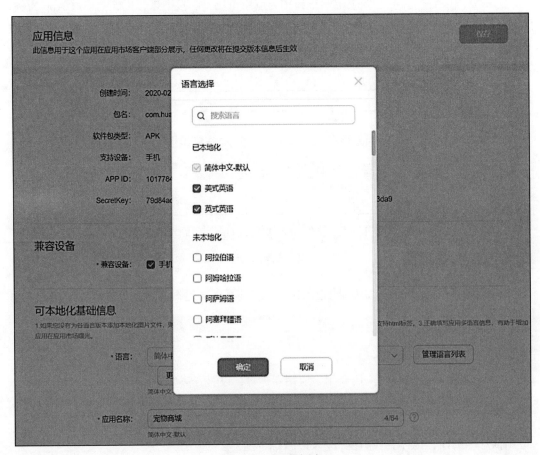

图 12-30　选择语言

4）在"语言选择"下拉列表框中选择各语言并完善其对应的信息，如图 12-31 所示。

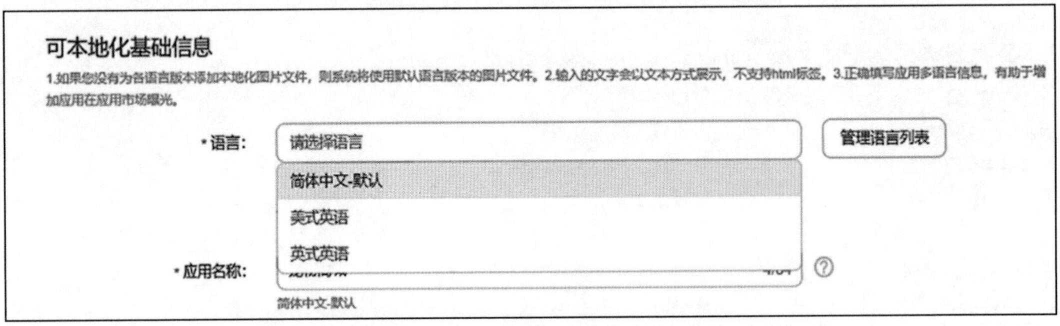

图 12-31　选择语言并完善信息

5）完善基础信息：应用介绍、应用一句话简介、应用图标、应用截图和视频以及应用分类。

6）应用信息填写完毕后，单击"保存"按钮，如图 12-32 所示。

图 12-32　保存应用信息

12.2.3　分发信息设置

分发信息包含分发的国家和地区、内容分级等，设置方法如下。

1）单击"版本信息"导航栏下的"准备提交"按钮，在软件版本目录下单击"软件包管理"按钮，上传需要发布的 APK，如图 12-33 所示。

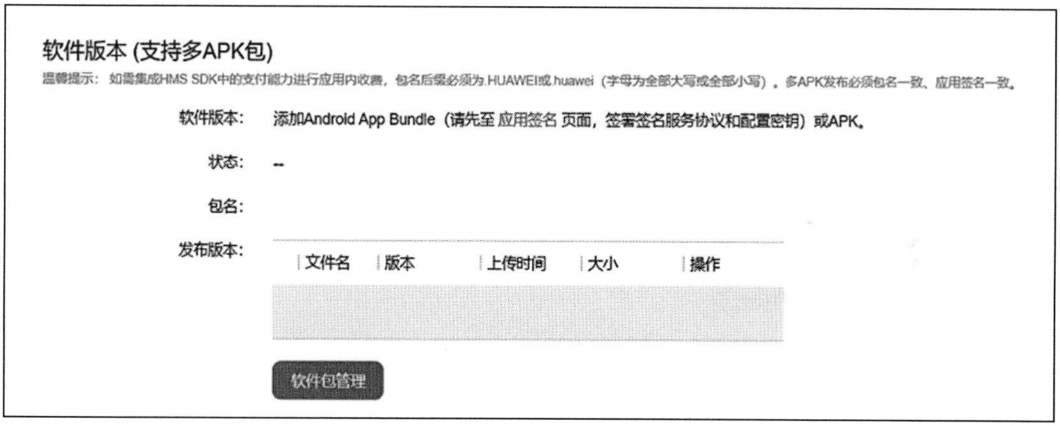

软件版本 (支持多APK包)

温馨提示: 如需集成HMS SDK中的支付能力进行应用内收费，包名后缀必须为.HUAWEI或.huawei (字母为全部大写或全部小写)。多APK发布必须包名一致、应用签名一致。

软件版本:　添加Android App Bundle (请先至 应用签名 页面，签署签名服务协议和配置密钥) 或APK。

状态:　--

包名:

发布版本:

文件名	版本	上传时间	大小	操作

软件包管理

图 12-33　上传 APK

2）设置"付费情况"和"应用内资费类型"，如图 12-34 所示。

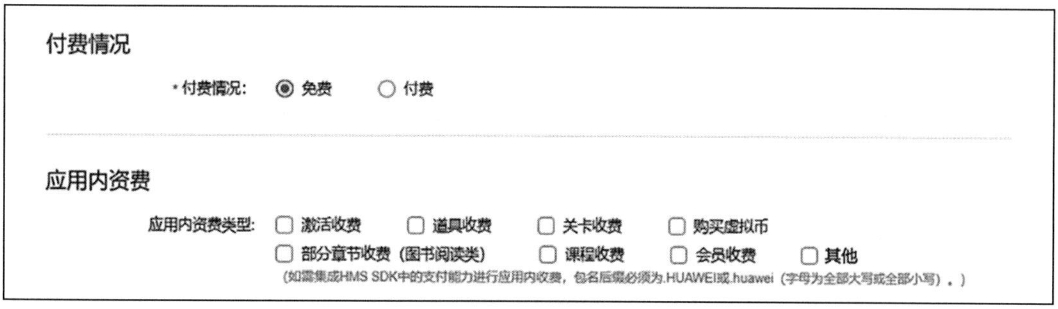

付费情况

*付费情况:　◉ 免费　　○ 付费

应用内资费

应用内资费类型:　□ 激活收费　　□ 道具收费　　□ 关卡收费　　□ 购买虚拟币
　　　　　　　　□ 部分章节收费 (图书阅读类)　□ 课程收费　　□ 会员收费　　□ 其他

(如需集成HMS SDK中的支付能力进行应用内收费，包名后缀必须为.HUAWEI或.huawei (字母为全部大写或全部小写)。)

图 12-34　设置付费情况和应用内资费类型

3）单击"管理国家及地区"按钮，选择分发的国家及地区，如图 12-35 所示。

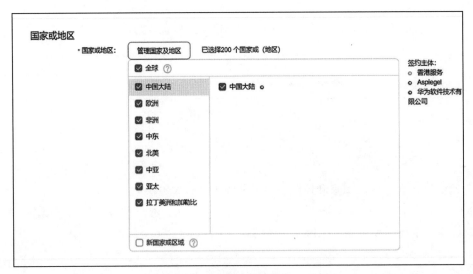

图 12-35　选择分发国家及地区

4）单击"分级"按钮，根据年龄分级标准选择合适的分级，如图 12-36 所示。

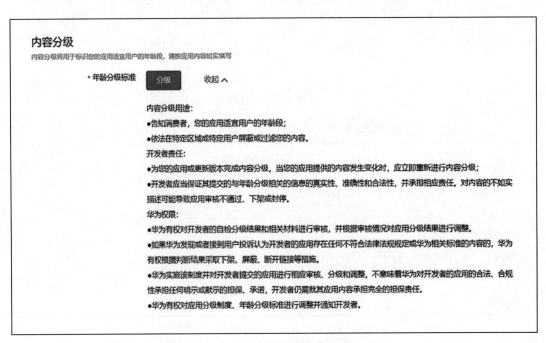

图 12-36　应用分级选择界面

5）填写隐私政策网址及版权信息，上传应用版权证书或代理证书，如图 12-37 所示。

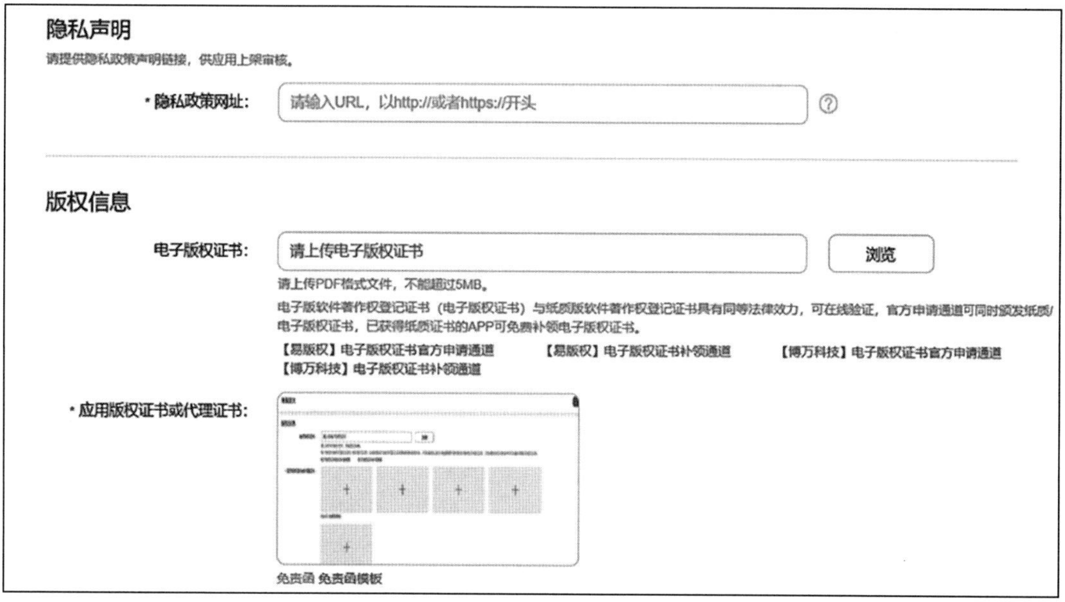

隐私声明

请提供隐私政策声明链接，供应用上架审核。

* 隐私政策网址：　请输入URL，以http://或者https://开头　⑦

版权信息

电子版权证书：　请上传电子版权证书　　　　　浏览

请上传PDF格式文件，不能超过5MB。

电子版软件著作权登记证书（电子版权证书）与纸质版软件著作权登记证书具有同等法律效力，可在线验证，官方申请通道可同时领发纸质/电子版权证书，已获得纸质证书的APP可免费补领电子版权证书。

【易版权】电子版权证书官方申请通道　　　【易版权】电子版权证书补领通道　　　【博万科技】电子版权证书官方申请通道
【博万科技】电子版权证书补领通道

* 应用版权证书或代理证书：

免责函 免责函模板

图 12-37　填写隐私政策及版权信息

6）填写应用审核信息及上架时间，设置"家人共享"，如图 12-38 所示。

应用审核信息

如果您的App部分功能需要用户进行身份验证（例如，提供登录权限、查看应用内容、在线购买等）后才能使用，请提供测试帐号信息，该测试帐号会被审核员使用，以便完成登录、查看、购买等功能的审核。

☐ 需要登录进行审核

备注：

0/300

家人共享

家人共享：　○ 是　◉ 否

启用"家人共享"后，最多6位家庭成员可以免费使用此应用。此功能只对发布到中国大陆的应用使用。家庭成员不能共享应用内购买。

上架

* 上架时间：　○ 审核通过立即上架　　○ 指定时间　　　　　📅 ⑦

图 12-38　填写应用审核信息、上架时间及设置"家人共享"

12.2.4 提交上架确认

应用相关信息填写完毕后，需要提交信息确认。

1）单击"提交审核"按钮，如图 12-39 所示。

图 12-39　应用提交审核界面

2）应用提交成功后，应用状态更新为正在审核，如图 12-40 所示。

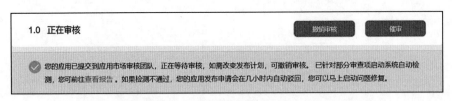

图 12-40　应用提交成功后显示界面

3）华为应用市场将完成审核，如果应用被驳回，华为应用市场审核人员将会发送邮件至联系人邮箱进行通知。

审核通过以后，就可以在华为应用市场搜到发布的 App 了。关于升级应用、查看应用等其他华为应用市场的操作可以参考应用市场的应用创建与管理指导文档。

12.3　小结

阅读完本章以后，你学会了如何利用云测试对应用进行兼容性测试、稳定性测试、性能测试和功耗测试，以及如何利用云调试服务解决开发过程中机型不足的问题，同时还了解了将应用发布到华为应用市场的流程。

至此我们已经完成了宠物商城 App 开发、测试以及上架的全部工作。我们很欣慰地看到广大读者携手华为开放的 HMS 能力，共同经历了一次移动应用的开发体验之旅。我们希望通过这段旅程，让大家开始熟悉、了解华为的 HMS 生态，并加入其中，与华为一道分享移动互联网等技术发展为社会带来的红利。

因为篇幅有限，本书只介绍了部分 HMS 的能力，后续我们将为大家带来更多 HMS 能力的介绍，全方位覆盖开发、分发和变现等场景。华为 HMS 将与广大开发者一道，携手共建高品质的应用，为全球用户创造极致的数字生活体验。践行致远，未来可期，让我们一起探索和创造更美好的数字生活！

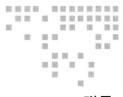

HMS 生态相关概念

作为本书的结尾部分，编写团队将前文提及的一些概念和名词进行了汇总，方便读者查阅，加深对华为 HMS 生态和开发者联盟的了解。

1. HMS Core

HMS Core 是华为"芯–端–云"开放能力的合集。在 2020 年 1 月 15 日发布的 HMS Core 4.0 版本中，除了本书介绍的 8 个典型 Kit 外，4.0 版本还包含了 ML Kit、Scan Kit、WisePlay DRM、Ads Kit 等多项服务。2020 年 6 月 29 日华为发布了 HMS Core 5.0 版本，该版本除了对已有 4.0 版本开放能力做了增强以外，还在图形、媒体等多个领域累计新增了 20 多项功能，以满足全球开发者多元化的业务开发与创新需求。读者可以通过开发者联盟官方网站查询 HMS Core 最新的开放能力范围，并通过开发者联盟官网文档了解各项服务的使用方法。

2. 华为开发者联盟

华为开发者联盟是华为终端官方的合作伙伴开放平台。平台以开发者为核心，依托华为 HMS 生态丰富的专家资源与全球化布局为开发者提供生态运营、技术支持、开发者社区互动和开发者关系管理等一系列服务，全方位助力开发者打造基于华为终端的全场景创新体验，共建开放共赢的智慧生态。下图是开发者联盟平台的业务视图。

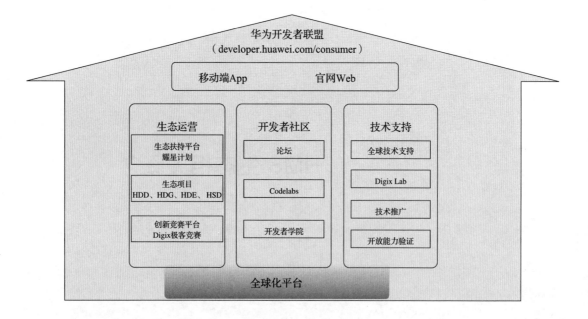

3. 生态运营

生态运营活动由生态扶持、生态项目和创新竞赛平台等几部分组成。

（1）生态扶持

华为终端云服务面向广大开发者提供了一系列扶持计划，全方位助力开发者加入 HMS 生态。"耀星计划"是华为于 2017 年 11 月启动的一项扶持计划，该计划设立 10 亿美金激励金，旨在构筑面向全球的创新生态沃土平台，为开发者接入 HMS 生态提供支持。除激励金外，该计划还为开发者提供各类基于华为设备或平台的曝光位置、耀星流量券和立体式营销资源等多种扶持方式，帮助开发者在 HMS 生态快速获得商业成功。

开发者可以通过华为开发者联盟官网首页的 Programs 入口来获取"耀星计划"的详细信息并申请加入，平台将对开发者的申请进行综合评估，并在审核通过后给予对应的扶持资源。

（2）生态项目

开发者联盟推出了 HDD、HDG、HDE、HSD 等一系列生态项目，来帮助广大开发者了解并加入 HMS 生态。

1）HDD 系列沙龙。

HDD（HUAWEI Developer Day）系列沙龙活动是一个与广大开发者深度交流的平台。通过主题讨论、热门技术解读和行业大咖案例分享等环节，围绕移动终端的最新技术和产品形态，将华为终端的最新开放能力及服务赋能给互联网开发者。截至 2019 年底，HDD 系列沙龙已在全球 46 个城市落地，开发者可以在华为开发者联盟官网查询 HDD 的开展计划并在线申请参加。下图是 HDD 现场 Codelabs 环节的现场实践与颁奖图。

2）HDG 公益性开发者社区。

HDG（HUAWEI Developer Groups）是华为开发者社区全球项目，是面向在技术领域有共同兴趣的开发人员的公益性开发者社区。项目内容涵盖多项 HMS 开放能力，为开发者提供深度交流、展示自我的平台。该项目聚合互联网行业的技术引导者、富有号召力的行业领袖，深入探讨华为 HMS 能力，助力开发者探索前沿技术、提升实践技能。该项目创建于 2019 年，至今已在北京、上海、厦门、西安、大连等多个城市建立社区，单个城市社区有多名组织者和近百名成员。开发者可以登录华为开发者联盟官网了解详情，并申请成为组织者。下面 2 张图片是 HDG 北京站与厦门站现场。

3）HDE。

HDE（HUAWEI Developer Experts）是经华为认证的精通华为开放能力，并对赋能全球开发者有突出贡献的个人。获得华为 HDE 权威认证后，个人有机会参与业内大会，分享专业领域技术，提升业界影响力，还可以通过开发 HMS 相关的专业领域课程，赋能全球的开发者。HDE 招募正火热进行中，广大开发者可发送邮件至 HDE@huawei.com 咨询及申请加入。

4）HSD。

HSD（HUAWEI Student Developers）针对校园开发者设立，致力于帮助校园开发者探索前沿技术、提升实践技能，获得更多发展机会。2020 年，HSD 已落地全国 100 所知名院校，影响覆盖 30 万校园开发者。通过耀星校园大使、技术沙龙、极客工坊 Codelabs、DIGIX·极客赛事等全面赋能、激励校园开发者创新，助力校园开发者获得更多成长。开发者可以登录华为开发者联盟官网查阅项目详情，并申请成为 HSD 组织者或 HSD 成员。下图是 HSD 的校园大使参加 2019 年华为 HDC 大会的现场。

（3）创新竞赛平台

DIGIX·极客创新竞赛平台是开发者联盟创立的，旨在鼓励开发者基于华为前沿开放能力及服务进行应用开发与创新的一站式竞赛平台。大赛平台除了为开发者提供丰厚的奖金之外，还会提供能力接入的技术支持、创新应用 / 产品的营销推广，以及全球化的平台资源扶持。获奖的优秀作品还将对接耀星计划流量扶持，全面激发全球开发者创新动力。

截至 2020 年 7 月，平台已上线了 10 余场赛事，共产生了 3000 多项创新成果，提供了1000 多万奖金激励，发放了超 2000 万份的推广资源。开发者可以通过华为开发者联盟官网查询详细的赛制与赛程，并申请加入感兴趣的 DIGIX 竞赛。下图是"极客工坊"武汉站的精彩瞬间。

4. 华为开发者社区

华为开发者社区包括论坛、Codelabs 和开发者学院，为全球开发者提供学习、交流的广阔平台。

（1）论坛

华为开发者联盟为广大 HMS 开发者提供了全球化的开发者论坛，以帮助开发者更加全面地获取 HMS 生态的最新信息，并与其他开发者进行技术分享与交流。目前华为开发者论坛已经入驻 10 多个 HMS 领域的热门技术版块，每个版本都汇聚了数百名华为技术专家和外部 KOL（Key Opinion Leader，意见领袖）。当前论坛已经发展为内外部 HMS 专家与开发者最喜爱的技术交流社区。开发者可以通过 https://developer.huawei.com/consumer/cn/forum/ 参与论坛的互动交流。

（2）Codelabs

Codelabs 平台是华为开发者联盟为开发者提供的线上编码实践平台。通过 Codelabs 平台的集成指导，开发者可以通过实战的方式完成 HMS 开放能力的集成。Codelabs 平台能够有效帮助开发者快速了解并集成 HMS 开放能力，实现高效开发，快速上架。开发者可以通过 https://developer.huawei.com/consumer/cn/community/codelabs 了解该平台的详细信息。

（3）华为开发者学院

"华为开发者学院"是华为开发者联盟面向广大开发者提供的线上学习平台，该平台聚合了华为终端及业界流行的多种专业技术类型的中英文课程，能满足从初级到高级开发者不同的学习诉求。学院从 2020 年初上线以来，制作上线了 500 多门中英文课程，学习人次超过 100 万。学院课程包括 HMS 课堂、精品课程、公开课、开发者说等主题单元，通过体系化的学习路径，进阶的学习指引，帮助开发者提升能力。通过考试的开发者还可以获得华为开发者学院颁发的证书，作为开发者学习技能的认证。

开发者可以登录华为开发者联盟官网进入学院，学院官方地址如下：https://developer. huawei.com/consumer/cn/training/。下图是华为开发者学院的结课证书。

5. 技术支持

华为开发者联盟面向全球开发者提供多渠道的技术支持服务。目前，华为在全球各个区域拥有超过 300 名以上的 HMS 技术支持工程师，为开发者加入 HMS 生态的各环节提供丰富的线上和线下专业技术支持。

开发者可以通过开发者联盟官网"技术支持"版块的智能客服进行自助问题咨询；也可以在官网在线提问，或者发送问题至官方客服邮箱：devConnect@huawei.com 获取支持。同时，华为为全球开发者提供 DigiX Lab 远程测试服务，该服务提供真机设备进行应用的适配验证。目前，华为已在全球部署了五大 DigiX Lab（分别位于俄罗斯、德国、爱尔兰、新加坡和墨西哥），为开发者提供简单便捷的在线 App 测试服务。开发者可以线下通过 DigiX Lab 参与丰富的活动，与华为 HMS 技术支持工程师面对面交流，共同探索应用创新的灵感并进行开发验证。此外，华为还提供技术推广、开发能力验证等服务，开发者可根据实际需要，进行申请。

除了以上的支持渠道，开发者也可以在开发者联盟官网查阅相关技术文档或视频来获取帮助。

6. 联盟 App

"开发者联盟" App 是华为开发者联盟打造的移动端 App。该 App 为开发者提供华为 HMS 生态的最新资讯、竞赛活动和赋能视频等信息。同时，开发者可以通过 App 查询产品上架情况、账户余额和运营报表等信息，方便日常工作。开发者可以在各大平台的安卓应用市场搜索"开发者联盟" App，并下载使用。

7. 软件说明

读者可以在 GitHub 查看本书中宠物商城 App 的相关示例代码（服务器 / 客户端），具体地址为：https://github.com/huaweicodelabs/PetStore。您可以通过手机浏览器识别如下二维码下载宠物商城 APK 进行体验。

宠物商城 APK 二维码

8. 联系我们

作为本书的读者，您可以通过 devtraining@huawei.com 与开发者联盟联系，获得华为开发者学院提供的精品课程优惠券。报名参与学院课程的学习，参与课程动手实验，可获得考试认证证书和 Code Star 荣誉证书，掌握专业知识技能，增加实战项目经验。

推荐阅读

华为HMS生态与应用开发实战

ISBN：978-7-111-66956-2

华为HMS团队专家联袂撰写，阐述HMS生态发展历程与开放
架构，通过实战方式带领读者完成一款移动应用的开发与上
架，是广大开发者和HMS生态建设参与者的有益读物

Kotlin移动应用开发

ISBN：978-7-111-65093-5

通过大量实例展示Kotlin的语言特性，帮助读者使用Kotlin编
写出更健壮、更易维护的Android应用程序

Android开发进阶实战：拓展与提升

ISBN：978-7-111-65472-8

资深程序员深入剖析Android开发的新技术、新理念和高效编
程技巧；帮助开发者构建更加高级和稳定的应用，并快速提升
技术水平和思维能力

深入理解Android：Java虚拟机ART

ISBN：978-7-111-62122-5

经典畅销书系"深入理解Android"系列又一重磅巨著；源码
角度深度剖析Android Java虚拟机ART架构、设计和实现原
理，深刻揭示JVM工作流程与机制